中共上海市委党史研究室课题

上海救援唐山大地震

1976.7.28

上海交通大学医学院卷

范先群　陈国强　主编

上海文化出版社

纪念唐山抗震40周年

谨以此书献给上海救援唐山大地震的参与者

徐建中（左二）带领学生采草药、在河边洗草药

徐建中 供图

董永勤（中）和队员们在救灾现场利用简易设备做化验

董永勤 供图

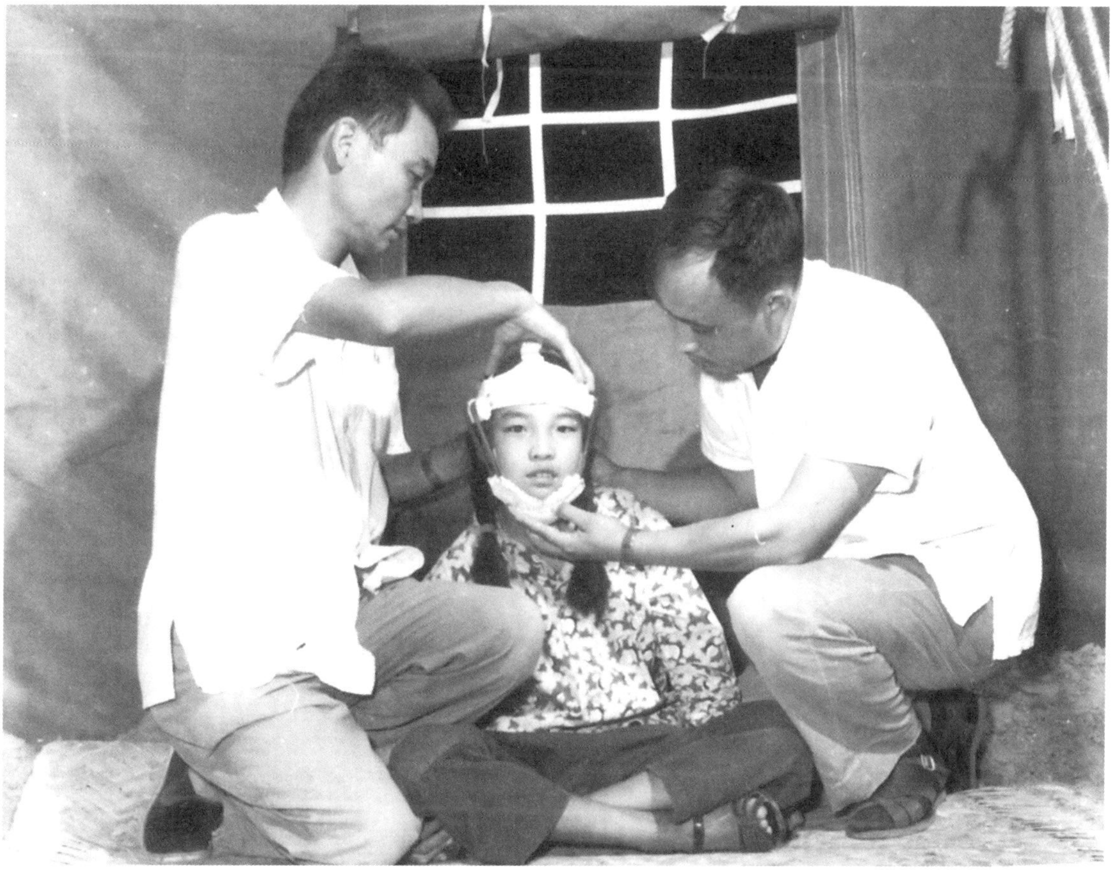

唐山大地震后，医疗队员因陋就简救治伤员

邱蔚六 供图

1977年元旦前夕，国妇婴第三批医疗队员表演“我们心中的红太阳”舞蹈

国际和平妇幼保健院 供图

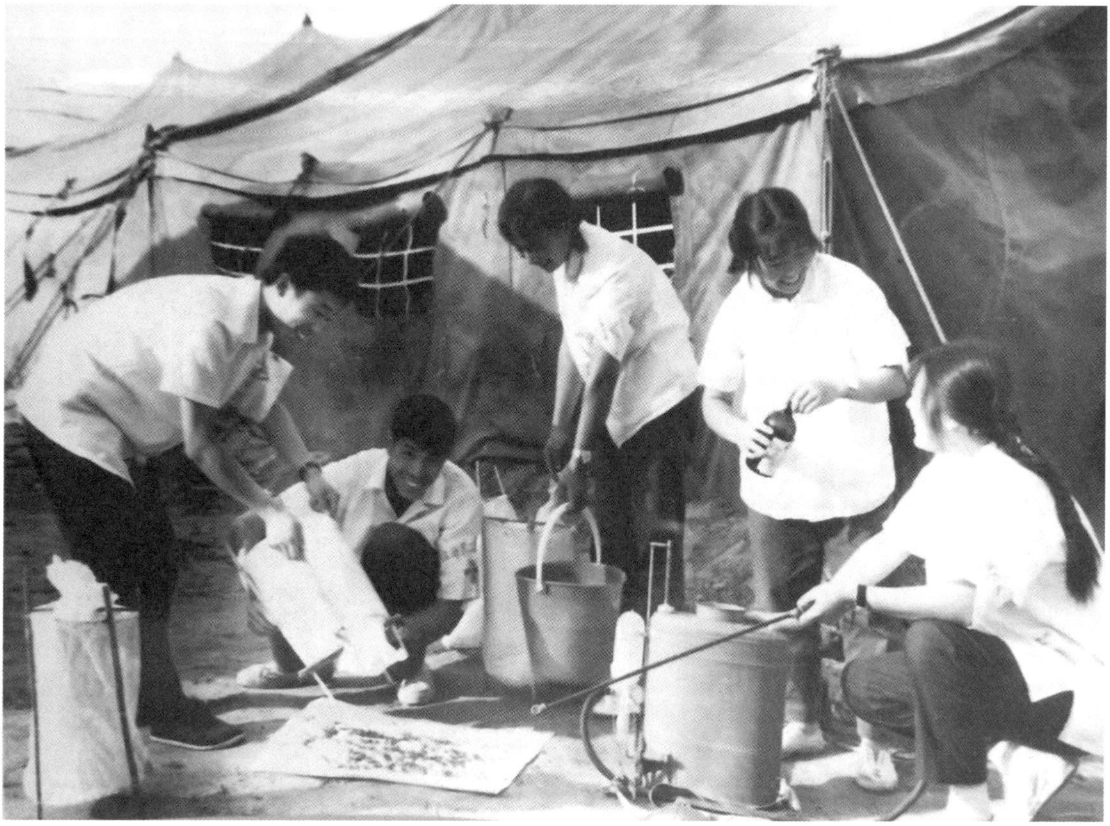

救援队打药消毒场景

卓志华 供图

唐山赠送给上海医疗队的纪念杯

姜佩珠 供图

序 一

地震是人类面临的最严重的自然灾害之一，1976年7月28日发生的唐山大地震是近代中国历史上破坏性最强、伤亡人数最多、救援难度最大的一次。艰难困苦，玉汝于成。唐山大地震发生后，党和政府举全国之力迅速开展抗震救灾工作。其中，医疗救援承担着抢救生命、诊治伤残的神圣使命，医疗救援队在抗震救灾中是当之无愧的主力军和先遣队。灾情就是命令，时间就是生命。在党和政府强有力的统一指挥协调下，来自全国各地的大批医疗救援队伍在第一时间奔赴灾区现场，以巨大的牺牲精神和顽强的革命意志投入到抗震救灾、救死扶伤工作中，千方百计救治伤病员，创造了许多灾难医疗救援的奇迹，发扬了崇高的人道主义精神！

作为医疗条件和诊治水平位居国内前列的上海医疗队，在唐山地震医疗大救援中发挥了举足轻重的作用。据相关资料记载与数据统计，从救援开始到1978年底，上海先后共派出四批三千余人的医疗队奔赴灾区，并在抗震救灾中应河北省抗震救灾指挥部的请求，先后在伤员较为集中而又急缺医疗条件的丰润、遵化、迁西和玉田四个县创建了四所抗震医院。为唐山服务的两年多里，上海医疗队先后接待门诊六十七万余人次，住院两万余人次，派出小队巡回医疗两万余人次，抢救危重病人一千五百余人次，培训医务人员六百八十余人次。上海医疗队在国家有难、人民需要的关键时刻，冲锋在前、勇于担当，攻坚克难、舍己救人，以精湛高超的医术和温暖细致的服务救治伤病员，并及时开展卫生防疫、援建抗震医院，圆满完成了抗震救灾任务，为唐山人民的生命健康和医疗卫生体系的重建作出了不可磨灭的历史贡献。

我的母校上海交通大学医学院（时为上海第二医学院）及其附属医院，作为上海医疗卫生行业的中坚力量，也在唐山地震医疗大救援中发挥了重要的作用。上海交通大学医学院及其附属医院中的13家单位，先后派出了四个批次39支医疗队，共计九百余名队员，占当时上海派出医疗队总人数的三分之一。在上海援建唐山的四所抗震医院中，交大医学院相关附属医院参与筹建和支援的就有三所。在唐山地震医疗大救援中，这些医疗队涌现出了许多可歌可泣的感人故事。他们或争先恐后奔赴抗震救灾第一线，或连续两次加入抗震救灾队伍，或接力用嘴从病人气管插管中吸出阻塞物，或在强烈余震中守护在重病患者床前，或发挥聪明才智自制急需的医疗器材……在医疗物资极其匮乏、工作环境极其简陋的条件下，医疗队员们深入震中，连续作战，不畏艰难，不辱使命，深刻诠释着“救死扶伤、治病救人”的职业信仰，完美展现出不负人民重托的健康卫士的精神风貌。同时，医疗队高超的医术、高尚的医德医风和无私奉献的精神，也赢得了唐山人民的信赖和感激，与唐山人民结下了深厚的友谊。他们身上展现了从医者的“德”“命”“技”。所谓“医者，德也”，医者，必为有大德之人，以悬壶济世之心，才能施妙手回春之术，才能视病人为亲人，形成良好的医患关系；所谓“医者，命也”，医者从事的是救死扶伤、杏林春暖事业，病人及家属把生命交给了医者，寄予了厚望，责任重于泰山，时刻不能懈怠，时刻不可忘怀；所谓“医者，技也”，有德、有责任还不够，医者以大医精诚之志钻研技术、苦练本领，才能如扁鹊重生、华佗再世，手到病除、起死回生。此乃医者的“德”“命”“技”。我还在母校读研究生的时候，就经常听到相关师友交口传颂在唐山抗震救灾的故事。《上海救援唐山大地震·上海交通大学医学院卷》以口述史的方式呈现了其中50位具有代表性医疗队员的抗震救灾经历，每个故事都有血有肉，生动形象，深刻感人。

40年过去了，灾害给唐山带来的创伤和病痛也许已经淡去，可这段不平凡的救援经历却从未在医疗队员的记忆中褪色。40年后谈起救援唐山，他们仍激动不已、感慨万分，全国人民万众一心、众志成城的救灾场面至今仍历历在目。医疗队员们在抗震救灾中展现出的勇担重任、永不言弃、救死扶伤、舍己为人的医学人文精神，值得历史铭记。在唐山大地震40周年之际，上海交通大学医学院将这些珍贵的口述故事和档案资料汇集成册，不仅是对参与唐山抗震救灾医疗队员所作贡献的一种铭记和感恩，更是把历史故事和经验启示内化为一种精神文化传承，激励当代医务工作者和医学生在推动中国医疗卫生事业和人道主义事业向前发展中始终肩负使命、砥砺前行。

党的十八大以来，以习近平同志为总书记的党中央从维护全民健康和实现长远发展出发，在深化医药卫生体制改革不断取得新进展的基础上，提出了“推进健康中国建设”的新目标、新方向。“健康中国”是一个需要持续推进的过程。希望我们的医疗卫生系统和广大医务工作者弘扬优良作风，秉承光荣传统，按照“五位一体”的总体布局和“四个全面”的战略布局，以提高人民健康水平为核心，以体制机制改革创新为动力，进一步加强包括灾害医学在内的医疗卫生服务体系建设，凝聚共识，汇聚力量，切实优化医疗服务质量，提高诊疗水平，为实现“中国梦”与“健康梦”的愿景而共同努力！

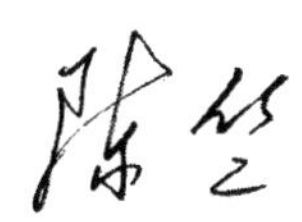

中国红十字会会长

序 二

2016年7月28日是唐山大地震40周年纪念日。40年前那场中国历史罕见的灾难牵动了全国人民的心，也凝聚起社会各界的力量，投入抗震救灾。上海医疗、电讯、交通、商业和规划建筑等系统紧急动员，开展救援唐山大地震行动，为唐山的抗震救灾和恢复重建作出了重要贡献。

上海交通大学医学院（时为上海第二医学院）是当年参加抗震救灾的主要单位之一，也是当时医疗救援的主力军。在上海市先后派往唐山灾区的三千多名医护人员中，由上海交通大学医学院及其附属医院组成的医疗队共有四个批次、一千二百余人。他们在唐山人民最困难的时刻，冒着余震不断的危险，毅然深入灾区一线参与伤病应诊、抢救危重病人、护送病人、防疫应急、巡回医疗、服务部队官兵等各项医疗救援工作，抢救和医治了数以万计的伤残病人，建立了闻名灾区的抗震医院，充分体现了医务工作者“救死扶伤，实现革命的人道主义”的精神和担当。

40年后的今天，为保存并铭记这段历史，弘扬“一方有难、八方支援”的互助精神，中共上海市委党史研究室、上海社会科学院历史研究所和上海文化出版社联合开展“上海救援唐山大地震”口述实录项目编撰工作。作为该项目的重要组成部分，上海交通大学医学院组织编撰了《上海救援唐山大地震·上海交通大学医学院卷》。

本书史料丰富而翔实，共收录了五十余位唐山医疗救援亲历者的口述稿，通过鲜活的文字和珍贵的图片资料，客观、全面地总结了上海交通大学医学院及其附属医院40年前在唐山地震救援中的光辉事迹和历史贡献，生动展现了广大医务工作者的高尚品德，也给当今社会留下了宝贵的精神财富，兼具较强的可读性和丰富的研究意义。

在这群可敬可爱的医务工作者中，有的主动请缨，多次前往唐山开展医疗救援工作；有的在缺医少药的环境下，抱病战斗在前线，却毫不犹豫地将治疗药品留给灾区病人；有的冒着余震危险，竭尽全力为产妇接生；有的顶着连日作战的疲惫，轻伤不下手术台……至于诸如节衣缩食，也要保障病人需求的故事，更是不胜枚举。“唐山丰南遭天灾，昔日欣荣一旦摧。堆堆废墟压亲人，既有幸者亦心碎。抗震救灾献吾力，身受目睹情难静。再问人生何所需，生命乃是无价宝。世上万般无所念，只求亲人聚身边。”这是参与口述的一位救援亲历者有感而发的即兴之作，也是当时参与救援的医护人员心情的真实写照。面对自然灾害与生离死别，他们感受着深切的悲恸，但“人定胜天”的信念和人性的光辉让他们在抗震救灾的道路上勇往直前。大爱让心和心紧紧相连，凝结成与自然灾害抗争的伟大精神和强大力量。

40年前的唐山大地震已经成为历史，但这份患难与共的“唐山情结”，却铸就了永恒的记忆；地震的灾难已经随风远去，但医护人员在地震中展现的守卫人类生命与健康的决心，却永不褪色。随着社会的日益进步和科技的快速发展，人类越来越关注健康和生活的质量，越来越需要深入探索自身的奥秘。大学与人类的梦想紧密相联，为人类创造健康幸福的生活也是大学的使命。因此，生命医学学科已经普遍成为世界一流大学学科建设的重点，成为大学创新发展的重要增长极。2005年，上海第二医科大学与上海交通大学顺应世界生命医学学科的发展潮流，强强合并，汇聚创新资源，成立新的上海交通大学医学院，充分发挥“部市共建”“部部共建”优势，深入探索“中国特色、世界一流、交大特点、医学特质”的发展模式，成功走出了一条综合性大学建设高水平医学院的中国道路。今天的上海交通大学医学院已从原来的地方院校发展成为在国内生命医学领域占据领先地位的生力军，成为上海交大冲击世界一流的排头兵，成为支撑健康中国战略的重要力量，在历次援藏、援疆、援滇、援黔以及对海外的医疗援助中贡献卓著。

今天，我们再一次回顾历史，既是为了重温一个个感人至深的故事，更是为了以更广阔的视野、更高远的目标、更强劲的动力，响应国家的号召和人民的需要。灾难终会过去，发展永无止境。上海交通大学整装待发，期待着用一流的科研与技术服务国家和地方，为中国医疗卫生事业的发展贡献智慧和力量，为全人类的健康和幸福书写新的篇章！

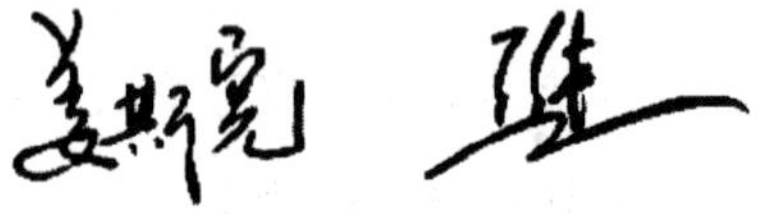

2016年6月

目录

上海交通大学医学院救援唐山大地震综述

1976年，上海交通大学医学院（时为上海第二医学院，简称“二医”）共有四家附属医院，分别为瑞金医院、仁济医院（时称第三人民医院）、新华医院和第九人民医院。2005年，上海第二医科大学与上海交通大学强强合并后，新成立的上海交通大学医学院现有13家附属医院。除原来的瑞金医院、仁济医院、新华医院、第九人民医院和上海儿童医学中心以外，上海市第一人民医院、上海市第六人民医院、上海市精神卫生中心、上海市儿童医院、上海市胸科医院、国际和平妇幼保健院、上海市同仁医院和苏州九龙医院陆续加盟这个团队。参加当年唐山地震医疗大救援的医院就包括了交大医学院本部及其在上海的12家附属医院。

灾难时临危受命 医疗队整装待发

1976年7月28日，唐山、丰南一带发生了里氏7.8级的大地震，百年的工业城市瞬间夷为废墟，千千万万个家庭霎时分崩离析。24万人遇难，16万人重伤，无数鲜活的生命埋身于废墟之下，死亡的气息铺天盖地地笼罩了整个唐山。这一刻，与死神抢夺生命的行动迅速在神州大地展开。数量巨大的等待救治的伤病员与有限的医疗资源之间的矛盾永远是灾难救援中首要的难题。为了解决这一问题，全国各地迅速组建医疗队赶赴唐山进行抗震救灾。拥有丰厚医疗资源和高超医疗水平的上海当然也义不容辞地积极组建医疗队，并先后派出三千五百余人。上海交通大学医学院作为上海医疗卫生事业的中坚力量，共派出四批一千二百余人赴唐山抗震救灾，约占整个上海医疗队总人数的三分之一。

7月28日，上海市召开抗震救灾的紧急会议，在上海市委的领导与部署之下，上海交通大学医学院及各附属单位积极响应，立即组建抗震救灾医疗队。医学院广大医护职工与学员从各种渠道得知唐山发生地震的消息后，都争先恐后地向党委或党总支报名要求参加抗震救灾，甚至有很多人贴出了请战书、决心书等。由于时间紧迫、情况特殊，第一批医疗队是由各单位党委直接选拔组建的。接到参加医疗队的通知后，尽管不少医务人员有这样或那样的困难，但没有一人提出需组织特殊照顾的要求。像精神卫生中心的张明园，在父亲病重需要照顾的情况下，毫无推托之词，毅然赶赴灾区。还有一些医护人员或新婚燕尔，或孩子刚刚呱呱落地，或家人刚刚团聚……但这些在紧急救援任务面前都显得不那么重要了。7月28日的晚上注定是个不眠之夜 ，从二医党委到各医院党委、总支和组室人员，都通宵达旦地坚持工作，或是留守在电话机旁，或是深夜做思想工作，或是通宵采购物资。几个小时之内，药品、器材、水壶、雨衣、毯子、电筒等设备物资都准备就绪，整个医疗队整装待发。另外，医学院也争取到银行的支持，及时将工资发给即将出发的医疗队员，以便医疗队员安顿家人，使他们无后顾之忧地奔赴抗震救灾前线。

根据上海市的安排部署，上海第二医学院系统（包括院本部、瑞金医院、仁济医院、新华医院和第九人民医院）是作为一个医疗中队参加抗震救灾的。第二医学院共派出三批医疗队。第一批医疗队127人，由刘远高担任总支书记，孙克武担任队长；第二批医疗队103人，由李春郊担任丰润抗震医院的总支书记兼队长。之后，上海第二医学院又派出由93人组成的第三批医疗队支援唐山，朱济中担任总支书记，魏原樾担任队长。此外，二医还于7月31日派出共40人的卫生列车医疗队赶赴唐山负责伤员转运工作，于8月1—3日派出15名医疗队员先后赶到唐山加入到抢救治疗工作中，于8月4日派出由后卫组、防疫站等建组和瑞金、古田、长江三所医院共140人组成的后方医疗队赴遵化县和路南区进行救援。瑞金医院共派出76人，其中第一批30人，第二批27人，第三批19人；仁济医院共派出80人，其中第一批30人，第二批20人，第三批30人；新华医院共派出67人，其中第一批30人，第二批21人，第三批16人；第九人民医院共派出72

人，其中第一批30人，第二批20人，第三批22人。当时作为上海市卫生局直属的医院，在上海市卫生局的统一调配下，第一人民医院共派出三批医疗队，共计67人，其中第一批7人，第二批18人，第三批42人；第六人民医院共派出四批医疗队，共计183人，其中第一批30人，第二批46人，第三批43人，第四批64人；胸科医院共派出三批医疗队，共计23人，其中第一批8人，第二批2人，第三批13人；儿童医院共派出三批28人，其中第一批9人，第二批11人，第三批8人；精神卫生中心共派出两批63人，其中第一批61人，第二批2人；国际和平妇幼保健院共派出四批55人，其中第一批11人，第二批15人，第三批15人，第四批14人。同仁医院则是在长宁区卫生局的领导之下组建医疗队的，共派出一批23人。整个医疗队是由若干个医疗小队为基本单位的，每个医疗小队15人左右，配备外科医生、骨科医生、内科医生、脑外科医生、妇产科医生、五官科医生以及中医、麻醉、药剂、化验、护士、医学生、工宣队、干部等若干名。各医疗小队的医护人员基本配备齐全，并且有许多医疗骨干力量。

克服缺水断粮苦　一心只为救伤员

7月29日上午7时，上海交通大学医学院第一批医疗队297人从上海北站出发，于31日凌晨4点到达天津杨村车站。由于地震后道路和桥梁遭到严重损坏，根本无法行车，医疗队转战天津杨村军用机场，乘坐直升机进入唐山。在直升机上，医疗队员们俯瞰了满目疮痍的唐山，断壁残垣，扭曲的道路……一幕幕都冲击着他们的灵魂深处，至今难忘。全国赴唐山医疗队到达灾区后，根据灾情轻重统一部署，分为三线展开工作：一线实施现场救护；二线负责伤员急救、分检、中转和护送；三线负责收容治疗。到达唐山机场后，根据抗震救灾指挥部安排，新华医院一支医疗小队、胸科医院医疗队、第一人民医院医疗队驻扎唐山机场，负责机场附近的灯光球场和八大处的伤员抢救治疗以及飞机转运工作。当晚，其余医疗队则连夜赶往唐山各个区县开展抢救和收治伤员工作。其中，瑞金医院、仁济医院、新华医院（另一支医疗小队）、第九人民医院的医疗队前往丰润县，第六人民医院、精神卫生中心前往唐山市路南区和路北区，同仁医院前往丰南县。可见，上海交通大学医学院的第一批医疗队员遍布了唐山的大部分地区。

从唐山机场到达各医疗救治点的路上，一幕幕的惨状更加清晰地呈现在了医疗队员们的面前，即便是过去了整整40年，这些悲惨的场景对他们而言仍历历在目。废墟中一具具血淋淋的尸体，有的缺胳膊少腿，有的倒挂在残墙上，触目惊心。为了与时间赛跑、与死神抢夺生命，连续奔波三天的医疗队员们来不及安顿和休息，也顾不上恐惧与哀伤，他们搬运尸体、清理场地、搭建帐篷，快速地建立起了临时医疗救援点，并立即投入救治伤员的工作。等待治疗的伤病员挤满了各个临时医疗救援点，第二医学院中队所带的一万片止痛片和一千根导尿管等，仅仅在一个晚上的时间内就用完了，其他医疗站点的药品也同样出现了短缺，这使设备本来就不齐备的医疗队更是雪上加霜。为了解决药品短缺和设备不足的问题，医疗队员们试着另辟蹊径，没有外用药就用汽油杀蛆，没有无影灯就多打几支手电，没有血浆就撸起自己的袖管抽血，没有药品就采集中药代替，没有麻醉剂就在针刺麻醉的辅助配合下进行手术。六院的几位队员还冒着生命危险，钻进一所已经倒塌的药铺中，弓着腰在塌陷的屋顶下方挖出了半埋在废墟下的药品。二医医疗队员把电线里面的铜芯抽掉，经过消毒处理后，用其为患者导尿，解决了导尿管严重不足的问题。据胸科医院的陈群回忆，为孕妇接生对于她这个专门做胸腔手术的医生来说是强人所难的，但是，在危急情况之下，胸科医院医疗队还是顶住压力为一名孕妇顺利接生。

地震的巨大破坏力也给医疗队员的生活带来了极大困难。唐山大地震发生后，整个唐山地区的供水系统遭到破坏。医疗队刚到唐山之时，连饮用水都成问题，只能喝加入明矾后的河水或积水，洗脸、洗澡简直就是天方夜谭。同仁医院的尤凤英到达唐山机场后，从解放军处得知唐山供水困难，自己的长辫子会很麻烦，就立即拿起剪刀剪了自己留了多年的辫子。大约在医疗队到达的三天后，消防车从北京调运来了水，但每人每天仅有一杯，仅够饮用，在这种情况下，医疗队员们发扬无私奉献的精神，从不考虑个人，总是优先保证医疗用水。面对极其艰苦的环境，医疗队员们不曾有过一丝怨言，而是全身心投入救治工作。新华医院的苏国礼、苏肇伉和单根法一台连着一台地做手术，汗水湿透了衣背，风干之后变成了盐花，僵硬的衣服磨破了他们的皮肤，但他们全然不顾，专注于手术。据邱蔚六回忆，到达唐山后，九院医疗队收治伤病员数量之多让他们始料未及，为了及时救治伤员，他们72小时都没合眼，其他医疗队的情况同样如此。异常艰苦的生活环境加上连续数周超负荷的紧张工作，使一些医疗队员开始发烧、呕吐、腹泻，患上了肠炎等疾病，但是他们仍以抢救伤病员为第一要务，带病投身于抗震救灾的第一线。

自古以来，大灾之后必有大疫。唐山大地震发生之时正值盛夏，天气炎热，暴雨不断，人畜尸体迅速腐烂发臭，尸臭味和漂白粉味交杂，充斥着整个唐山。同时，唐山的城建设施全部被毁，水源遭到破坏，地下管道堵塞，粪便、垃圾等污物大量堆积，蚊蝇大量孳生，到处都是乱飞的苍蝇。迅速恶化的环境致使灾区肠炎、痢疾肆虐，重大疫情发生的隐患极其大。为了防止重大疫情的暴发，在抢救工作基本完成后，医疗队开始把工作重点转到防疫消毒、控制传染病工作上。搭建临时厕所、每日喷洒消毒水、控制饮用水的来源，及时观察病人的状况，这些措施有效地控制了肠炎、痢疾，使其发病率降到了常年水平。在全体医护人员的努力下，唐山无论是城市还是农村都没有暴发大规模的瘟疫。

随着全国各地大量医疗救援队陆续进入唐山，第一阶段抢救任务基本完成。根据河北省抗震救灾指挥部的部署和安排，8月22日起至9月30日，上海交通大学医学院第一批赴唐山抗震救灾医疗队完成阶段性救治工作，陆续返回上海。

援建多所抗震医院 重建医疗卫生体系

为了进一步推进抗震救灾工作，重建整个唐山的医疗卫生体系，河北省抗震救灾指挥部通过省指挥部医疗药品组向上海转达意见，要求上海在伤员较为集中而又极缺医疗条件的丰润、遵化、迁西及玉田四个县建立抗震医院。在此背景下，除了第一批医疗队留下一部分人员外，上海又派出第二批医疗队与第三批医疗队，支援唐山组建抗震医院。在四所抗震医院中，上海交通大学医学院依旧是其中坚力量，参与筹建了其中三所抗震医院，分别为丰润抗震医院、第一抗震医院和第二抗震医院。其中，第二医学院本部、瑞金医院、仁济医院、第九人民医院、新华医院援建丰润抗震医院；第一人民医院、第六人民医院、儿童医院、上海精神病总院（现上海市精神卫生中心）援建第一抗震医院；上海卢湾区中心医院（现为瑞金医院卢湾分院）、国际和平妇幼保健院、上海嘉定县人民医院（现仁济医院嘉定分院）参与援建第二抗震医院。三所抗震医院于1976年组建，到1978年第三批医疗队主体撤回上海，共历时近两年。

继第一批医疗队赴唐山后，许多未能前往的医护人员仍积极请战，要求参加抗震救灾工作。8月3日，上海市派出了一支先遣队赴丰润、玉田、迁西、遵化四地筹备组建临时医院，其中不乏交大医学院医护人员的身影。8月底9月初，各单位第二批医疗队纷纷赶赴唐山，正式投入组建临时抗震医院的工作中。1977年6月，第二批医疗队历经10个月左右的时间，圆满完成组建临时抗震医院的任务后撤回上海。与此同时，第三批医疗队先遣队到达唐山，与第二批医疗队完成交接工作。1977年7月，第三批医疗队到达唐山。

以芦苇、油毛毡为顶，以竹帘、泥巴筑墙的“抗震房”是唐山地震后的特有产物，为了避免余震的再次破坏，抗震医院由这样一排排兵营式临时建筑——“抗震房”组建而成。抗震医院的设施都非常简陋，病房、行政办公区、宿舍区都集中在医院内。由于条件所限，抗震医院的分科也较为粗简，大致就分为内、外、妇、儿、骨等几个大病区。在这种医疗条件匮乏的情况下，各个抗震医院自力更生、就地取材，不但降低了病人平均住院天数和平均药费，还取得了良好的治疗效果。例如，在缺少干血浆的情况下，丰润抗震医院的队员们巧妙地摸索出了一套中西医结合的治疗烧伤的方法，治愈了二十多例烧伤患者。国妇婴医疗队则将国妇婴的常规制度与当地实际情况相结合，为第二抗震医院制定了适应当地的各项工作制度，例如严格执行空气消毒、器械敷料消毒等消毒隔离制度。医疗质量是医院的生命。据第一人民医院的唐孝均回忆，第一抗震医院的手术室、产房都是建在草棚里的，但在这种恶劣的环境之下，医院没有一例手术造成伤口感染。同时，各抗震医院也开展了一些难度较高的手术，如丰润抗震医院儿外科做了近十例当地不能解决的脊膜膨出修补术，成功地为地震受伤引起的较罕见的肠断裂闭锁慢性小肠梗阻的病人完成手术等等。这些手术均取得良好效果，获得了当地百姓的好评。

抗震医院建起来后，抢救伤病员就不再是医疗队唯一的任务了，其社会救助的职能也得到了充分发挥。各抗震医院都坚持开门办院的原则，采用多种切合实际的形式，安排人员下厂下乡开展巡回医疗。丰润抗震医院的巡回医疗点有4个生产队、4个工厂、3个居民点、1个幼儿园、1个敬老院和2个地段较偏僻的分院。在巡回医疗中，医疗队除了治病外，还开展卫生宣传，出黑板报、宣传栏，普及防疫知识，到工厂巡回时还深入食堂劳动。在居民点、幼儿园和小学进行预防接种，为了更好地掌握巡回医疗点群众的健康状况，还对生产大队、敬老院、幼儿园、皮革塑料厂和小学等进行健康普查。为了开展老慢支的防治工作，丰润抗震医院还和赤脚医生一起对城关公社21个大队共210位老慢支病人进行普治，并随访疗效。在治病救人的同时，医疗队也承担起了培养当地医务力量的工作，为一些赤脚医生、进修医生和医务人员开展了教育培训。医务人员和工农兵学员在教育培训过程中，认真备课、试讲、带教，有人还为了绘制挂图经常熬夜。医疗队还开展了多次学术讲座，吸引了当地大批医务人员和赤脚医生，为培养当地的医务力量作出了重要贡献。此外，医疗队还担负了一些院外会诊工作，多次到铁路医院、县医院和下属分院、部队650医院、兄弟抗震医院等单位参加会诊，协助手术。

为了能在艰苦的工作环境中保持积极向上的工作状态，在工作之余，医疗队员们也积极开展各类活动。丰润抗震医院还专门建立了团总支，组织各种文艺活动，调动医疗队员的积极性。兵马未动粮草先行，后勤人员是“先行官”。在赴唐山的医疗队中，后勤人员也是其中重要力量，比如第二批与第三批医疗队中，除了协助建立临时医院的医务人员之外，还有许多负责后勤工作的人员。在灾区物资极其缺乏的条件下，后勤人员不但尽其所能保障和改善医务人员的日常生活，还深入病房，了解病员需要，克服困难，及时为病员筹集棉毯、被子、铺板，确保了临床的需要。此外，医疗队员们也发挥聪明才智改造生活环境，国妇婴的“老木匠”——庄留琪医生是位木艺高手，生活中，她放下手术刀拿起木锯，利用废旧木料为医院打造了两个大衣橱。

1978年3月，第三批医疗队成功地将各抗震医院移交给唐山，返回上海。

为了犒劳在唐山作出重大贡献的医疗队员们，党和政府还专门安排医疗队员乘坐全国人大代表和政协委员到北京开“两会”的专列“周恩来号”返沪。至此，上海交通大学医学院赴唐山抗震救灾工作圆满结束。

接收来沪伤病员 全院上下腾病房

为使重伤员得到较好的治疗和照顾，同时也减轻灾区的医疗负担，上海交通大学医学院除在唐山临时组建抗震医院外，还根据中央统一安排，及时接收、治疗从唐山转移来的伤病员。8月1日，首批28名伤员转移到上海，瑞金医院接收10名，第一人民医院接收18名。随后两天，又有167人转移到上海，各医院也纷纷积极接收伤员。

足够的病床是顺利接收伤病员的首要条件。在接到准备接收灾区伤病员的通知后，各医院就开始为唐山伤病员腾病床。动员病人腾出病床并不是一项简单的工作，常常会遇到各种各样的阻碍，但是当病人听说这次是为了接收唐山灾区的伤病员时，都毫无怨言地支持与配合医院工作，甚至有许多病人主动提出出院，或是迁至其他病区。例如仁济医院的一位家住浦东的病人刚刚进行了外科手术，伤口未愈，需要随时换药，但他要求马上出院，宁可天天摆渡到市区来换药，也要让灾区伤病员住进来。在医院的积极协调之下，经过上下齐心努力，原本处于饱和状态的瑞金医院和仁济医院一下就分别腾出来133张和120张病床。

赴唐山抗震救灾医疗队出发后，使原本就病员多、人手少、任务重的各医院的工作变得更加繁忙，这时，接收来沪伤病员对各医院的医护人员来说是一项极大的挑战，但在困难面前，他们没有低头，而是加班加点地工作。例如瑞金医院于7月31日晚接到准备接收灾区运来的伤病员的战斗任务后，立即全院动员，号召职工“一个人顶两个人用，半休的上全天班，全休的上半天班”。瑞金医院烧伤病房一下子就收治了16名伤病员，烧伤面积都在60％—80％之间。唐山来的伤病员不断夸赞瑞金医院的医务人员是上海的“春苗”。

在筹备接收来沪伤病员的工作中，医院的后勤人员也发挥了重要作用。他们及时调集床位和被子，为伤病员配备各类生活用品，食堂的工作人员商量着如何为伤病员准备更适合北方人口味的食物。瑞金医院的木工师傅还连夜为骨折的伤病员赶制了20张木板床。

伤病员到各医院后，经过医护人员的精心治疗、细心照顾和在精神上的安慰开导，身心都很快得到恢复。经过一段时间的精心治疗，大部分伤病员伤愈返回唐山，或是回河北省治疗休养。

昔日唐山结下缘 重回唐山不了情

在抗震救灾的过程中，上海交通大学医学院医疗队紧密团结、众志成城，全心全意地救治伤病员，挽救了灾区人民的生命，帮助他们恢复了健康，许多壮举都使唐山人民备受感动。新华医院的虞宝南等蹲下身子用手指为截瘫病人一点一点地挖出干结的大便。为了抢救地震中受伤的青年煤矿工人，新华医院的医疗队员们还用自己的嘴从病人气管插管中吸出阻塞物，伤员嘴里的紫褐色黏液气味极为难闻，但所有队员一个接一个轮换着吸，终于救回病人。儿童医院的医生如亲人般对待伤病员，连夜守护病患直到康复。瑞金医院、仁济医院、新华医院、第九人民医院、儿童医院等都把唐山市卫生局给医疗队送来的慰问苹果让给当地伤员。唐山大地震后，紧接着发生了多次余震，最大的一次余震达7级左右，医疗队的救治工作与生活也是在不断的余震中进行的。有一次余震很强烈，丰润抗震医院的第三批医疗队员们在帮助能活动的病人转移到病房外面后，本能地跑回到那些不能移动的重病人身边安抚他们。

在开展医疗救援期间，医疗队在很大程度上帮助唐山当地解决了医疗物资匮乏和医疗水平落后的状况，唐山人民对上海医疗队满怀着感激之情。刚到唐山之时，压缩饼干是医疗队员们的主要食物。为了使医疗队吃上饭，工农兵学员在野外搭起了炉灶，但是巧妇难为无米之炊，断粮的戏码经常性地上演，当地老百姓就从废墟里挖出粮食，主动给医疗队送来。在饮用水极其缺乏的情况下，有一位灾民为医疗队员送上一杯茶，让医疗队员们备受感动。在丰润抗震医院，有的病人因为医治无效而病故，病人家属在病房善后时都一声不哭，但一走出医院的大门就开始嚎啕大哭，发泄悲痛之情。后来，医疗队员们才了解到，他们这样的克制是源于对上海医疗队的尊重。

在抗震救灾过程中，医疗队队员之间也上演了一幕幕美丽的爱情故事，一度传为佳话。比如，新华医院的医生刘锦纷与仁济医院的护士朱小平结缘于抗震救灾的手术台前，为了纪念与延续这段情缘，他们给儿子取名为“震元”。仁济医院的医生诸葛立荣和瑞金医院的护士李亚东是一对恋人，本打算在1976年年底结婚，但是得知唐山发生大地震后，都积极要求赴灾区抗震救灾。当他们分别接到参加第三批赴唐山抗震救灾的通知后，主动向各自党组织汇报他们的恋爱关系，在得到党组织同意后才一同参加抗震救灾，在丰润抗震医院，他们全身心投入工作，直到李亚东患了痢疾病倒了，诸葛立荣前往看望她时，两人的恋情才被大家所知晓。

在灾区，面对各种困难，医疗队员想尽各种办法，创造条件、齐心协力、克服困难，在共同度过了这段不平凡的艰难困苦时期后，医疗队员之间也产生了一种十分特殊的生死患难之谊。据二医的余前春回忆，在一次7.1级的余震中死里逃生之后，他特意制作了“丰润抗震医院”的牌子，并和四位好友在医院门口拍下了一张终生难忘的合影，直至今日，他们这些第一批到达唐山地震灾区的医疗队员们之间仍相互戏称为“唐山帮”。

1996年，纪念唐山抗震20周年之际，唐山市政府邀请上海交通大学医学院赴唐山参加纪念活动。作为当年抗震救灾医疗队的队员，时任上海第二医科大学党委书记的余贤如带领部分当年参加抗震救灾医疗队的队员和一些青年医生代表共四十余人参加了，此次“医疗队重返唐山”的活动。20年过去了，唐山人民对上海医疗队的感激之情丝毫没有减弱，他们像是对待亲人一般亲切热情地接待了医疗队员们。上海交通大学医学院的医生还联合唐山当地的医生共100人在唐山组织了一次百名专家大型义诊活动，场面壮观，可谓万人空巷。瑞金医院骨科医生张沪生在那里诊治了一位病情较严重的患者，并建议患者到上海接受进一步治疗，后来病人在上海治疗期间，他经常为患者送饭，还为其垫付了800元医药费。徐建中医生则见到了当年亲自送上火车的截肢女孩李冬梅。当年的小女孩在接受截瘫治疗后，成为了一名残障铅球运动员，曾在亚洲残奥会和中国残奥会上获奖。二十年前医疗队接生的双胞胎部双来和部双生兄弟也来到了现场，给医疗队员们送来了锦旗。部分医疗队员还参加了唐山的电视节目——《抹不去的回忆——20年的回顾》的录制，讲述了当年抗震救灾的感人情景。当时，为了表达对上海医疗队的感激之情，唐山市政府送给了参加活动的上海医疗队员每人一块梅花表，儿童医学中心的刘锦纷十分珍惜这块表，二十年来一直佩戴着。2006年10月25日，国妇婴的部分医疗队成员也重返了唐山，他们参观访问了唐山市妇幼保健院，还在那里与唐山医疗卫生工作人员进行了学术交流。

历史贡献永不灭 经验教训启后世

上海交通大学医学院救援唐山，从第一批医疗队出发到最后一批医疗队于1978年3月18日主体撤回上海，历经了近两年的时间。期间，上海交通大学医学院医疗队秉持着“博极医源，精勤不倦”和“治病救人，救死扶伤”的精神，为灾区伤病员的救治与医疗卫生事业作出了重大贡献。同时，医疗队也从救援组织、药品器械的供应、人员配备和编制、运输及后勤工作几方面对此次救援的经验教训进行了总结，为今后的抗震救灾工作积累了丰富的历史经验。

一、时间就是生命。唐山大地震发生于28日凌晨3点42分，第一批医疗队于28日晚上6点都已接到通知，晚上8点全部准备完毕。可医疗队直接参加战斗的时间却是在震后第四天的清早。道路不畅是医疗队历时三天之久才到达唐山的重要原因。如果可以早一天参加救治工作，可能就会挽救更多的生命。可见尽快缩短在途的时间是抗震救灾应该重视的问题。

二、合理配备器械、材料和药品。医疗队在救援过程中遇到的最大困难就是导尿管不足，这是医疗队在事前没有预见的。因此，根据发病规律和伤员的比例分类，在不同的阶段配备相应的轻便而适用的器械和药品，是抗震救灾的重要环节。

三、合理配置医疗力量。地震后，房屋倒塌，外伤病人居多。震后第一天最危重危急的是颅脑外伤及肝、脾、肾等内脏破裂。接下来，医疗队急需治疗的是四肢骨折、盆骨骨折、胸锁骨折、严重挫裂伤、截瘫、颅脑外伤、泌尿系统损伤等疾病，尤其是骨折和挫裂伤占到了70%—80%。但是，医疗队中的外科医生和骨科医生是远远不能够满足实际需求的。就丰润临时医院来说，整个医院的外科医生和骨科医生才二十多名，加上药材器械缺乏、断水断电远远不能够满足三千多名伤病员的治疗需求，在这些病患中，出现休克、严重感染等并发症，甚至是处于半昏迷状态的重伤病员就有五百多名。因此，当天能到灾区的医疗队需要多配备一些脑外科和普外科医生，以后根据不同阶段则需多配备骨科医生，适当配备泌尿科医生，一周后则内科、传染病科医生要加强，对于医疗队员而言，则要力争精干、一专多能。

唐山大地震已经过去40年了，回首在唐山抗震救灾的峥嵘岁月，上海交通大学医学院医疗队员们仍激动万分，这段令他们终生难忘的经历，不仅使他们在艰苦环境中的治病救人的能力得到快速提高，更使他们仁爱、无私、奉献的职业精神得到了无限升华。再看如今的唐山，灾难和伤病早已远去，新唐山呈现出一片欣欣向荣的景象。但是，人们从没有忘记40年前那段历史，更不会忘记那些在救援唐山中作出不可磨灭贡献的英雄们。

（高哲 供稿）

去唐山救援是我们应该做的

——李春郊口述

口 述 者：李春郊

采 访 者：徐建中（上海交通大学医学院原退休职工党总支书记）

陈　铿（上海交通大学医学院老干部工作办公室主任）

叶福林（上海交通大学医学院党校副校长）

袁春萍（上海交通大学医学院退管会办公室科员）

时　　间：2016年5月25日

地　　点：第九人民医院老年科病房

李春郊，1929年生，山东广饶人。1945年8月参加革命，1947年6月加入中国共产党，1990年6月离休，离休时任第九人民医院党委书记。1976年9月，作为第二批上海医疗队队员赴唐山救援，是丰润抗震医院首任院长兼党总支书记。

唐山发生地震时，我是二医的宣传部副部长。我去找学校党委书记左英，我说我有地方和部队医院的工作经验，可以到唐山发挥作用。后来领导就派我过去了，由我担任抗震医院院长兼党总支书记。

到唐山后的第一感受就是伤亡惨重，新中国成立后第一次在这种人口密集的地方发生地震，伤亡特别惨重，房子都被夷为平地。我们去时已是第二批，重伤员都已被转运出去，留下的病人还有很多，大多是骨折的和砸伤的，真的很惨。

我们是在9月9日毛主席逝世当天到达唐山的，得闻噩耗，我们痛哭流涕，一整天都没有吃东西，就只是哭，一直哭到十一点左右，都不睡觉。我们抗震救灾的队伍举办了一个送别毛主席的悼念仪式。那天我们新老队伍交接，有很多工作，我还要听他们的汇报，我们就这样度过了悲伤痛苦的一天，我后来饿着肚子就睡着了。

我作为抗震医院的主要领导，主要要做好以下几项工作。首要工作就是搞好团结。当时抗震医院有员工一百五十多人，我们去了大概100人，当地还配了一些做卫生工作的、做饭的人。做好抗震救灾，我自己的体会，就是首先要做好团结互助工作。我们虽然都来自上海，但来自六个单位，除了二医校本部和四家附属医院，还有虹口区中心医院的医护人员。只有搞好团结，才能搞好工作，不然医护人员来自四面八方，互不熟悉，没有在一起合作过，在手术台上也互不熟悉，操作过程也不一样，就不利于救护工作的开展。

还有一个主要工作，就是动员同志们怎么去面对生活中碰到的困难，面对灾区的生活，怎么过艰苦生活。解决好这些问题，也是我的主要任务之一。我给同志们作政治报告，动员大家学习当年红军爬雪山过草地的精神，红军战士们在那么艰苦的条件下都挺过来了。我要使大家在思想上和行动上都接受当时的艰苦条件，认真完成这次抗震救灾任务，这个很重要。比如说，当时有的年轻队员从没有到过北京，因为唐山离北京不是很远了，就想抽空去北京看看。我就做他们的工作，让他们明白我们是来抗震救援的，不是来旅游的，让他们安心工作。

到唐山后，我最大的体会有几个：一个是党中央调度及时，解放军立了大功。唐山大地震是新中国成立后发生的最严重的一次自然灾害，伤亡惨重。但党中央调度及时，大量的重伤员都被解放军转送到了其他的城市。我们到的时候，重伤员都转走了，救援已经进入第二阶段了，我们救治的大多是一些慢性疾病患者或是康复患者了。在这次灾难中，解放军立了很大的功劳，他们第一时间赶到唐山救援。没有解放军的急救，唐山死亡的人还会更多。他们的及时救灾，也为我们的救援工作打下了基础。这是我的第一点感受。第二点感受是，唐山遭遇了这样的灾害，我们为他们的服务是应该的。唐山是一个工业城市，是一个以煤炭、工业、钢铁、机械为中心的城市，结果几秒钟就被毁了。我们那次抗震救灾，救援是一个过程，我们接受锻炼也是一个过程。为什么这么说呢？我们那时吃的很差，主要是没菜吃。我们吃的都是受冻过的大白菜，苦；喝“抗震1号”“抗震2号”两种汤。我们的救援人员生活是很艰苦的，当然比第一批好一些，他们更艰苦。第一批去的时候，他们吃的都是压缩饼干，我们去的时候可以吃窝窝头、馒头，但菜是稀缺的。我那时候去天津找熟人买咸菜，去了两次。没有菜吃不下去啊！我们生活是很艰苦的，但是当地同志对我们还是很好的。我们那时候是24小时服务制，什么时候来病人了，我们就要去服务。但这些都是应该做的。

重返没有硝烟的战场

——刘远高口述

口 述 者：刘远高

采 访 者：陈　铿（上海交通大学医学院退休党总支书记）

　　　　　袁春萍（上海交通大学医学院退管会办公室科员）

时　　间：2016年5月10日

地　　点：上海市徐汇区冠生园路209弄

右为刘远高

刘远高，1932年生。1949年5月参加工作，先后在闽粤赣边纵队、广州军区空军探照灯团、南京军区空军高炮八师担任排长、连长、作训参谋、营参谋长、副营长、团副参谋长等。曾参加援越作战。1969年10月起，作为军代表在上海第二医学院担任军训团副政委。1977年10月转业，调入上海第二医学院工作，任校人武部副部长，直至1992年离休。1976年唐山大地震发生后，作为上海第二医学院第一批医疗队政委赴唐山参加抗震救灾。

记得那天我从第二医学院回到家中，吃好晚饭后，一家人在部队对面的411医院草坪上观看电影。电影刚开始放映，就听到广播里说有紧急任务寻找我。我出去一看，原来是二医派了司机开车过来接我，说是有紧急任务，要求我拿些换洗衣服马上回校，当时我还不知道唐山发生了地震。等我回到学校里，当时二医的党委书记左英就和我说："唐山发生大地震了，强度是八九级，现在组织上要求你马上带队去唐山参加抗震救灾工作。"

在我被车子接到学校之前，学校已经按照上级布置迅速成立了医学院抗震救援中队部，当时我的职务是医学院党委常委，学校就任命我担任校抗震救援中队部政委，孙克武同志担任中队部队长，他当时是学校医务处负责人，就由他具体负责医疗救援方面的工作。同时，第二医学院系统各个附属医院的抗震救援医疗队也相继组建好了。应该说，当时我们学校各项筹备工作都已经基本就绪。所以，当我被车子接到学校后，我们中队部和各附属医院医疗救援队就马上整装出发了。7月30日早上，我们从上海北站发车，先到达天津，然后又转乘飞机进入唐山灾区。

到了唐山后，最直接的感受就是震得太厉害了，人员死伤惨重，我们去了后余震还很多。当时我就看到地震灾区紧急忙碌地开展救援的场面，有很多解放军战士和民兵都在投入抗震救援，真是要感谢党中央和解放军，那么快就调动了那么多部队过来救援。

时间就是生命，救援任务刻不容缓。我们二医的医疗队马上搭起临时救护帐篷，开始对伤病员实施医疗救助。地震造成的人员死伤非常厉害，在灾区我亲眼见到一个20多岁的男青年在地震中受伤了，脑部和胸部都有大出血症状，躺在那里不停地呻吟："请救救我，请救救我！"样子很惨。我去叫医生过来看看，但再返回他身边时，那个男青年就已经不幸死亡了。在灾区现场，还有一些孕妇就在临时搭建的救护帐篷中甚至马路边上分娩。那个时候，唐山的各项医疗救助设备确实比较简单，救援条件很艰苦。同时，伤病员又太多，根本抢救不过来，所以中央马上决定用火车把重伤员转送出灾区，到大医院进行救治。

我在唐山工作了差不多三个月，国庆节过后才接到上级命令返回上海。在那期间，我们除了经历过多次余震，尤其难忘的是毛主席逝世那天的情形。9月9日得知毛主席逝世后，我把我们医疗队员都召集在一起，在灾区草坪上集体默哀三分钟，召开了一个简短的追悼会。随后，我们强忍悲痛又继续投入紧张的伤员抢救工作中。

我们是第一批到唐山参加抗震救援的，工作和生活条件非常艰苦，克服了很多困难。我们抗震救援队员都住在临时搭建的帐篷里，后来才搬到木板房里。但住在木板房里，说实话也有点害怕的，因为灾后仍余震不断，时常会在晚上睡觉时感觉到整个木板房在晃动，会有东西从屋顶上掉下来，而且，灾区的通讯设备和电路设施都被严重损坏了，也没有什么交通工具，有什么事情基本上都是靠广播来传递信息。当时我们吃的是从上海带去的压缩饼干，喝的饮用水也是地震灾区很浑浊的井水，水质比较差，我和其他很多救援队员一样，因为水土不服，持续腹泻了一个多月。后来，饮食条件才慢慢地有所改善。在唐山工作期间，虽然环境条件很不理想，但所有的医疗队员齐心协力，表现都非常好，那时我们就一个信念：大家一条心，抢救伤病员。

我以前是一名军人，曾先后担任广州军区空军部队探照灯团基层指挥员、南京军区空军高炮师团副参谋长，经历过战场上枪林弹雨的洗礼。但唐山大地震救援如同一场没有硝烟的战争，带给了我不一样的感触，面对地震灾区那么多的伤亡人员，看到一个个鲜活的生命在我面前转瞬即逝，所经之处，亲眼目睹的一切都让我深深感觉生命的脆弱和灾难的无情。我也亲身经历了我们瑞金医疗队的同志就在灾区马路边上为孕妇接生的场面，被医护人员救死扶伤的精神深深感动。我们还和当地的干部建立了很深的友谊，他们很不容易，不顾自己的小家帮助我们做好医疗救援工作。临走时他们为我们送行，感谢我们，我们说这都是大家应该做的。

唐山当年发生的地震，也让我认识到，面对突如其来的灾难，我们关键还是要做好平时的各项预防工作。现在我们国家各方面条件都跟上了，比以前好了，再有类似唐山地震这样的灾难，应该不会造成如此重大的损失和伤亡了。

唐山一年 激励一生

——徐建中口述

口述者：徐建中

采访者：陈　铿（上海交通大学医学院退休党总支书记）

叶福林（上海交通大学医学院党校副校长）

袁春萍（上海交通大学医学院退管会办公室科员）

时　　间：2016年4月20日

地　　点：上海交通大学医学院东四舍会议室

徐建中，1953年生，中共党员，副教授。先后任上海第二医科大学校工会常务副主席、上海交通大学医学院退休党总支书记、退管会常务副主任。1976年作为第一批上海医疗队队员赴唐山抗震救灾，并留任于第二批医疗队。

一

唐山大地震发生于1976年7月28日3时42分53秒，那确实是一次灾难性的地震，给唐山和整个京津唐地区造成了重大损失。地震发生后，党中央和国务院高度重视，马上指挥布置抗震救援工作。

7月28日下午6时，上海市接到中央卫生部的通知，要求上海组织医疗队赶赴唐山进行救援。接到卫生部通知后，上海于7月29日成立了由上海市卫生局的3位领导与15名工作人员组成的大队部，同时，一共组建了56支医疗队，每个医疗队15人。我们上海第二医学院组建了8支正式医疗队，2支预备医疗队。上海第一医学院组建了6支，上海中医学院组建了3支。

医疗队的组成要求很具体：每个医疗队里有2—3名骨科或普外科医生，2名内科医生，1名麻醉科医生，1名药剂师，1名检验科医生，1名护士，3位干部（1位指导员，正副队长各1位，均须为医务工作者）。二医的8支医疗队中，瑞金医院、仁济医院、新华医院、第九人民医院各组建2支医疗队。二医成立了中队部，中队部共有7人，中队部政委为刘远高，队长为孙克武，我是中队部一名工作人员。

我怎么会成为医疗队的一员呢？当时我是二医中医教研室的一名老师，那时我们还要到医院看门诊的。记得7月29日那天，我正好在仁济医院看中医门诊，大概是11点30分回到二医的，回来以后我就听说学校在组建医疗队的消息。其实那时，二医赴唐山的人员名单基本都已确定，但当时我心里确实非常渴望能够去唐山做点事情。于是我就直接找到当时的校党委书记左英，向她表达了我想去唐山参加抗震救灾的心愿，左英对我的行为表示支持，她说："小伙子，你想去就去吧。"随后她就电话联系市卫生局，我就此成为二医第一批赴唐山抗震救灾中队部的成员。

这样，我们二医系统第一批赴唐山参加抗震救灾的总共去了127人，8个医疗队每队15人，共120名医疗队员；再加上中队部队员7个人。

7月30日早上，我们乘坐9056次专列，7点20分从上海北站发车，9点25分到常州，下午2点20分到达蚌埠。那个年代，凡是国家重大的消息都是4点钟发布的。记得当天下午4时20分，我在火车上面听到中央人民广播电台广播，说唐山地震损失“极其严重”。当时我们第一次听到这几个字，因为刚开始时对外公布的消息是唐山地震强度为6.5级，而且上级布置任务的时候也只讲准备好5天的口粮，所谓的口粮其实就是食品公司准备的压缩饼干和榨菜，所以我们出发时个人的生活用品、替换衣服等都没多带，但是各种急救所需的医疗用品和器械我们带好了。

31日凌晨4时12分，我们到达天津附近的杨村。到天津以后，火车就无法再往前行进了。强烈的地震导致铁路被严重破坏，许多地方的铁轨都像油条一样卷绕起来。我们就临时决定到杨村军用机场，然后坐飞机进入唐山。

下了火车转往杨村机场的途中，我们还要把从上海带来的药品和器械一并转运走。那个时候的葡萄糖盐水瓶都是玻璃瓶，不如现在的塑料瓶轻便，分量很重。我们这些队员不论男女，每个人都背负一整箱盐水瓶带到杨村机场。同时，每个医疗队还要带一顶帐篷，帐篷也都是由很重的铁杆和帆布材料制成。但是在当时的情况下，我们没有一个人提出说自己背不动，或是有放弃后退的想法，所有的队员都齐心协力参与其中。

我们大概是31日8点钟进入杨村机场，当时看到杨村机场里一片忙碌场面，都忙着在调动部队赶赴唐山救援。我们一直等到11点30分才上了飞机，上海医疗队是第一个进唐山的，127个人分乘三架小飞机前往唐山，当时我乘坐的是第一架飞机，跟随余贤如老师所在的新华医院一支医疗队一起进去的。到达唐山

徐建中（左二）参加当地劳动

机场后，当时的国务院副总理陈永贵同志在机场迎接我们，他流着眼泪对我们讲："上海的医生你们辛苦了！"经过长时间的路途奔波，我们确实感到比较疲惫，那个时候的火车不像现在的高铁比较平稳，在行驶的时候噪声很大，且由于是硬座，震动很厉害，在火车上根本是无法入睡的。

二

到了唐山机场以后，除了新华医院留下一支医疗队驻扎在机场外，其余人员分乘四部军用卡车前往丰润县。我记得很清楚，那里的马路都是裂开来的，从唐山机场到丰润县80公里的路程，我们的车从下午2点钟一直行进到晚上6点钟，足足开了四个小时。车子一路过来，我们看到整个唐山市没有一间好房子，全部塌了，只有唐山发电厂的一根烟囱还是好的，其他房子全倒了，真的很惨很惨。我曾经看到，有一个小姑娘被裤带悬吊在倒塌房屋断裂的钢筋上，在当时的情况下根本无法把她救下来，听说后来还是不幸死掉了。

到达丰润县后，看到在丰润县人民医院门口，有上万个病人在等待我们医生的救援。伤病员非常多，我们整个中队部带去的一万片止痛片，一千根导尿管，一个晚上就全部发放用完。有很多伤员在地震中腰椎被压断，下半身瘫痪导致尿潴留，肚子鼓胀如气球般，人非常难受。我们就想办法把电线里面的铜芯抽掉，然后再经过消毒处理，用其为患者导尿，解决了导尿管不足的问题。在房屋废墟中到处都是遇难者，由于天气异常炎热，尸体很容易腐烂，部队就专门负责把遇难者集中掩埋。到达灾区的前三天三夜，我们基本没合过眼，大家都以高强度的精力投入到紧张的医疗抢救中。

正值盛夏，高温酷暑。刚到灾区的前两天，唐山无水供应，等到了第三天，消防车从北京把水调运过来了，但每人每天只供应一搪瓷缸水，饮水、洗刷都全靠这一缸子水解决。我们基本上都用来解渴了，洗刷的话就能免则免。这种少水的状态持续了差不多一个星期。

我们住的条件也很简陋。从8月1日起天开始下倾盆大雨，当地政府给我们用芦苇搭了一些临时棚，再把伤病员转送到棚里。因丰润县的治疗条件有限，8 月 2 日，国务院派了专列开始把丰润的伤员全部转往灾区外治疗。当时我主要负责指挥转运伤员，伤病员非常多，每天都有多辆火车在不停向外转运伤员。我指挥转运伤员也按照一定的分配制度，比如每天一趟火车来，从瑞金医疗队处接 30 个伤员，从仁济医疗队处接 50 个伤员。印象最深的是 8 月 3 日那天，我亲手把一位伤员送上火车，那是一个下身截瘫的小姑娘。我和这位小姑娘之间很有缘分，20 年之后的 1996 年 7 月 10 日，二医组织了 40 名同志再去唐山义诊时，我在当地截瘫病人医院又看到那个小女孩，后来我和她还有书信往来。

三

在唐山我一共参加了两批医疗队。第一批医疗队工作了 60 天，7 月 30 日出发，9 月 25 日撤回，当时要求我们中队部要留一个人，我就留了下来，也就是连任两批，第二批医疗队其实就是抗震医院的第一批队员。由于灾区余震不断，比如 7 级以上地震我们就遇到过好几次，所以中央就考虑造抗震医院。8 月下旬，我们学校派了井光利、黄飞等几位有经验的老干部，来指导筹建抗震医院。9 月 9 日，李春郊带着第二批医疗队来到丰润。为什么我会记得这么清楚呢？是因为那天我正好带了几位队员去秦皇岛接一批医疗用具，上海的医疗用具都通过那边的港口运过来，9 月 9 号日早上 7 点钟从丰润县出发，下午 1 点 30 分才到，因为地震过后路面都开裂，车子震得我们都直呼受不了。我们就是在秦皇岛听到毛主席逝世的消息的，我当时就决定马上回去。我们后来是晚上 10 点 30 分回到丰润的，正巧看到第二批来抗震医院的队员。

第二批医疗队员中，瑞金有 24 人，仁济和新华都是 19 人，九院 20 人，还有虹口区中心医院 13 人，二医一共 17 人，我们这些人就是丰润县抗震医院的第一批成员。虽然建起了抗震医院，但条件仍然十分艰苦，我们每天都只能吃“抗震汤”，平时吃“抗震汤 1 号”，其实就是白菜汤，星期天可以吃到“抗震汤 2 号”，就是汤里有两片肥肉，那时大家都盼望着星期天能吃到那两片肥肉。唐山到了 10 月份就开始下雪，很冷很冷，只能靠生火取暖，但是这很容易发生火灾。12 月 10 日，抗震医院就发生了一场大火，把整个手术室都烧光了。

在抗震医院大家都十分团结，队员之间有的还擦出了爱情的火花。比如，大家比较熟悉的刘锦纷（后来成为上海儿童医学中心院长）、朱小平夫妇，前者是新华医院的医生，后者是仁济医院的护士，他们两位在抗震期间喜结连理后，将他们的儿子取名为刘震元，成为了一段佳话。

在唐山开展医疗救援期间，我们确实在一定程度上帮助当地解决了医疗物资匮乏和医疗水平落后的现状，医疗队员们也和唐山人民结下了深厚的友谊。比如医疗队的潘家琛老师为当地多个兔唇的孩子做了手术治疗，同时带教出了当地的一些医生；苏肇伉老师是抗震医院成立后的第一批成员，他在当地做了很多例心脏手术，包括分离了一对连体婴儿；又如仁济医院心内科专家黄定九老师，由于唐山天气冷，心脏病人就多，包括部队在内，经常请我们去会诊，黄定九出去会诊通常是我和他一起去的，包括很多偏远的部队医院；还有瑞金医院骨科的张沪生医生，在 1996 年组织回访唐山的时候，他在那里碰到了一个病情比较严重的病人，张沪生建议患者到上海治疗。后来病人在上海治疗期间，张医生经常自己烧了饭菜送到病房，病人出院结账的时候缺了 800 元也是张医生为其垫付的。

我真心希望将来医学院不要忘记当时在唐山参加抗震医疗救援的同志们，他们是真正的英雄，在那么艰苦的条件下无怨无悔、无私奉献，展现了上海医生的风采、展现了医学院的风采。特别是第一批去的队员是没有任何补贴的，直到成立抗震医院后，才有每天一角七分的补贴。时至今日，他们中的很多人已经离世，如果需要，我可以协助学校把当时所有队员的名单整理齐。

四

1976 年 7 月 28 日，对于 40 年前遭受毁灭性地震的唐山人来说是永世难忘的，对于 40 年前奔赴灾区抗震救灾的医疗队队员们来说也是刻骨铭心的。我珍藏了很多当年的照片，每张照片都是一段回忆，每一张照片都是一段故事。

这张照片（下页左图），是仁济医院的黄定九同志和他当年在唐山治愈病人的合影，拍摄于唐山地震 20 周年之际，也就是 1996 年回唐山义诊时。照片

黄定九医生与当年被救的市民重逢

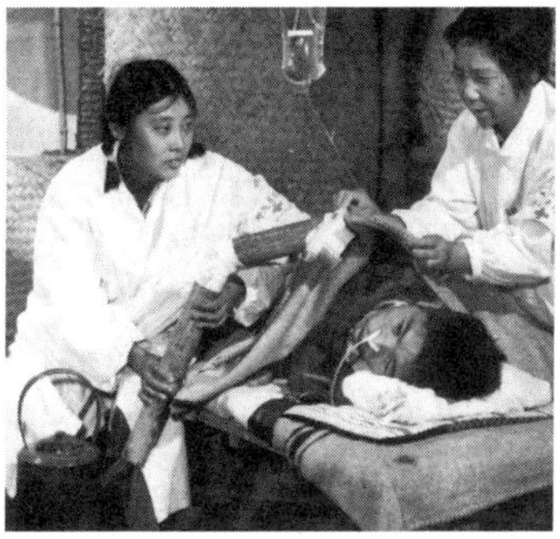

土法上马，蒸汽喷雾呼吸机

是很有意义的。

我记得当时很难开展医疗救助，抗震医院成立后，医疗条件还是非常简陋，医疗用品、医疗设施都跟不上。当时对于有呼吸困难症状的病人，没有呼吸机来作辅助治疗。我们就想了办法，用水壶把水烧开，通过一段竹管连接水壶壶口和病人呼吸道，利用水蒸气起到喷雾滋润的作用。我们就是在这种极其困难的条件下自创了许多新的医疗器械，并取名为“抗震牌”“先锋牌”等等。

这张照片（彩插一）上的事情发生在1976年的8月中旬。我记得很清楚，唐山地震后因为天气炎热发生了许多瘟疫，医疗队员中也有很多人在腹泻。但是，为了把有限的医疗资源都用在病人身上，我们医务人员自己只能忍着。因为我是学中医的，知道中药里面的马齿苋对于治疗痢疾是很有疗效的，我就带了学生每天到外面采马齿苋，最远的要跑十几里路，草药采回后我们煎煮汤水给队员服用。当时我们采药回来后正在河水里清洗马齿苋，恰逢二医的慰问团带了摄影组在拍摄资料，就留下了这张珍贵的彩色相片。照片中的小伙子就是我，边上的几位同志来自各医院的医疗队，最左边一位就是后来的仁济医院儿科主任曹兰芳老师。

这张照片（下页图左）上的姑娘就是当年我亲自送上火车的那位小女孩，1996年的7月10日再去唐山义诊时，我在当地截瘫病人医院又遇到了她并和她合影留念。当年的小女孩在接受截瘫治疗后，成为了一名铅球残障运动员，曾在亚洲残奥会和中国残奥会上获奖。我曾在1998年3月23日写信给我女儿，并用这张照片里的故事勉励她。我说：“爸爸给你的礼物虽然不是贵重的艺术品，但它的价值是无法估量的，它是人生价值的精神之所在，爸爸也希望你继续做个

唐山地震20周年与救助的李冬梅合影

唐山地震 20 周年之际，上海第二医科大学组织医疗队回访唐山，举行义诊活动

对社会有用的人！”

这张照片（右上图）是唐山地震 20 周年之际去唐山义诊的场面，当时唐山的市委书记、市长和人大常委会主任等都出席了，数以万计的唐山市民从四面八方赶来。全国有一百多家新闻媒体跟踪采访，整个唐山都轰动了。正如唐山市委书记所说的，上海医疗队的唐山之行，特别是与唐山同行一起举行的此次唐山义诊活动，其规模和反响是空前的，义诊的意义已经远远地超过了它治疗疾病的范畴。那次义诊我们去了 40 人，其中 17 人参加过 1976 年的抗震救灾。

应该讲，参加唐山抗震救援的这段经历对我而言，确实是非常重要的一段人生经历，一份宝贵的人生财富。为什么呢？在我至今六十多年的人生中，有两段经历是刻骨铭心的，一段是去江西插队落户，另外一段就是在唐山。虽然只在江西待了两年时间，但我是在江西入的党，我对江西有着深厚的感情。而唐山的经历给我的震撼更甚，在那里，我经历了每天面对生死之战，经历了三天三夜不曾合眼，一周只睡八个小时的磨练，或许只有在战场上才会有这种状况，但我在唐山确确实实是经历了这一切。在唐山期间，我亲眼目睹许多人在遭遇灾难后，将生的机会先让位于比他年轻的人，让位于妇孺儿童，唐山人民在灾难面前所表现出来的镇定和人性的光辉也深深触动了我们医疗队员。也因为有了这段独特的经历，有了这种生与死的感悟，有了这种为了治病救人克服千难万阻的精神的感染，所以从唐山回上海后，不管是对待工作也好，还是生活和学习，我始终都是认认真真做好每一件事情，不管吃什么苦都能承受。我在担任学校工会副主席期间，以个人自身的努力协调奔走，想方设法帮助学校许多职工的孩子解决了中小学入学困难问题，家长们都对我表示非常感谢，但我从来没有收受过他们一分钱。2013 年退休后，我在上海老年大学任职，也是每天提前三刻钟就到学校做好当天的准备工作。我觉得这都是因为有唐山精神在鞭策我，它激励我脚踏实地为群众做实事，唐山抗震救灾的经历确实带给了我不一样的人生。

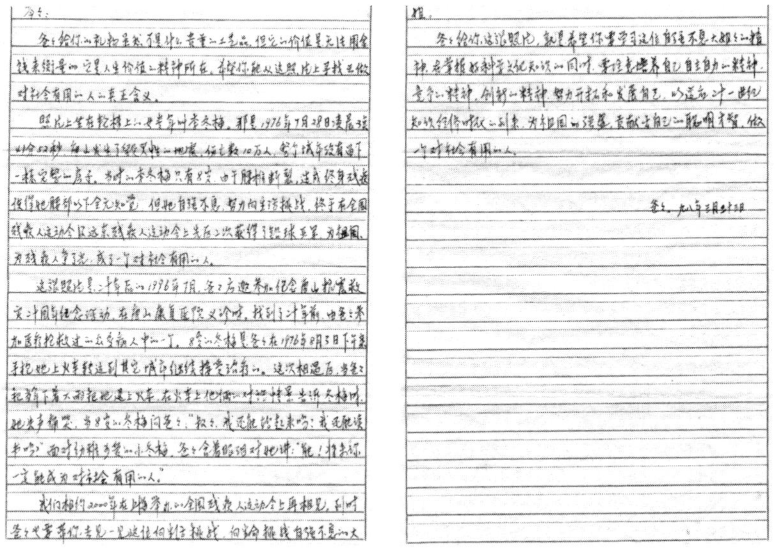

丹丹：

爸爸给你的礼物虽然不是什么贵重的工艺品，但它的价值是无法用金钱来衡量的，它是人生价值的精神所在。希望你能从这照片上寻找出做对社会有用的人的真正含义。

照片上坐在轮椅上的女青年叫李冬梅。那是1976年7月28日凌晨3点42分53秒，唐山发生了毁灭性的地震，死亡数十万人，整个城市没有留下一栋完整的房子。当时的李冬梅只有8岁，由于腰椎断裂，造成终身残疾，使得她腰部以下全无知觉，但她自强不息，努力向生活挑战，终于在全国残疾人运动会及远东残疾人运动会上先后二次获得了铅球冠军，为祖国、为残疾人争了光，成了一个对社会有用的人。

这张照片是二十年后的1996年7月，爸爸应邀参加纪念唐山抗震救灾二十周年纪念活动，在唐山康复医院义诊时，找到了二十年前由爸爸参加医疗抢救过的众多病人中的一个。8岁的冬梅是爸爸在1976年8月3日下午亲手把她上火车转送到其它城市继续接受治疗的。这次相遇后，当爸爸把当年冒着大雨把她送上火车，在火车上他俩的对话情景告诉冬梅时，她失声痛哭。当8岁的冬梅问爸爸：“叔叔，我还能站起来吗？我还能读书吗？”面对幼稚可爱的小冬梅，爸爸含着眼泪对她讲：“能！将来你一定能成为对社会有用的人。”

我们相约2000年在上海举办的全国残疾人运动会上再相见，到时爸爸也要带你去见一见这位向生活挑战、向命运挑战自强不息的大姐。

爸爸给你这张照片，就是希望你要学习这位自强不息大姐姐的精神，在掌握好科学文化知识的同时，要注意培养自己自主自力的精神，竞争的精神，创新的精神，努力开拓和发展自己，以适应二十一世纪知识经济时代的到来，为祖国的强盛，贡献出自己的聪明才智，做一个对社会有用的人。

爸爸 九八年三月二十日

徐建中写给女儿关于李冬梅事迹的信

又到 7 月 28 日

——余前春回忆

余前春
宾夕法尼亚大学

2016 年 4 月，为纪念唐山大地震 40 周年，医学院组织编纂《上海救援唐山大地震》一书，并委托档案馆馆长刘军老师联系身在美国的余前春教授，余教授欣然答应并开始收集准备资料。此时，余教授已身患癌症三年，由于身体状况不佳进展较慢，刘军馆长得知后不希望再增加他的额外负担，但余教授说“交大医学院是我的母校，这份情结是终生不渝的。能为母校做任何小事都是一份责任，更是一份荣耀。”随后，余教授寄来了《抗震救灾小记》、个人简介、照片，还把保留 40 年的《战地小报》、中央慰问信等珍贵实物托人从美国带回来。

余前春，1975 年毕业于上海第二医学院医疗系，并留校任助教。1980 年考取教育部首批赴美博士研究生。1987 年 7 月获马里兰大学医科哲学博士。后任宾夕法尼亚大学爱博生癌症研究所细胞学实验室主任、爱博生癌症中心组织病理学实验室主任。1999 年起，任上海交通大学医学院客座教授。1976 年 7 月，作为第一批医疗队员赴唐山抗震救灾。

7月28日是难忘的日子！再过三个月，就是唐山大地震整整40年了。我从上海第二医学院毕业那一年(1975年)的同一天，恰遇上海暴雨成灾。那天中午，学校在大礼堂为毕业班放电影，突然电闪雷鸣，倾盆大雨疯狂地泻下来，大礼堂里顿时变得一片漆黑。时间不长，校门口的重庆南路上就水深过膝。我从未见过这等奇观，便涉水走到淮海路去观奇。几乎所有的商店都半淹在水中，平日车水马龙的淮海路成了名副其实的小河浜。

第二年（1976年）的7月28日，唐山就发生了7.8级的大地震。那段时间我正在瑞金医院病理科做住院医生。中午时分我接到医学院的通知，要求我回院本部去参加“紧急会议”，内容就是组织救灾医疗队，前往灾区抢救灾民。上海市卫生局为大队，由卫生局何秋澄担任大队长。我们医学院为一个医疗中队，由李春郊担任总支书记，每个附属医院为两个小队，由我临时负责中队部的文书工作，并兼任内科医生，配合高年资医师开始工作。当晚我睡在医学院办公室的电话旁，随时统计、汇总各附属医院送来的医疗队名单及设备数量，写成报告，连夜送交市委，半夜又和后勤部门赶到市里领取压缩饼干和长大衣。说来奇怪，当

新华抗震医院几位青年医生特大余震之后在医院门口留影，左起：康金凤、余前春、刘锦纷、叶正斌、单根法

战地小報

第1期

上海第二医学院赴唐山地区医疗队主办

毛主席语录

社会的财富是工人、农民和劳动知识分子自己创造的。只要这些人掌握了自己的命运，又有一条马克思列宁主义的路线，不是回避问题，而是用积极的态度去解决问题，任何人间的困难总是可以解决的。

不怕疲劳 连续作战 全心全意为灾区人民服务

七月三十一日天刚蒙蒙亮，上海第二医学院的一百多名医疗队员赶到了丰润县。正在这时，大地一阵晃动，又一次地震迎接了我们，战斗即将开始了。

丰润县是受灾比较轻的地区，这里集中了一批从唐山等地转来的危急病员需要抢救。

同志们是这样说的，也是这样做的。在这难忘的三天三夜里，绝大多数队员只睡了十个小时，不少人上了一班又一班，不顾休息，领导下了休息的命令，也往往落空，人人成了"不遵守纪律的典型"。

上海第二医学院赴唐山地区医疗队主办的《战地小报》第1期

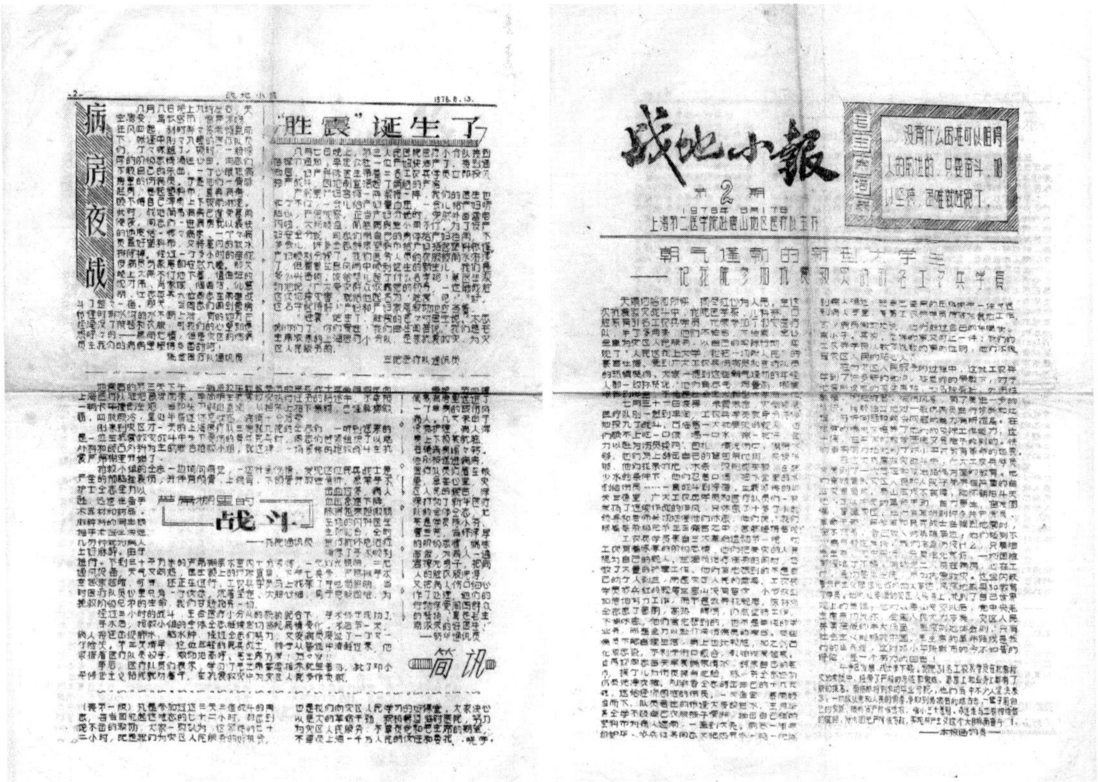

战地小報
第2期
1976年8月17日
上海第二医学院赴唐山地区医疗队主办

病房夜战

“胜震”诞生了

战斗

简讯

上海第二医学院赴唐山地区医疗队主办的《战地小报》第2期

时正是夏天，我根本不理解为什么需要过冬的棉大衣。等我们到了目的地，才知道华北地区即使在夏天也需要棉衣。

7月29日凌晨时分，我们医学院系统的一百多名医护人员由上海北站出发，向北驰去。那情景真有点“风萧萧兮易水寒”的味道。说心里话，当时我是有一去不复返的思想准备的，所以我特地不告诉远在老家的祖母和父母亲，怕他们担忧。

我们出发的时候，还不知道地震的中心在哪里，只知道在河北省。差不多火车过了徐州，才从列车广播中知道震中是唐山、丰南一带。7月30日下午，我们到达天津附近的杨村车站。因为天津到唐山之间的铁路已被地震破坏，我们只好赶到杨村机场，临时改乘军用飞机前往地震灾区。听说要坐飞机，我心里忽然兴奋起来。

那是我有生以来第一次乘飞机，别人紧张，我却感到新奇。小时候在汉中

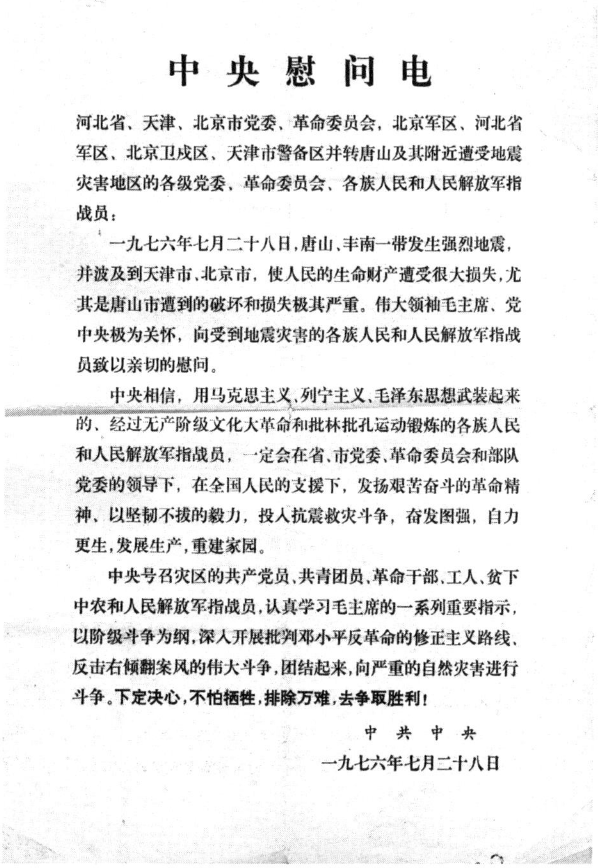

中央慰问电

河北省、天津、北京市党委、革命委员会，北京军区、河北省军区、北京卫戍区、天津市警备区并转唐山及其附近遭受地震灾害地区的各级党委、革命委员会、各族人民和人民解放军指战员：

一九七六年七月二十八日，唐山、丰南一带发生强烈地震，并波及到天津市、北京市，使人民的生命财产遭受很大损失，尤其是唐山市遭到的破坏和损失极其严重。伟大领袖毛主席、党中央极为关怀，向受到地震灾害的各族人民和人民解放军指战员致以亲切的慰问。

中央相信，用马克思主义、列宁主义、毛泽东思想武装起来的、经过无产阶级文化大革命和批林批孔运动锻炼的各族人民和人民解放军指战员，一定会在省、市党委、革命委员会和部队党委的领导下，在全国人民的支援下，发扬艰苦奋斗的革命精神、以坚韧不拔的毅力，投入抗震救灾斗争，奋发图强，自力更生，发展生产，重建家园。

中央号召灾区的共产党员、共青团员、革命干部、工人、贫下中农和人民解放军指战员，认真学习毛主席的一系列重要指示，以阶级斗争为纲，深入开展批判邓小平反革命的修正主义路线、反击右倾翻案风的伟大斗争，团结起来，向严重的自然灾害进行斗争。下定决心，不怕牺牲，排除万难，去争取胜利！

中 共 中 央

一九七六年七月二十八日

唐山发生大地震后，中共中央下发的慰问电

老家，我每每看着天上的飞机胡思乱想，梦想自己有一天也能造一架“铜飞机”，坐在它的背上，飞上天去。我那时只骑过黄牛和山羊，以为飞机也是要骑的，不知道人应该坐到飞机“肚子里”；我还以为飞机都是铜做的，因为铜在乡间颇为值钱。小伙伴们取笑我，送我一个颇带贬意的外号“铜飞机”。谁能料到，20年之后我竟是在这样的情况下第一次坐到了飞机“肚子里”！临上飞机前有人警告说，唐山的供水系统已经被毁，没有水喝，要尽量带些水去。机场跑道的一头有个临时挖掘的水坑，我便用随带的烧饭锅盛了一锅，小心翼翼地端上飞机。那是一架苏制的安 -24 飞机，座位不多。等我进了机舱，别人已经将座位占满。我因为打水迟到了，只好坐在过道里。飞机一起飞，半锅水就洒了。

到达唐山机场时，已经是傍晚。只见一片混乱，到处是临时帐篷，到处是救灾人员和大卡车。上海医疗队的队长是刚刚“解放”不久的何秋澄老先生。陈永贵副总理率领的中央代表团的帐篷就设在上海市医疗大队部的附近。我们向大队部报到后，被告知第二天去郊区的丰润县，可是谁也不知道丰润在哪里，也没有地图可以查阅。经过在火车和飞机上两天两夜的颠簸，人已经疲惫不堪。领了帐篷，吃两块压缩饼干，就抓紧时间休息。许多上海人是第一次出远门，更多的人从未睡过帐篷，一直难以入眠。我以前曾经睡过几年帐篷，毫不陌生，也来不及去想明天等待我们的是什么，很快就进入梦乡了。

午夜时分，我们忽然从梦中被人叫醒，命令迅速离开。原因是我们睡觉的那块地面可能在几小时之内就会沉陷，必须尽快离开。“地陷”这个可怕的字眼，我是听说过的，但没想到会发生得这样快、这样巧。还没为灾区人民服务，自己就先葬身地腹，岂不是“出师未捷身先死，长使英雄泪满襟”！大伙儿如惊弓之鸟，拆除帐篷，匆忙上车，催促司机赶紧发动，尽快逃离那随时可能发生的灭顶之灾。不巧分配给我们的司机，也是临时从外地调遣来的，对唐山地区的道路根本不熟，大家边开边问，提心吊胆。有一段路正好经过重灾区唐山市路南区，到处是断壁残墙，到处是堆积如山的废墟；时而晨风吹过，浓郁的腐尸气味便扑鼻而来。随处都能看到：部队的官兵通宵达旦抢救伤员，路旁临时搭起来的简易帐篷，衣衫不整的灾民，也有倒塌的楼层上挂着的遇难者。差不多凌晨时分，我们的车队在废墟之间爬行，终于穿过了闹哄哄的唐山市区。

盛夏时节冀东平原的清晨，凉风习习，将我的睡意完全赶跑了。晨曦之中，公路两旁都是笔挺的白桦树。地震之后，路面损坏很厉害，我们的车队朝着丰润慢腾腾地开着，不时有老乡赶着马车从边上擦过，一甩马鞭儿，那清脆的鞭响在平原上传得老远老远。我生平第一次来到华北平原，颇感新奇，脑海里一会泛出电影《青松岭》里“长鞭一甩叭叭地响”那情景，一会又极力在公路两旁寻找“青纱帐”，不知不觉就到了我们的目的地——丰润。我伸伸懒腰，准备收拾东西下车。忽然听到有人在地上大声吼叫：“不准停车，马上开走！”司机不敢怠慢，一踩油门将车开出几十米方才停下来。回头一看，原来我们的车刚好停在一堵摇摇欲塌的残墙脚下。后来那堵墙在余震发生时轰然倒下了。

跳下汽车，我们就在县医院门口的那块地上，搭起了抗震篷，建起了上海医疗队的“抗震医院”，接收了唐山转来的第一批伤病员。大约两星期之后，更为结实、实用的芦席篷逐步取代了八面透风的帆布帐篷。最初抗震医院没有供电，也没有备用发电机，我们只能用手电筒照明，靠高粱米、压缩饼干充饥，开始了为期一年、终生难忘的非常生活。

那段时间，每天都有直升机在天上飞过，或空投救灾物资，或撒下中央、国务院、河北省的慰问信。因为地震灾区邮政瘫痪，医疗队的所有信件都集中起来交给信使，带到唐山，免费寄往各地。佩戴“医疗队”袖章的医务人员，被授权在公路上拦截任何车辆，紧急运送伤员。河北革委会第一书记刘子厚还率领河北省慰问团到医院慰问。颠簸不平的临时公路上则不断有救护车飞驰而来，几乎抬下来的每一个病人都是“急诊”“危重”患者。

当时抗震医院连战备发电机也没有，急诊手术台上就用好几把手电筒代替无影灯进行急诊手术。在短短两个月之内，我见到了几乎全身各部位严重骨折的伤员、截瘫伤员、严重感染的伤员；也见到了平时罕见的急性结核，甚至烈性传染病“炭疽”。因为地震外伤造成不少截瘫病例，许多伤员发生严重的尿潴留，痛苦不堪，而当地的所有医疗部门都无法提供导尿管。医疗队不得不用输血袋上的软滴管代替导尿管，为伤员缓解痛苦。伤员一旦解除了生命危机，就派人送到附近的火车站，转到全国各地的医院继续治疗。

地震灾区的供水系统普遍受到严重破坏，抗震医院没有自来水供应。我们在院里挖了一口临时水井。井里的水煮沸以后用来消毒手术器械，而医护人员自己却没有足够的干净饮用水。临时医院里没有合格的卫生和通风设备，附近又临时掩埋着因重伤死亡的伤员，苍蝇老是飞来飞去。不少医生、护士、医学生夜以继日地连续工作，所能吃到的只有压缩饼干、水煮高粱米和缺盐的白菜汤。而一日三餐供应的缺盐白菜汤，被大家戏称为“抗震 1 号汤”。当时能吃到一顿饺子，那简直就是梦寐以求的享受。因为过度疲劳、缺乏睡眠、缺乏营养，不少人先后病倒了，但还是不顾领导的劝阻甚至“警告”，依然坚持在病房里值班。

面对这场前所未见的特大灾难和医院的紧急情况，医疗队领导命我立即搭乘当天去上海的三叉戟飞机，赶回上海。我连夜向医学院领导汇报灾区的情况，

1972年，余前春在老红楼前留影

然后从医学院的食堂拿来十斤食盐，请附属医院火速送来 200 根导尿管，第二天一早我又匆匆飞回唐山，立即搭乘一辆运伤员的救护车，奔回抗震医院，解救燃眉之急。就在简陋的抗震棚里，我们不仅收治了大批来自唐山市的危重病人，建立了近乎完备的临床化验室、药房，还接生了震后的第一个婴儿。我的专业是病理学，最紧急的两个月过去之后，我拿着抗震医院的介绍信到北京，在协和医院的协助下，购买了一套临床病理科必须的设备器材和试剂，在抗震医院开始了第一例稀有病例的病理尸检和临床病理研讨会(CPC)。那个病例的关键标本，后来被带回上海，收藏在病理学教研室。

我们除了各种常规医疗工作，还收集各病区的动人故事，用钢板、铁笔刻印稿件，编辑出第一期《战地小报》，用滚筒油印机印刷之后发给全院各个病区。我至今还珍藏着一份当时的小报。

大地震之后，唐山依然频频发生余震。在 8 月中旬的一天，我们有一位老同学从附近的部队赶到抗震医院来看望我们。那天晚上，我们留校的四位老同学特地请厨房的师傅为我们临时加了几个菜，招待这位大难不死的老同学。饭后我们几个人正在聊天，脚下的大地突然剧烈地颤抖起来，地里还发出隆隆的声响，好像有几百辆大卡车滚滚开来。我们立即意识到是一次大地震来临了，迅速手拉着手朝门口奔去。奇怪的是，我们的双脚好像被巨大的磁石牢牢吸引住了，无论如何也迈不出一步，了只能互相拉着，站在原地，准备着同归于尽。我的心头被一阵难以名状的恐惧感笼罩着。那时候只听到外面破房子“砰砰砰”倒塌的声音和病房里病人惊叫的声音。地震持续了大约十几秒钟才平静下来。事后知道，那是一次 7.1 级的特大余震。

第二天上午，我们五位震后余生的老同学特地站在医院门口，拍下了一张终生难忘的合影。为了拍好这张照片，我还特地找来一块废木板，拿出我学木工的手艺，给医院制作了一块简易的牌匾，再用黑色油漆工工整整地写上“丰润抗震医院”六个大字，挂在医院的“大门口”。我根本没有料到，那块最初仅仅为了拍照而悬挂的简易牌匾，居然成了人们在废墟之中寻找“抗震医院”的重要地标。

最艰苦的两个月结束后，抗震医院的任务从救治危重病员逐渐变成诊治当地疑难疾病、培训当地医务人员的教学医院。医院的胸外科教授已经可以成功地从事心脏外科手术，各临床科室也恢复了相当正规的临床教学和会诊活动。不久，第一批医疗队换班，我则回上海参加抗震救灾报告团，然后作为留守的“老队员”，从上海带领新一批医护人员前往丰润抗震医院。直到今日，我们这些第一批到达唐山地震灾区的医疗队员之间，不仅互相戏称为“唐山帮”，而且还结成了一种十分特殊的生死患难之谊。

1978年，余前春在病理学研究室

无烟战场上的白衣战士

——朱济中等口述

口 述 者：朱济中

参与回忆：路满臣 单友根 诸葛立荣 李亚东

采 访 者：叶福林（上海交通大学医学院党校副校长）

张宜岚（上海交通大学医学院档案馆老师）

高 哲（上海交通大学医学院党校老师）

时 间：2016年5月11日

地 点：上海交通大学医学院老干部会议室

左起李亚东、诸葛立荣、朱济中、路满臣、单友根

朱济中，1937 年生，中共党员，副研究员。1960 年 7 月参加工作，历任上海第二医学院科研处副处长、研究生处处长、校长助理，上海市内分泌研究所副所长。大地震发生后，作为第三批上海医疗队党总支书记，赶赴唐山参与抗震救灾。

基本情况

1976年唐山大地震的时候，我作为上海第二医学院（以下简称“二医”）第三批医疗队成员赴唐山丰润县进行救援。当时我们第三批医疗队是接第二批的班去的，由二医的四个附属医院——瑞金医院、仁济医院、新华医院、第九人民医院和院本部后勤部门这样五个部分组成的。我们第三批医疗队共85人，由我担任丰润抗震医院党总支书记，原九院副院长魏原樾同志担任院长，他年资较长，经验丰富，管理水平也较高。党总支委员由各附属医院领队等有关同志组成，丰润县委选派了王起同志，担任抗震医院副院长，同时也参与党总支工作。在医学院党委跟丰润县县委的领导下，医院党总支带领广大医务员工，把学习刚刚发行不久的《毛泽东选集》作为抓手，要求大家“向灾区人民学习，为灾区人民服务”，把抗震救灾的过程作为改造世界观的过程、为灾区人民作贡献的过程和树立正确人生观的过程，提高大家全心全意为灾区人民服务的自觉性。

我们第三批医疗队是1977年7月8日从上海出发的，7月9日到达丰润县，于1978年3月18日乘坐全国人大代表和政协委员到北京开“两会”的专列“周恩来号”返沪，历时近九个月。我们初到丰润县时，地面泡水，车子进不去，空气中弥漫着一股臭味。放眼望去，映入眼帘的是一排排军营式的抗震房，由芦苇秆糊上泥巴而成，房顶上再加一层油毛毡，条件非常简陋，漏风漏雨也是经常性的问题。抗震房的地面没有地板，只是稍微夯实的土地，墙角上边还长有青草，有的同志说“蚯蚓会爬到你的鞋子里去”。我们的抗震医院就是在这样简陋的环境中建成的，不时地还有余震。但比起余震，更令人担忧的是当地的卫生状况。当时的天气已经很热了，苍蝇非常多，甚至在伙房的饭筐上，就能见到一堆堆黑压压的苍蝇，必须把它们赶走后才能露出白色的米饭。医疗队在伙食上也是很艰苦的，主要就是大白菜、茄子和市场上能买到的一些蔬菜，混在一起煮成汤，命名为“抗震汤”。当时有句口头禅，“白菜、白菜，一菜抵百菜，吃了营养又健康”，大家听了都哈哈一笑而过，也算是在艰苦环境中的苦中作乐了。

九个月中，医院党总支团结一致，始终注重调动救护人员为灾区人民服务的积极性，书记和委员们经常针对存在的问题找队员们谈心，做了很多思想工作，

路满臣（左）与当地参加抗震医院建设的王起副院长合影

每月形成工作小结。医疗队中，青年人的比例比较高，大约占总人数的三分之二，党总支对青年人的成长十分关心，重视发挥团总支的作用，对年轻干部在实践中培养，在培养中成长，并与发动青年改造医疗条件和环境，完善规章制度。党总支平时还定期组织业务学习，包括常见病的诊断和防治知识，常规检测项目如心电图、血化验的知识普及，还举办了医学伦理学、心理学、医院管理等讲座。我当时印象很深，我们瑞金医院心内科的戚文航医生讲心电图，他说心电图就像是跳芭蕾舞，有的时候看到裙子，有的时候看到脚尖，有的时候看到手势，讲得非常生动形象。在三级医院里，医学分科越细越好，但到了当地，条件有限，我们希望医护人员能够全科。所以我们就组织一些普及性的知识讲座，让学科与学科之间相互有一些交叉，使自己的知识面能够更大些，更好地适应当地的医疗环境，发挥更大的作用。

我们第三批医疗队共有 85 人，其中医生 27 名（不包括“文革”前大学本科毕业的 15 人），瑞金医院 7 人，仁济医院 8 人，新华医院 6 人，九院 6 人；医务、卫技、药房、化验等医护人员 48 名，瑞金医院 9 人，仁济医院 14 人，新华医院 10 人，九院 15 人；行政人员 5 人，二医、瑞金、仁济、新华、九院各 1 人；后勤人员 5 人，由路满臣同志带队。我们的医疗队是一支年富力强的骨干力量，队伍学科分布比较齐全，内科包含心血管、消化和肾脏内科，外科包含普外、心胸、骨科、小儿外科，还设有产科、小儿科、神经内外科以及呼吸科、传染病科等。老路回忆说，一般医生是不打针的，但是小儿科特殊，小孩紧张，家长紧张，护士也紧张，新华医院小儿内科有一位 1960 届的医生，经验丰富，打头皮针一针见效。所以我觉得我们的医生在各个方面都考虑得挺周到。此外，卫技部门由药房、放射、化验、心电图、麻醉、手术等组成，所以麻雀虽小，五脏俱全。这得益于医学院和各个医院党委的重视和支持，在上海三甲医院医教研任务十分繁忙的时候，还抽调了学科配备比较齐全的骨干力量，保证了医疗队完成当地的医疗任务，确实是不容易的。

思想政治工作方面

不同于第一、二批医疗队的队伍设置，我们的抗震医院除了设有临时党总支、团总支和行政组，还设有业务组，魏原樾院长这方面经验丰富，由他主持业务工作。当时强调突出政治，因此在政治思想工作方面，我们强调自始至终做好三个“始终坚持”。

第一，“始终坚持”突出一个“灾”字，强调一切从灾情实际情况出发，包括我们的医疗、生活条件，不能把上海的一套诊治方法生搬硬套到丰润去，因为灾区供应条件有困难，包括试剂、放射科片子以及居住条件、医疗环境等等，很多地方发挥不出作用。所以我们对自己也严格要求，思考怎么更好地服务于病人，为灾区人民作出贡献。

平时，我们的主要学习内容，一是强调学习《毛泽东选集》中的《为人民服务》

路满臣在丰润抗震医院

等经典著作，这是不可缺少的；二是国家领导人对抗震救灾的指示、讲话和卫生工作四大方针；三是第一、二批医疗队的经验，值得我们学习和继承发扬。此外，批判“四人帮”反革命集团的言论也大大地激发了大家的革命热情和为灾区人民服务的积极性，增强和提高了服务意识。丰润县县委的领导较早地分批安排我们医疗队队员赴北京，参观毛主席纪念堂，瞻仰毛主席遗容，这在当时对我们来说是非常高的荣誉，也激励大家回来之后更加努力学习，积极工作，更好地为灾区人民服务。

在为灾区人民服务的过程中，我们的队员遇到了种种困难，但都依靠自身所学和团结协作得以克服了下来。例如说心血管内科，它的检查手段只有 X 光和一个心电图，其他仅有血尿常规检查，条件十分有限。戚文航医生说：“在抗震医院，医生只能通过自己所学的专业知识和经验，来为病人作诊断、下结论、作处理，这对我来说是非常大的考验，在这样的艰苦条件下，我成长了不少。”我觉得他的话是很确切的，因为这是专业医生和全科医生的差别所在，要在这非常简陋的医疗条件和环境下下结论，只有根据平常所学的知识，甚至大学内科基础知识都要应用上去，所以说这也是考验我们知识掌握得牢不牢固、能不能联系实际诊断治疗疾病的机会。又比如骨科病房的沈才伟医生在进行手术过程中突然停电，手术台上一片漆黑，他就发动大家，同时用几只手电筒聚光照明，使手术继续进行。在这么暗的环境下进行手术，对医生的要求更加高，需要全神贯注，不能因为光线暗淡而给病人带来更大的伤害。在大家的共同努力下，手术室平安无事，这都归功于我们医生的责任心。

一次，九院的中医医师徐成荣，收治了一位患三叉神经痛的老干部，他患病多年，辗转北京、天津多家大医院治疗，效果都不理想。经常疼痛难忍，背上了沉重包袱，一度有轻生念头。徐医生接诊后，用针灸疗法，治疗了一个阶段，疼痛症状得到明显改善，得到了满意的疗效。出院后，病人带着全家老少，坐着用毛驴拖的木板车，敲锣打鼓地来医院送锦旗，对上海医疗队表示深切感谢。这就是用一根针解决了病患困难的故事。还有一个例子，新华医院放射科技术员刘润荣，在给病人拍 X 光片时，由于检查部位拍不到，他不顾可能受到更多辐射的危险，居然把 X 光机的球管抱在自己的胸口给病人拍，这一举动让在场的医务人员都非常感动。在当时，为了灾区人民的安全和健康，许多医护人员都发扬了舍己救人的无私精神，我们这一支队伍抗震救灾的思想也被牢固地树立了起来。

第二个“始终坚持”，是坚持发挥党组织的政治核心作用和领导干部的先锋模范作用。魏原樾同志是位富有几十年领导经验的老院长，积极贯彻党的卫生工作方针政策，工作能力强，是全院年龄最大的一位领导，在医院行政工作上挑了大梁。他平日和党总支书记及委员们一起，每天坚持晨练。一次在慢跑时不慎扭伤了脚踝，肿胀明显，疼痛难忍，但是他轻伤不下火线，拄着拐杖到办公室、到病房第一线，一天都没有休息，像没发生过事一样坚持工作，他的以身作则和身先士卒对大家的鼓舞非常大。我们党总支委员分管宣传工作的单友根同志（瑞金医院领队），工作积极实干，乐于帮助队员解决困难，是干部培养的好苗子。

他在工作中充分利用黑板报、广播等宣传工具，及时报道医疗队中的好人好事、先进事迹，营造出良好的氛围。在1977年年底，他患了病毒性心肌炎，但他看到抗震救灾的任务比较重，主动放弃休息，克服困难，坚持工作。还有后勤组组长路满臣同志，为队员的伙食日夜操劳，他深知“民以食为天”的重要性，一直为队员考虑如何改善“抗震汤”。10月中旬的时候，当地天气还是比较热，抗震医院的传染性肝炎正有蔓延之势。院领导非常重视，后勤组煮了中药汤剂预防，医院领导们站在宿舍与病房的过道上，将装中药汤的杯子送到队员手中。得益于及时有效的预防，最终病情总算没有流行开来，虚惊一场。

由于条件有限，丰润县当地没有中心血站，没有固定的血源。我们医院有个广播，每次因抢救病人或手术需要，只要广播喇叭一喊，总有十余名队员奔到广播室争先恐后地要求义务献血，二医来实习的大学生也都主动积极地挽起袖子要求献血。有一次深夜来了一位危急病人，需要输血。当晚行政值班的单友根和后勤组的李剑峰、朱伟伟三人在伸手不见五指的黑夜里，循着坑坑洼洼的道路，走了一个多小时，找到输血队长家里，带了当地献血员回到医院，及时解决了血源问题。正是大家团结一致，心往一处想，坚持“一切为了灾区人民，为了灾区人民的一切”，做了大量的工作，得到了丰润县委和当地人民的一致好评。

古人说，“烽火连三月，家书抵万金”。70年代的时候，主要还是靠写信来向家人通报医疗队的情况。我们所处的丰润医院距离县城有十几里路，靠邮递员骑自行车给我们送信，但每逢周日是不送信的。医疗队里的年轻人比较多，有的对象在上海，还有中年人对家里父母亲的身体情况十分记挂，有时候一天也等不及。我们看在眼里，急在心里，单友根同志就和政工组的金兰花一起，每周日借个自行车，骑十几里的路程到县城去取信，把信拿回来，再发到队员们的手中。当大家及时收到家信时，都非常高兴。这也是我们为稳定年轻同志情绪，以便开展抗震救灾的一个小小的举措。

说到医疗队的年轻人，就要说到我们的青年工作。我们队伍中的年轻人多，一开始大家不熟悉，又没有交流，每天的生活就是工作，然后在宿舍里待着。那个时候余震比较多，余震一来，房间里灯光闪烁，屋子也“嘎嘎”作响，有的护士小姑娘都哭了，想回去了。到后来冬天的时候，零下15℃，室外都结冰了，有时“哗——”地冰就裂开来，面对这种状况，我们好多年轻的队员都很紧张，情绪也比较低落。党总支针对这一情况，就考虑成立一个临时团总支，把青年工作做起来，充分发挥共青团的助手作用。团总支书记诸葛立荣，曾连续三次报名要求参加抗震救灾医疗队，工作热情主动，有闯劲。团总支组织晨跑、接力赛、赛诗会、赛歌会等活动，丰富了大家的业余生活。令大家印象深刻的是由医院党总支和团总支一起组织的一次节日大型文艺晚会，当地派了专业的演员来表演，我们队伍里有位仁济医院的妇产科护士表演芭蕾独舞，那时没有芭蕾舞鞋，她就用脚尖踮起来跳，引起很大的轰动，获得全场热烈的掌声。那场晚会的参加人员除了医疗队队员外，还有附近的病员和家属等，人群挤满了整个操场，热闹非凡，大家的精神面貌和积极性有了很大的改变。另外值得一提的是由团总支组织的赛歌会、赛诗会，大家在工作之余，都积极准备排练节目。其中有一首诗，大家至今仍记忆深刻：

年年过元旦，岁岁不一般。
朝朝离上海，耿耿在唐山。
悠悠还乡水，巍巍披霞山。
处处歌声起，高高红旗展。

经过一系列的文体活动，党总支和团总支共同把青年人调动、活跃起来了，大家通过交流，彼此熟悉，慢慢产生共鸣，青年人的情绪、精神状态马上不一样了，整个队伍明显稳定下来，工作的积极性更高了，在队员中也涌现出一批好人好事和先进事迹。

第三个“始终坚持”，是坚持发扬团队精神，团结协作，拧成一股绳，做好服务工作。我们医疗队由四个附属医院的医务人员组成，大家的生活理念、行事风格不尽相同，加之又缺乏相互了解，要做到目标一致、步调一致，需要一定熟悉和沟通的过程。以外科为例，开展一台手术，至少需要四人组成：一位主刀、一名助手、一名手术护士和一名麻醉师，缺一不可。手术时必须协同作战，配合默契。若碰到专科的手术病人，就要有其他专科或腹部外科医生协作配合。有一天晚上，医院来了一位严重胸部外伤导致冠状动脉破裂的病人，病情十分危急。当时以瑞金医院胸心外科方立德医师为主刀，新华医院小儿外科刘国华医生等人做助手，麻醉科蔡惠敏医生一起积极配合，全力以赴，用填充材料缝合破裂伤口，在简陋条件下成功完成手术，挽救了病人的生命。

瑞金医院内科病区的护士长李亚东，作为先遣队队员，1977年6月23日出发来到丰润，提前两个星期熟悉所在病区护理方面环境和所需医务知识，并从思想上稳定新来的护士姐妹们的情绪。医疗队到达后，作为护士长，李亚东同志很照顾新人，由于房间有限，大家都挤在一起睡觉。抗震医院就是家，很快大家就拧成一股绳。后来时间长了，小护士们都有点想家，我们就开展丰富多彩的、有正能量的活动，定期组织学习活动来稳定队员们的情绪。有一次余震，比较厉害，很多轻伤病员都逃到病房外去，但病房里还有一部分重伤病人无法起床，我们的医务人员都本能地马上跑到重病房，去关心留在病房里的病员，安抚他们。大家的第一反应，就是我是医务人员，我有这个职责保护我的病人。党总支和团总支从思想上、生活上和各种细小方面关心我们基层的每一个医务人员，使队员们目标一致，更好地为唐山的人民服务。

业务管理工作

在魏原樾院长的主持下，我们第三批医疗队建立了业务组，组长由资深护士长田瑞芳同志担任。业务组的主要任务是加强医疗业务的管理工作，第一要及时、便捷地接收门急诊病人，落实到接诊医生；第二要根据病情，特别是危重病人的需要，协调有关医务部门，组织会诊和抢救工作；第三要健全医务工作规章制度，使医务工作制度化，安排邀请外院专家以及外院邀请本院专家的会诊工作，共享医疗资源，并与后勤部门一起研究改善医务环境的措施。业务组还根据病种、病人数，划分内外科两大病区，内科以心内、消化内科、肾脏内科为主体，兼收神经内科、小儿内科、呼吸科和传染病科的病种；外科以腹部外科、骨科为主体，兼收胸心外科、神经外科、泌尿外科、小儿外科和妇产科的病种，以保证医疗渠道畅通，使灾区病人得到及时的治疗。正是医疗队队员的共同努力，我们也得到了灾区人民的尊敬。比如有的病人因为医治无效而病故，家属在病房料理后事时，都强忍悲痛，一声不哭。当离院手续办完一出医院后，他们就嚎啕大哭，发泄悲痛之情。后来，其他病人的家属说，之所以不哭，是我们灾区人民对上海医疗队的尊重。应当说，这种真诚的感情是我们为人民服务后，人民对我们医务人员无声的反馈和评价。

除了业务工作，医疗队努力克服困难，不断提高和改善工作和生活条件，为医疗业务工作做好后勤保障。后勤伙食工作的首要任务是要吃得卫生，吃得健康。路满臣同志是后勤组组长，去唐山时我们大多二十几岁，他当时四十岁左右，奔走在唐山、北京、天津等地，解决各种后勤问题，非常忙碌。多亏了他，大多数的医疗队员身体都没有出现问题，比较健康。记得医疗队刚到丰润抗震医院不久，有些队员吃了不洁食物后患了菌痢，拉肚子。党总支和后勤组非常重视，首先做好灭蝇工作，发动群众，包括病员家属，在伙房、病房拍打苍蝇，用纱布做好饭罩盖在饭筐上，并且做了许多灭蝇笼。后勤组的同志也积极开动脑筋，想办法改善伙食质量，特别是逢年过节时就去外地采购。在王起副院长的积极支持下，医院在国庆节供应了五香牛肉。为了过好春节，后勤组想尽一切办法，提前了好几个星期组织货源，派车去附近水库，拉回一些小鱼小虾；去海边拉回毛蚶，还买了羊、鸡等，烧制了七八个荤菜；还包了饺子，当时没有冰箱，就把饺子放在室外低温保存。除此之外，后勤组的同志们还翻山越岭去买水果，与玉田医疗队联系，买到了天津的蔬菜，储藏在地窖，一直吃到了来年春天。后勤组的辛勤付出，获得了队员们的一致好评。

后勤组的第二项任务就是逢雨查房，发现漏洞及时修缮。这里说的“查房”不是查病房，而是查宿舍。当时的抗震房结构简陋，透风漏雨也是难免的。由于宿舍屋顶的油毛毡洞非常小，天晴的时候很难发现，只能在下雨天的时候记住漏水的位置，到天好时再请当地的水泥匠来修补，大家都觉得这是非常好的工作经验。除此之外，后勤组还为医疗队及时供应医疗材料、试剂等，及时维修医疗器械，保障医疗工作顺利展开。抗震医院 X 光片用量较大，有时要到县医院去借。为此，后勤组同志就去唐山市卫生局申请解决。又比如冬天的时候，医院手术室依靠火墙取暖。一次，医院受到余震影响，手术室的火墙开裂，造成了麻醉机等设备的损坏，经院领导和后勤组研究，把这个任务交给对仪器比较熟悉的外科医生诸葛立荣去北京办理。诸葛医生找到了北京协和医院，幸而得到二医原副院长、时任北京协和医科大学教务章央芬的帮助，两天后就完成了设备采购，抗震医院的手术室又正常运转起来了。这种一方有难，八方支援的协作精神，不仅是对我们上海医疗队的支持，更是对抗震救灾的支持，是无私的社会主义精神。

1978年3月，在医疗队完成任务，即将离开抗震医院时，不少队员议论着，“如果唐山是没有硝烟的战场，那么，我们每个医务人员都是不带枪的勇士”。可以说，这是对抗震救灾医疗队最真实的写照。在这片废墟上，我们医疗队队员们用青春和汗水，书写了医者仁心的崇高誓言。

瑞金医院救援唐山大地震综述

唐山大地震后，瑞金医院在上海第二医学院的领导下，积极响应号召，先后派出三批医疗队共计74人，奔赴灾区抗震救灾，前后持续近二十个月。派出的医疗队员，来自外科、内科、伤骨科、妇产科、肺科、高血压科以及各辅助医技、行政后勤保障等22个部门。瑞金医院医疗队不仅在地震发生后参与了最及时、最艰苦卓绝的抢救工作，还与其他医院一起，参与了丰润抗震医院的筹建工作；同时，医院本部也以满腔的热情，积极收治灾区运送来的伤病员。

1976年7月28日下午18点，瑞金医院抗震救灾医疗队顺利组建；19点，全

表1 瑞金医院三批医疗队员科室分布情况

科室	人数	科室	人数	科室	人数	科室	人数
外科	8	儿科	1	麻醉	4	职防门诊	1
内科	4	五官科	1	供应室	2	后勤	6
伤骨科	8	心电图	2	传染科	4	行政	1
妇产科	4	检验	4	皮肤科	1	工宣队	1
肺科	2	手术室	4	药房	3	工农兵学员	9
高血压	1	眼科	1				

图1 瑞金医院三批医疗队员岗位分类情况

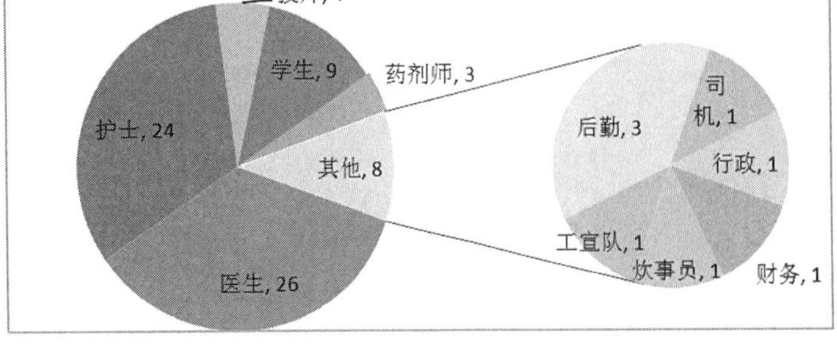

部设备物资准备就绪。第一批医疗队共两支，每队15人，共计30人，由内、外、妇、骨等临床医生和护士，检验和药房医技人员以及工农兵学员组成，平均年龄29.3岁。由于有参加巡回医疗队的经验，队员们准备的救援器材较为充足，包括常规诊疗器械、药品，以及显微镜、电池离心机、手摇离心机、检验试剂、输血器材等，考虑到灾区伤员需要输血，医院还及时与上海市血液中心联系，提取血型鉴定标准血清和血液储存袋（约三个月的量），一同带到灾区。

7月29日早晨六、七点，医疗队员出发，由上海北站坐火车北上，7月30日傍晚五点左右，在天津杨村机场换乘飞机抵达唐山，前往丰润展开救援工作，主要任务是救治伤员。另一项重要任务是防止疫情的暴发。1976年9月26日，第一批救灾医疗队撤回上海，救治伤员不计其数。

1976年9月9日，由8名医生、7名护士、4名医技、6名后勤等25人组成的瑞金医院第二批抗震救灾医疗队到达灾区。他们除了接替第一批医疗队员做好伤员救治工作外，还承担了筹建丰润抗震医院的任务。这个在废墟上、尸坑旁，用芦苇和帐篷搭建起来的简易医院，在之后一年多的时间里，为当地人民的医疗救治作出了积极的贡献。除了积极实施医疗救助外，队员还做疫情防治工作，挖坑、掩埋尸体、喷洒药水、消毒防疫等。1977年7月，第二批医疗队返沪。

1977年6月，第三批医疗队整装待发。当时处于特殊时期，医院内部人手也十分紧张，但就是在这样艰苦的环境下，瑞金医院仍然派出了19人的医疗队赶赴唐山，由时任瑞金医院团委副书记单友根担任领队，协同9名医生、5名护士以及4名医技人员组成。当时，还陆续有其他地区的伤员运往丰润，除了救治伤员外，医疗队员还担负了为丰润人民医院会诊、讲课的任务，为提高当地医院的医疗水平尽最大努力。1978年5月左右，第三批医疗队光荣完成使命，返回上海。

医院除了选派医疗队奔赴前线外，还承担了灾区伤员来院救治的任务。1976年7月31日晚，医院接到接待灾区运来的伤病员的命令，全院工作人员积极行动，一个人顶两个人用，半休的上全天班，全休的上半天班，各科立即腾出133只床位。配备方面，从席子、被单到毛巾、牙刷，样样配备齐全，甚至有木工师傅连夜赶制了20只木板床。6位工农兵学员分成三班，和病房医务人员一起替伤员理发、擦身，洗涤和消毒衣物，精心照顾伤病员的起居。

（唐文佳　供稿）

在唐山的日日夜夜

——班秋云口述

口 述 者：班秋云

采 访 者：丁　芸（上海瑞金医院党委宣传科科员）

周邦彦（上海瑞金医院党委宣传科科员）

时　　间：2016年4月25日

地　　点：瑞金医院党办会议室

班秋云，1953年生，主管护师。1973年11月参加工作，2008年12月退休，曾任上海交通大学医学院附属瑞金医院骨科护士长。1976年7月参加第三批上海第二医学院抗震救灾赴丰润医疗队。

唐山，地震前原本并不熟悉的地名，并不了解的城市，但这几十年来我时常想起它。只要有关于唐山的电视新闻我就不再更换频道，只要是关于唐山的报刊新闻，我的目光就不再挪移，因为在唐山的日日夜夜给我留下了深刻的印象。

1977年，刚在骨科工作了三年多的我接受了医院的派遣，作为第三批医疗队的成员到了地震灾区的第一线——唐山，历经了九个多月的抗震救灾工作。

刚接到命令的时候，我感到紧张而光荣。那个时候医院医务人员经常要被派往各地开展医疗支援，而支援唐山则属于任务较为艰巨的！不仅因为唐山地震的惨烈程度震惊全国，更因为地震造成的破坏给救援带来了无法想象的难度。我所在的这批医疗队共有10个人，来自不同科室，队员中有内科的戚文航、肺科的黄绍光、传染科的秦乃熏、内科护士李亚东、儿外科的郑振中、骨科的沈才伟和周萍，以及五官科病区的沈凤鸣等。出征前，医院很重视，院领导和党委书记对队员们都十分关心。经过一段时间的准备，1977年7月，我们医疗队一行人携带着药品、器械以及一些个人用品便启程出发了。出发当日，医院院长和党委书记都来送我们。

我们坐了十几个小时的火车后，终于到达唐山站。记得第一次到唐山市区时，我站在一座稍高的小桥上，一眼就能看到唐山市区的全貌，尽管已经有了足够的心理准备，但当置身于现场时，我还是被眼前的景象惊呆了：一片平地，唯有一座水塔耸立在那儿。我站在那里很久，没说话，那时我虽然只有24岁，见识不多，但我忽然体会到什么叫夷为平地，什么叫凄惨，什么叫灾难。

随后，我们一行又乘车到丰润抗震医院，前一批医疗队的我院两位骨科医生在当地接应了我们，他们是张沪生医生和杨福明医生，他们为我们介绍了当地的一些工作、生活情况。经过几天的交接，前一批医疗队便撤离了。

丰润县是唐山的郊区，损毁程度较唐山市轻，还有房子。丰润抗震救灾医院是上海医疗队驻扎在唐山灾区的四个点之一，由第二医学院设立，二医系统的四家医院共同组建，设有很多科室。整个医院由一排排矮房组成，分为内、外科病房和生活区，因为是临时医院，所以周围都是泥泞地。我所在的骨科病区有3个医生和4个护士，共同负责三十多个床位的医疗工作。我们4个护士分别来自上海二医系统的4家不同附属医院：九院、仁济、新华和瑞金，我担任临时病区护士长。就这样，我们四个年纪轻轻的护士，凭着青年的朝气和救死扶伤的信念，同心协力，互相帮助，扛起了整一个病区的护理工作。

当时的唐山缺医少药，重病人又很多，条件艰苦且人员不足，这些都给救援工作带来了不小的阻碍，但这些阻碍不仅没有让我们泄气，反而使得我们更有干劲，工作更加积极。首先面临的是人员排班，虽然只有四个护士，却要翻三班，怎么办？于是大家团结一心，经常加班，谁也没有怨言。此外，条件简陋也给护理工作带来了许多不便。骨科治疗是一个需要很多器械才能完成的医疗项目，比如牵引，它是最普通、最常见、最需要的，但是这里没有，怎么办？于是我们开动脑筋，就地取材，土法上马，利用木桩铁锤自己做起了牵引架。我们将木桩钉在泥地下，然后再横一根木桩，做一个小滑轮，用一根绳子穿过去；又比如，那时候周围的卫生环境很差，苍蝇满天飞，手术室内也不例外。每次手术前，医生都要先到手术室去拍半小时的苍蝇，然后才进行手术，他们开玩笑，说唐山的苍蝇都是消过毒的。

记得当时，冬天特别寒冷，气温只有摄氏零下十度。大家住的都是抗震房，所有房屋都由下半部分的火墙和上半部分芦苇搭建而成，十分简易。火墙一烧，就热了，房间也就暖和了，上面则是芦席，我们大家十几个人住一个大房间。医院的房屋也是抗震房，办公室和治疗室连在一起，里面是值班室，值班室中间用布帘子隔开，里面睡一人，外面睡一人，睡的都是两只木凳几块板搭成的床。房间隔音效果很差，第一间说话隔两个房间都能听到。听说第一批去的时候，水很少，但到我们这批去，水已经不缺了。那个时候自来水就在门口，跨出一步就能打到水，但由于室外温度过低，打好一盆水端到屋内，尽管只是一步之遥，手和脸盆还是会立刻粘起来！这时手不能马上拿开，否则皮就掉下来了，要将手暖一暖，化一化，让其慢慢松开才行。饮食方面的供应是比较短缺的，但当地政府还是尽了最大努力，除了供应我们大米之外，尽量会保证菜的供应。那时我们每天都吃大白菜，吃豆腐脑已经算是伙食改善了，没有鱼吃，一到两个月吃一顿肉，到吃肉的那天，医生护士会很早开始排队。

虽然条件艰苦，但是与前两批相比，已经算是很稳定、很舒适的了。尤其是第一批医疗队成员，当时他们除了完成医疗工作外，还要帮助处理尸体，住的是帐篷，吃的是压缩饼干。因此到了我们这一批，我们从不提生活上的要求，大家也没什么计较，情绪还是依然高涨。

灾区人民很纯朴，十分配合医疗队的工作，对医生怀着深深的尊敬和感激。让我印象很深的是，震后一年，病房里不幸有病人去世了，我们很疑惑地发现，家属怎么都不哭的？后来才知道，家属都很自觉地不在医生面前哭，他们都是在离开了医院、离开了医生，才开始发泄，他们都说，医生已经尽了最大的努力帮我们治疗，也很辛苦，如果在医院哭的话对医生护士不礼貌。所以在一年的工作中，病人很配合，当然我们医疗队也很尽心尽力。

在唐山，我们碰到的第二大问题就是余震，虽然已是震后一年，但余震还是不断。遇到余震，我们医护人员不是往外跑，而是先往里跑。我记得有一次我上夜班，清晨四点钟的时候，遇到一次明显的余震，房子摇晃得厉害。在经历过那场可怕灾难后的病人和家属都如惊弓之鸟，一震就直往外跑，但在骨科病房的那些骨折和正做着牵引的病人，他们是不可能跑得动的。余震来了，尽管我们几个医护工作人员也十分紧张，但还是快步往病房里走，到一个个病人身边安抚：“不要紧，不要紧！”有了安慰，病人的情绪都好多了。在当时，为了灾区人民的安全和健康，许多医护人员都发扬了舍己救人的精神，除了抢救生命，别的都不会去多想，也没空去想，出现大的灾难，我们的第一个反应就是要冲在前面，要先保障患者安全。

到了当地以后，我没有看到老百姓流离失所，但每个来看病的病人几乎都有丧失亲人之痛。在我们病房的病人中，80%甚至90%家中都有人在地震中遇难，甚至自己就是家中唯一的幸存者，这些病人很沉默，不太说话，他们每个人或多或少都会有心理方面的问题。因此在平时工作中，我们的态度、讲的每一句话都很重要。平时在上班时，或是休息时，我们都会随时出现在病人旁边，尽可能多地和他们聊聊，以化解他们心理上的压力。

在这里，我还想讲一讲一位唐山地区的病人。我们虽然是第三批医疗队，但还有一个任务就是扫尾和移交工作。一年多后，震时受伤的病人大多已经痊愈，对剩下的病人，在离开前我们都要给予妥善的安置。记得当时就有这么一位病人，这位老大爷还没有康复，需要继续治疗，医疗队决定随队将他带到上海的医院，但老大爷硬是不肯走，决意要留在当地治疗，他很感激地讲：“上海医疗队为了唐山地区，那么多人放弃照顾家庭来为我们无偿服务，已经做了很多工作，不能再麻烦上海医疗队了。”他的话虽然质朴，却让我深刻感受到了恩义的力量以及上海和唐山人民之间患难与共的真情。

九个多月后，我们离开了唐山，上海的医疗队也差不多都撤走了，丰润抗震医院由当地人接管。40年过去了，我从未懊恼或后悔过在唐山的工作，相反，我很庆幸并感激医院给我这次锻炼的机会，这段支援唐山的经历让我在各个方面都成长了不少，对我今后的工作和生活影响很大。到那里去了以后，我就知道无论什么困难我都能克服！在条件差、物资十分缺乏的条件下，所有的难关都能通过思考、动手和学习来战胜！至今，这九个多月工作和生活的情景还历历在目，令我难忘终身。

1977年6月21日中午，赴唐山医疗队先遣队集体留影

骨科四位护士，即前排左起周萍、沈才伟、郑正中、班秋云

一场没有硝烟的战争

——单友根口述

口 述 者：单友根

采 访 者：杨秋蒙（上海瑞金医院伤骨科研究所副所长、院志办副主任）

唐文佳（上海瑞金医院党委办公室科员）

时　　间：2016 年 4 月 20 日

地　　点：瑞金医院工会俱乐部

单友根，1950年生，高级政工师。曾任上海交通大学医学院附属瑞金医院党委委员、工会主席。1977年6月，参加第三批上海第二医学院抗震救灾赴丰润医疗队，并担任队长。

时光如流水，转眼间，1976年的唐山大地震至今已有40年了。40年的时间足以使襁褓中的婴儿长成顶天立地的男子汉，也能让遭遇重创的城市得以重建，甚至能淡化许多记忆，然而对于我们这些当年亲身经历了抗震救灾的医务人员来说，40年前的点点滴滴却是终生难忘的。

灾情就是命令，时间就是生命。地震之后，中央有关领导及全国各行各业的职工群众、解放军指战员等纷纷奔赴唐山抗震救灾，卫生部即组织医务人员赶赴第一线，我院职工纷纷向党组织要求参加抗震救灾医疗队。

记得第一支临时抢救队伍在地震当天下午立即组建，晚上在医院行政大楼前待命，因为飞机没有班次，一直等到第二天凌晨才出发。队伍中有唐步云、华祖德、陆培新、吴仁明、蔡凤娣、支立民、俞东英、赵佩丽等，加上一些在读的大学生，共有二十余人。由于伤员多、任务重、工作量大且余震时间长，上级决定组织抗震救灾医疗队来取代临时抢救队。当年9月，二医系统组队并派遣第二批（我院由孙玉林、沈卓洲、汪关煜、罗振辉、邵帆涯、曹素珍等组成）赴唐山抗震救灾医疗队，临时抢救队随即载誉回沪。

10个月后，即1977年6月，我参加了第三批赴唐山抗震救灾医疗队。我们第三批医疗队一共有八十余人，由当时二医大系统的几家医院组成，我院有近二十人参加，包括戚文航、黄绍光、沈才伟、蔡惠敏、郑振中、李亚东、班秋云等。

当时我年仅27岁，在医院团委工作，担任团委副书记的职务。当党委发出抗震救灾的号召后，我立即向组织报名，毛遂自荐。踊跃报名的职工很多很多，大家都争着为灾区人民奉献爱心，为灾区重建献一份力量。当时的党委领导在得知我报名后，立即与我谈话，给予了我充分的肯定和殷切的期望。最终，我被医院选定为领队，参加了第三批医疗队，同时，还担任了河北省丰润抗震医院的党总支委员、机关支部的书记。作为领队，我在大部队之前率先出发，于1977年6月下旬到达河北省丰润县，与仍在当地服务的第二批医疗队进行交接。

初到唐山，虽然相距地震发生已隔了十个多月，但情况仍惨不忍睹，一片断壁残垣中，横七竖八地立着一些电线杆子，废墟上搭建的抗震棚，正在无声

1977年，单友根在丰润抗震医院

地呻吟，那是一个比一场生灵涂炭的战役来得更为凄惨的场景。

河北是大陆性气候，早晚凉爽而中午炎热，烈日当空时常可达到38摄氏度的高温。在太阳的炙烤下，还未来得及深埋的尸体开始慢慢腐烂、变质，令整个城市内弥漫着阵阵臭味。为了防止疫情的大面积暴发，天空中时有飞机喷洒消毒药水，尸臭味加上消毒水的味道，共同构成当时独有的“唐山气味”。

第二医学院组建的抗震医院设在丰润县，离唐山市十几里路程，全称是

"河北省丰润抗震医院"。我们住的房子叫"抗震房"，外部用毛竹做房屋的屋架，再糊上泥巴用以防寒；屋顶上是油毛毡再铺些草用来防水；房屋内部，为了防止墙倒伤人，砖墙只砌了1.2米，上面再用竹帘作分隔墙，两只长凳上放一块板就是床。由于竹的韧性和弹性，地动它也动，所以不容易塌下来。

抗震棚的简易是如今没有办法想象的，透着风雨，夏天热冬天冷；没有地板，地上就是土地，晚上蚯蚓会爬进鞋子，小草也会渐渐长出来。最可怕的是食堂里的饭筐，黑黑的一片，仔细一看原来是苍蝇覆盖在上面，每次吃饭，都需要专人在旁边赶苍蝇，这样才能露出底下白色的饭。如此差的卫生条件，我们当然都极其不适应，得痢疾拉肚子的医务人员很多，但是大家总算是渡过了这些难关。

饮食方面，条件也是相当艰苦的。由于物资的匮乏，我们的食物基本以馒头和白菜粉丝汤为主，几乎天天都吃，大家都亲切地称之为"抗震汤"，直到多年后的今天，我仍然十分怀念这特殊的"美食"。当时还从上海运来粮食给我们补给，但医务人员们都舍不得吃，把它们留给了伤员。这种精神和情感，至今让人感怀。

当时余震不断，一般都在6级以下，偶尔也有6级以上7级以下的，我们靠电话或广播的预报得到消息。刚开始得知晚上有地震时，大家心里难免有些紧张，一些年轻女同志由于害怕，会忍不住哭鼻子，久久不肯回去睡觉，怕真的发生地震了逃不出来。于是，大家就一起聚集在空旷的地方，男同志们自告奋勇轮流站岗，为女同志们壮胆；有时因为有余震，有的同志即使在睡梦中，也会因震感而突然逃到室外，吓出一身冷汗。一段时间以后，大家对地震有了经验，再加上党组织每天和队员们谈心，做心理疏导工作，向他们耐心解释抗震房的安全性……渐渐地，队员们不再感到害怕了，还有同志打趣说，每每余震时，就当是儿时睡在摇篮中，不再紧张了。

第三批医疗队的任务主要是为地震受伤病人做愈后处理，如截肢、植皮、伤口治疗、帮助功能恢复等，同时也参与防疫工作，以及突发事件的抢救和当地医疗力量的培训等。因为是上海医疗队，所以慕名而来的病人也特别多。在那里听到最多的是广播喇叭传来的抢救病人需要某种血型的声音，看到最多的是医务人员卷袖无偿献血的身影。而老百姓也都相当纯朴，对医疗队员千恩万谢，把我们都看成是毛主席派来救治他们的好医生。在灾区，每个队员救死扶伤的天性都被激发出来了，觉得确实要尽自己的一份力量。

大灾之后必有大疫，我们面临的也是这样的情况。当时的唐山缺医少药，重病人又很多，条件也很差。检查的仪器简陋不堪，心脏科能用的仪器也就只有X光机和心电图机，以及一些尿粪等的常规检查设备。所以，医生必须依靠自己的专业知识和经验来为病人诊断、下结论、作处理。这对医疗队是很大的考验，在这个过程中，大家成长了不少。

抵达灾区后不久，我还听到一个非常感人甚至令人震撼的故事：地震中有一家医院被埋在地底，人们在挖掘时把医院的药房挖出来了，发现里面有四位遇难者。这四人都是药剂科的工作人员，他们并没有受到外伤，而是被活活饿死的。有一本他们接力写下的日记记载了最后的日子。地震发生后，他们虽被埋在地下，但由于有葡萄糖维持生命，他们并没有失去信心。外面的人听不见地底大声的呼救，可他们却能听到外面的大喇叭在广播，全国各地的医疗队来支援唐山了，四人为此感到欢欣鼓舞，认定自己有救，于是在黑暗中坚持记日记。一天一天过去了，第一个人饿死了，第二个人接着记，接着他也死了，就第三位、第四位接下去，直到生命结束也没有放弃希望，这给我留下了非常深刻的印象。

作为领队，我的工作首先是做好队员的思想工作，关心大家的所思所想，细心观察每一个人的情绪波动，并适时与他们谈心、交流。碰到有心结打不开的同志，还要想尽办法为他解开心忧。例如，有位同志因一直未收到恋人的来信，整天魂不守舍，每天都盼着邮差送信到基地，影响了正常的医疗工作。我看在眼里，急在心里。当时正值周日，邮局不送信，看到该同志的焦虑模样，我和另一位同志一起骑了十几里路的“老坦克”去邮局帮他取信。果然功夫不负有心人，那天“鸿雁传书”真的到了，我兴奋地举着信回来“报喜”，感觉比自己收到信还高兴。那位同志接到信后喜极而泣，又哭又笑的样子，让我至今忍俊不禁——这就是我们的同志，有血有肉，勇敢坚强却又不失真性情的人民卫士。从这件事中，我也深深体会到，看似简单的收发信工作，在当时那个

1978年，中共丰润县委赠送的抗震纪念品

通讯极不发达的年代，对于远离故乡的人们来说，是多么重要的精神支柱，正所谓“烽火连三月，家书抵万金”！

同时，为了丰富大家的精神生活，保持思想上的先进性和团结性，我还经常组织队员们举行各种报告会、学《毛选》心得交流会、赛诗会、跑步比赛及义务劳动等活动，使年轻的同志们在繁忙的医疗工作之余，有学习、娱乐和锻炼身体的机会，也为更好地服务灾区人民打下基础。

其次，做好服务和协调工作也是我责无旁贷的，例如关心队员们的饮食起居、在有限的条件下为大家做好生活保障等。同时，还要做好各方面的协调工作，包括和当地医院、当地老百姓以及当地政府部门等进行协调，尽最大努力，确保医疗队有序地工作。

虽然大家住的是抗震房，吃的是抗震汤（白菜加粉丝），但是都情绪高涨，团结一致、齐心协力，大家只有一个信念——努力把党的温暖、上海人民的关怀送到灾区人民的心坎里。在当时余震不断、瘟疫随时可能出现的情况下，我们更深切地领悟到医务人员“救死扶伤、舍己为人”的奉献精神，体会到中华民族“一方有难、八方支援”的大团结精神。

如果说，抗震救灾是一场没有硝烟的战争，那么唐山则是一个没有硝烟的战场，我们每一位赴唐山医疗队的队员都是这场特殊战争、这个特殊战场上的勇士。

生命中不可磨灭的记忆

——董永勤口述

口 述 者：董永勤

采 访 者：杨秋蒙（上海瑞金医院伤骨科研究所副所长）

唐文佳（上海瑞金医院党委办公室科员）

时　　间：2016 年 4 月 22 日

地　　点：瑞金医院党委办公室

董永勤，1951年生，主管技师。1968年11月参加工作，2011年5月退休，曾任上海交通大学医学院附属瑞金医院检验科副主任。1976年7月28日参加第一批上海第二医学院抗震救灾赴丰润医疗队，任医疗二队队长。

40年有多久，有多少记忆可以保鲜，又有多少往事消失在时间里？但是对于我们，40年前的那段经历，就像一个烙痕，永远地烫在心底，伴随一生。唐山地震虽然只持续了23秒钟，可所有的记忆却精确到了毫秒……

1976年7月，我已结束了一年下乡巡回医疗任务。7月28日下午，医院接到上级命令，要求组建两支抗震救灾医疗队，立即赶赴唐山进行医疗援助。由于当时时间紧迫，组织直接遴选医疗队员组队。下午四时，院领导通知我参加唐山抗震救灾医疗队，并任命我为抗震救灾医疗队二队的队长，要求两个小时内准备好救灾医疗设备及个人生活用品，于当晚六时到院办大会议室报到。

抗震救灾医疗队是由内、外、妇、骨等临床医生和护士，检验和药房医技人员以及1976届工农兵大学生组成。当时，我和一队的支立民一起商讨要准备的相关器材。我俩均有一年参加安徽皖南山区巡回医疗的经历，了解基层开展工作的状况，因此除了准备显微镜、电池离心机外，还增加了一台手摇离心机和所需的检验项目的试剂，带往灾区。

同时，考虑到灾区伤病员急救时输血所需器材，我们及时与上海市血液中心联系，同时前往提取血型鉴定标准血清和血液储存袋。我们在短短的时间内将所需的器材准备完毕。我和支立民那时都住在医院27舍宿舍，7月底正是盛夏时节，我们匆匆回宿舍简单地取了几件换洗衣服和生活用品，匆忙赶到行政楼大会议室报到集合，随时准备出发。

晚上六时，所有参加抗震救灾的医疗队员均准时到达。一边听取院领导的布置，一边等候市领导的指示。先有消息说准备十点左右出发，但一直未接到出发的指令。半夜时分接到通知，医疗队可去市食品商店领取压缩饼干、酱菜（当时是物质匮乏的年代，队员准备医疗物资，唯独没有想到准备自己带吃的）。

队员们在会议室焦急地等待出发指令，直到天亮。此时已是7月29日早晨六七点钟，接到命令，全体医疗队员出发去上海北站坐火车北上（今天的上海火车站那时还没建呢）。

这是上海发出的抗震救灾医疗队的专列，有来自我们上海第二医学院和上海第一医学院及市卫生局所属医院的医疗队。火车一路北上，到第二天（7月30

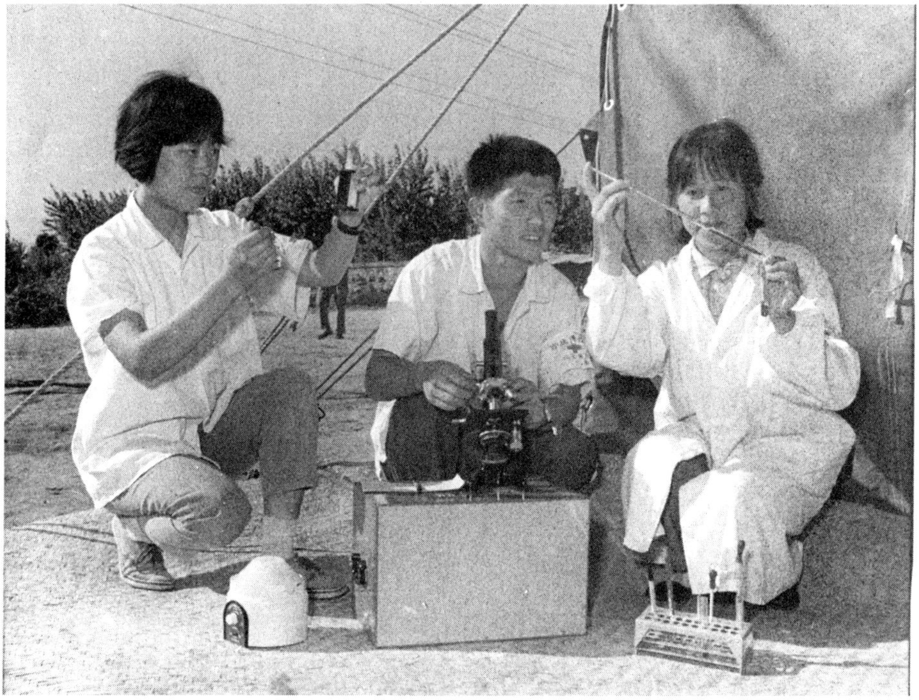

董永勤（中）和队员们在救灾现场利用简易设备做化验

日）凌晨，火车过天津站时，沿途就看见许多灾民已在屋外搭建了帐篷。火车继续前行，八点多到了杨村机场停了下来。当时这里就是抗震救灾的临时前线指挥部，所有的医疗队由指挥部统一调度。

我们全体医疗队员就在机场内待命，期间会告诉大家一些灾区的信息。直到傍晚五点左右，通知我们坐飞机去唐山的机场。当时大多数队员是第一次坐飞机，又紧张又忐忑，大约二十分钟的时间就到达了。

地震过后不久的唐山，那惨状令人至今无法忘怀。那些悬挂在危楼上的尸体，有的头被砸裂耷拉着，双手被楼板压住，有的倒悬空中，双脚被坍塌的预制板死死扣住，他们是跳楼时被死神抓住的人……一切都让人胆寒不已。

我们来不及恐惧，便投入到紧张的救援准备工作中去。每个医疗队按要求领取一顶帐篷及几张凉席，供15个队员居住。我们二医大当时四个附属医院，每家两支医疗队，共八个医疗队120名队员被派往唐山丰润县。

我们二医大医疗队乘着卡车来到了丰润县人民医院旁的一块菜地里驻扎。全体队员马上齐心协力将菜园子的茄子拔掉，平整好土地，搭建好帐篷，尽管都是第一次干这样的活，但我们还是自己动手完成任务。两个帐篷正好做一男一女的两个战地宿舍。

在当地救灾指挥部的统一领导下，伤员的帐篷也及时地搭建好了。因此，伤员也就源源不断地被送到救援场所。记得当时在强震过后的一段时间内余震不断，接着8月6日晚间又下起了大暴雨，造成次生灾害，灾情加重，给灾民和救灾都带来更大的困难。大水漫进了我们的帐篷里，大家紧急冒雨挖沟排水，那晚很多队员都无法入睡，严重的灾情使灾民不断增加，物资供应非常困难。直升机每天在救援医疗基地上空盘旋，给灾民投放食品和一些生活必需品。

随着救援的不断展开，许多被埋的伤员得以救出，伤员源源不断地被送来，许多灾民无家可归，恶劣的环境也使病员不断增加，队员们每天忙于在简易的帐篷医院里完成繁忙的医疗救治工作，顾不得自身所处的险恶环境。当时简易手术棚外的土坑里，堆满了截肢截下的残臂断腿，血淋淋一堆。没有冲洗的自来水，仅有一双手术手套，条件极其简陋。

抢救者们踩在遍地的血泊中抢救伤员，在汽灯下做开颅、剖腹和截肢手术，由于没有血浆，有的伤员在手术台上死去。运送伤员的汽车上伤员一路惨叫，车下流不完的血洒满路面，汽车常常一路走，一路停，不时抬下一具具死尸，又马上拉上伤员。

医疗队现场主要任务除了救治伤员，另一项重要任务是防止疫情的暴发。天气炎热，灾情惨烈，伤亡惨重，野外尸体未及时处理，苍蝇满天飞，防疫工作十分紧迫，每天2—3次在驻地及医疗抢救现场周围喷洒消毒剂，我们丝毫不敢松懈。大家甚至和解放军一起，动手挖坑，掩埋尸体，积极做好防控工作，有效地控制了疫情的蔓延。

40年过去了，从地表已经难寻地震的踪迹，但每个唐山人和每个参加过抗震救灾的“人民战士”，心底都有一个跟地震有关的故事，这是我们此生最为珍贵的一段经历，历久弥新……衷心祝愿英雄的唐山人民把唐山建设得越来越好！

刻骨铭心的记忆

——杨庆铭口述

口 述 者：杨庆铭

采 访 者：丁燕敏（上海瑞金医院党委宣传科副科长）

　　　　　周邦彦（上海瑞金医院党委宣传科科员）

时　　间：2016 年 4 月 28 日

地　　点：瑞金医院院史陈列馆 1088 会议室

杨庆铭，1939年生，中共党员，骨科主任医师。1963年8月参加工作，2009年2月退休，曾任瑞金医院骨科主任、上海市伤骨科研究所所长。1976年7月，参加第一批上海第二医学院抗震救灾赴丰润医疗队，为医疗一队队员。

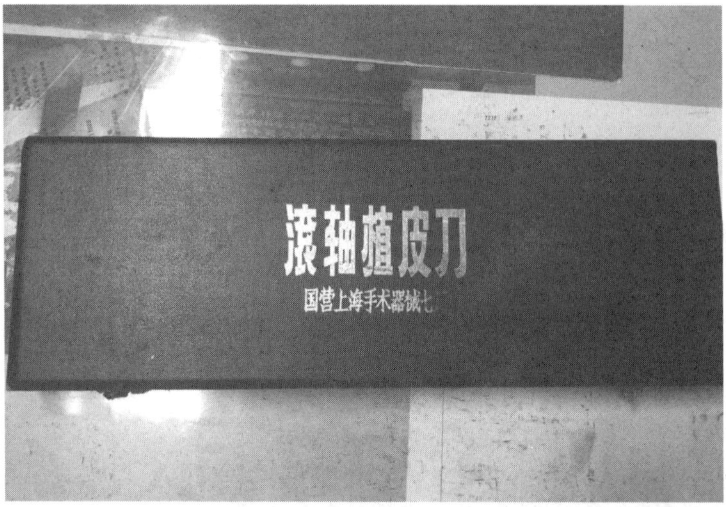

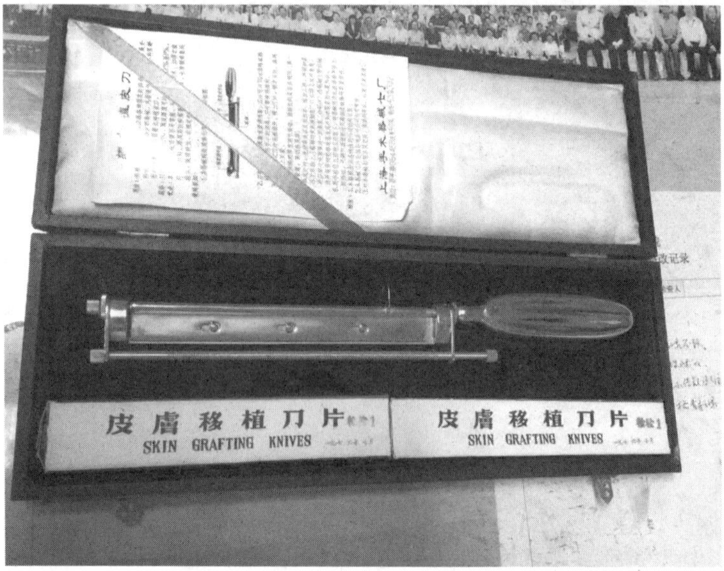

杨庆铭在抗震救灾中用过的皮肤移植刀片，现保存于唐山市丰润区人民医院（原丰润抗震医院）

1976年7月，我结束了上海支援安徽“小三线”巡回医疗队的工作，即将返回上海。由于我担任了队长，因此在当地多逗留一个月，完成与后续医疗队的交接工作后返沪。根据医院的安排，我们可以享受几天假期，休整后再返回各自岗位开展工作。

平日里的我总是忙于工作，加上之前外出巡回医疗，长时间不在家中，打算利用这个短暂的假期，尽尽“男主人”的责任，把那些落下的需要技术和体力的家务活儿统统完成。记忆中，那是一个格外闷热的夏天，当时没有电视机、没有网络，信息来源是报刊和广播。7月28日，广播里传出一个不幸的消息：河北省唐山、丰南一带发生了里氏7.8级的大地震！不仅有大量房屋坍塌，更有大量人员伤亡。

医院接到上级命令，第一时间组织起瑞金医院抗震救灾医疗队。医疗队由我院骨科、内科、普外科、麻醉科的医护人员及手术室护士、药剂师构成。作为一名骨科医生，我光荣地被选入医疗队，我们将赶往丰润地区参加地震后伤员营救工作。由于时间紧、任务重，我们连夜准备行李，第二天就出发！

当时上海的火车站是位于闸北区的老北站，那天早晨，我们早早地就在北广场上集合，放眼望去，广场上密密麻麻站满了人，不仅有医疗队员，还有许多送行的家属和单位同事。大家都热切地讨论着，虽然还不知道当地的情况，但队员们都十分急切地想尽自己的力量，发挥自己的专业技能，尽力帮助受灾的同胞。由于地震造成铁路轨道的损坏，无法乘火车抵达唐山，我们被送往天津的一个军用机场，在那里，多架军用螺旋桨小飞机等待着，将我们送往此行的目的地、大地震的中心——唐山。

这是我平生第一次乘坐飞机，飞机上没有沙发、没有座位、没有窗，甚至也没有可以关上的门。医疗队员们上飞机后席地而坐，飞机螺旋桨快速旋转，发出震耳欲聋的轰鸣声。我大声地问坐在身边的一名解放军战士：“你去过震中地区吗？那里情况怎么样？” 隔着隆隆声，他神情严肃地问答：“你去过战场吗？和那种情况一样！”

螺旋桨飞机飞得不高，从门框处向下探望，满目疮痍，离震区越近，灾情越严重，进入唐山地界后，更是看不见一幢完整的建筑物。我们下飞机出来坐上卡车，一路上看到成堆成排的刚从废墟中挖出来的或已经被包裹起来的尸体，满眼惨象。我回想起飞机上的那番对话，果真像刚经历过一场“世界大战”。唐山市区有一家煤矿职工医院，属于当地规模较大、条件较好的医院，那里有一幢十多层的病房大楼，在当地也属于标志性建筑之一。但是就在这次地震中，这幢五十米的楼房整幢下陷，看去只有一层楼那么高，令人触目惊心！因为地震发生在夜里，整幢病房的病人和值班的医务人员都被埋在了下面。卡车一路颠簸，还没到达目的地，一阵强烈的余震就给了我们一个下马威。当时车子正停在一幢快坍塌的楼房下，余震来临时，我只觉得车子的四个轮子都被腾空了似的，人感到一阵阵眩晕，再看着一旁摇摇欲坠的楼房，实在是让人心惊胆战。

一抵达救护点，恐惧的心情很快就被忙碌的工作所驱散，在解放军的帮助下，我们以军用帐篷为根据地，迅速设立起医疗救护点。一批批的病人不断被送来，我们忙碌着为外伤病人清创、固定和包扎。条件非常艰苦，物资供应紧缺，我们医疗队紧密配合，尽全力发挥好这些有限医疗物资的作用。当时有许多肢体挤压综合征的患者被从倒塌的建筑物下救出，但没多久他们就相继出现肾功能衰竭的情况，没有足够的医疗条件支持，他们生命垂危，令人痛惜！我还清晰地记得，有许多开放性损伤的患者，由于天气炎热，被送来时已经发生了恶性的深部感染，伤口甚至长出了蛆，空气中弥漫着令人作呕的气味。

当地居民积极自救，他们卸下门板，用独轮车推着，把伤员送来就医点。我们评估伤情，做好初步救治，一些重伤员被抬上卡车，转送至医疗条件较好的城市，多一份生的希望。由于是救灾初期，当地的交通、水、电等设施完全瘫痪，没有自来水，我们就取用附近的河水，加明矾消毒后使用；没有电，我们就使用煤油灯；没有人手，我们就24小时地值守，稍有空隙就打个盹，又快速投入工作。回想起来，大家都是有一种忘我的精神，全身心地投入抢救伤员的工作。

当时普外科的唐步云是我们医院医疗一队的队长，他负责安排我们的排班和饮食采购，同时还肩负着组织政治学习的任务，讨论如何更好地救死扶伤，救助当地灾民。当时医疗队的管理可谓是相当严格的，个人外出要向队里请假，并规定不能私自向当地群众购买物品。

我们刚到灾区的前几天，只有压缩饼干可以吃，一开始还觉得挺好吃的，几顿连续吃下来，就觉得有些难以下咽了，但为了保持体力，我还是硬逼着自己多吃几口。后来逐渐有了玉米窝头和大白菜吃，刚开始大家觉得换了个口味很好吃，可同样地，天天大白菜、顿顿大白菜，吃得我们大倒胃口，以至于后来离开唐山回到上海后，我们中很多人都不愿意再吃大白菜。

在那些日子里，余震始终不断，说完全不害怕这不是真话，但我们从不因此放下手里的工作。随着清理建筑物工作的开展，每天不断地搬出大量遇难者遗体，在那样的高温条件下，如果处理不及时必定会腐烂，引发传染病。我们在度过了最初几天高频度的抢救和清创等工作后，接下来的日子里，每天不仅要完成医疗工作，还协助军人们一起挖坑。当时的条件现在看来真是难以想象！白天的忙碌劳累，让我们练就了在闷热的大通铺上倒头就睡着的本事。

我们第一批医疗队坚守了两个月，等到9月下旬撤离的时候，灾区已经建立了条件稍好的用毛竹搭起来的临时病房，可以初步开展了一些外科手术，让医生可以有更多的用武之地。和我一起前去的同科的沈才伟医生，在第二年又作为第三批医疗队员支援当地医院的医疗工作，他回来告诉我们，当地人民已经从大地震中缓过气来了，在一片废墟之上开始了重建家园的工作。对我们这些当年经历过唐山地震大救援的人来说，对那片土地的情感，心底最深处的那份记忆永远不会泯灭。希望时间能抚平唐山人民的心灵创伤，祝福他们幸福安康！

仁济医院
救援唐山大地震综述

在唐山大地震发生后长达一年半的时间内，仁济医院（时为上海第三人民医院）前后派出过三批医疗队，共计83名医护人员。

得知唐山大地震的消息后，仁济医院在第一时间组建起了一支50人的医疗队，其中包括各科室的有丰富临床经验的医生以及部分刚毕业的工农兵大学生。在第一批医疗队救援的两个月里，医疗队员24小时轮流待命，他们一共完成了大约100台的外科手术。当时医疗器械和药品都极其匮乏，手术台搭在茅草房里，连手术需要的无影灯都没有，再加上震后断电，很多手术都是靠着手电筒照明才得以完成的。有些病人需要腰麻局麻，但是灾区并没有医院里使用的可调节高度的手术床，于是医生就把病人的腿扛在肩膀上，来调节麻醉平面，在当时也算是一种创新。

第二批救援队的任务是组建丰润抗震医院。房屋是一排排兵营式的临时建筑，前面是病房，中间是行政办公区，最后是宿舍区。每间病房都是芦苇油毛毡棚顶、竹帘泥巴墙，病房没门，只是挂了一条白色布帘，设施非常简陋。由于条件所限，临时修建的丰润抗震医院分科较粗略，大致分为内、外、妇、儿、骨几个大病区。地震造成的腹外伤和骨科的疾病很多。很多伤员身上长满了蛆，令人触目惊心，截肢是当时唯一保住生命的方法，但会对伤员日后的生活造成极大的不便。仁济医院的一名医生尝试用汽油去除伤员伤口上的蛆，结果大获成功，让很多病人避免被截肢，这种方法被全国各地的医疗队效仿，不仅挽救了更多的生命，而且也保存了很多伤员的肢体。

第三批救援队的任务主要为日常的治疗与康复，帮助和配合当地的救治，毕竟距离地震时间较长了，抢险救灾等紧急情况少了。第三批医疗队有一批特殊的群体，即由郑德孚带领的1977届的60名实习医生，他们在灾区积极主动地参与各项医疗工作，如协助上级医生换药、查房、开医嘱等；同时还帮助村民消毒井水、控制疫情。工作之余，他们还组建了一支宣传团队，写宣传报道抗震救灾中的好人好事，既向广大群众反映了真实的救灾状况，也给参与救灾的医疗人员给予鼓舞和力量。

（周澄蓓 顾豪 曾琬琴　供稿）

天下大事，必作于细

——曹惠明口述

口 述 者：曹惠明

采 访 者：潘慧颖（上海交通大学仁济临床医学院 2012 级临床五年制学生）

高英力（上海交通大学仁济临床医学院 2012 级临床八年制学生）

时　　间：2016 年 5 月 11 日

地　　点：上海交通大学医学院附属仁济医院放疗科 2 楼

曹惠明（中）接受访谈合影

曹惠明，1954年生。历任上海交通大学医学院附属仁济医院药剂科副主任、放射诊疗科主任、工会副主席等职。在国内药学核心期刊上发表论文三十余篇，主编药学专著三部，参编一部。多次获得医院、学校以及上海市卫生系统的表彰奖励。大地震发生后，作为第三批上海医疗队队员，赴唐山参与抗震救灾。

丰润抗震医院部分医疗队员1978年元旦合影

唐山大地震是一件轰动全国的事情，当时各方的宣传也和现在不一样，不像现在网络、手机这么方便，想知道什么都一清二楚，当时主要就是依靠广播、报纸来得到消息。当时的青年们都是很要求上进的，我们共青团员星期六还有义务劳动。大家思想比较单纯，没想那么多，只知道怎么要求、号召，我们就怎么积极配合、行动。在这种氛围下，知道这一突发事件以后，大家都是第一时间争先恐后去报名。当时唐山地震后，我们科室、支部里面马上就动员，基本大家都自主自愿去报名了，尤其是身体比较好的小青年更是积极。当然，安排批次都是经过综合考量的，第一批的成员更是经过领导慎重考虑的。第一批没有轮到我，当时派了两个同志，其中一个也是我们科里的。在“今天通知明天就得出发”的情况下，因为时间很紧急，大家都很有紧迫感，准备也不能那么充分，条件很艰苦。

虽然第一批没去成，我还是一直积极报名。我们是第三批被派去唐山的，那时候已经是1977年了，虽然没有第一批的紧迫，相对来说我们可以稍微多准备准备；但条件艰苦，不像现在出门吃的、喝的、用的，大包小包，我们也就是把各季衣物、洗漱用品准备得完善一点，吃的用的都是凭票来买。

我记得很清楚，我们是在1977年的7月7日这一天出发的。这一天非常热，太阳又大也没什么风，领导把我们送到火车站，我们整个医疗队还在门口合了一张影。当时的火车是那种很慢的、现在都没了的绿皮车，不过因为是专门为我们医疗队调派的列车，比当时正常走的车要快些。

火车一路向北，开始还没什么，但是离震区越近，破败、杂乱、荒芜就越是明显。第一个感触比较深的就是天津，一经过天津马上就体验到地震带来的改变。从窗户看出去，沿着铁路线旁边都是一座接一座的新坟、倒塌的房子和废墟，还有新盖的简易房，死气沉沉的。这时我深刻感受到了地震的波及面之广、破坏之重。唐山市区更是不用说，毕竟不像现在的条件，重建比较慢，还是能看得出当时的情况，哪里还有城市的样子，想来当时第一批看到的场景应该更震慑人心。

下了火车之后，当地的领导、群众来接我们，在唐山站我们也合了一张影，纪念任务的开始。后来我们又坐了车去工作地点。上海一共有四个医疗队，分别叫做一抗、二抗、三抗、四抗。我们在唐山市丰润县的丰润抗震医院

送行合影

医疗队员在唐山简易抗震棚前

丰润抗震医院大门前合影

工作。医院的医护人员主要来自当时的上海第二医科大学系统的瑞金、仁济、新华、九院。大家都遵守组织系统的统筹安排，按照一定比例每个医院科室派出一定数量的人员。因为丰润抗震医院是临时建起来的，周围都是平原空地，离县城大概有五公里，空旷又偏僻。建筑也是很简易的，围墙用篱笆扎起来，屋顶是芦苇，有点类似于茅草房。

因为距离地震将近一年，我们的任务也不再是抢险救灾，紧急情况也少，主要是灾区日常的医疗服务，帮助和配合当地的救治，所以我们把药品、器械尽量带足。当时县里面也是有医院的，但是医疗力量显然不足，更不能与上海的医疗队相提并论，因此，我们医院还是承担了当地主要的医疗工作。虽然我们的工作环境很粗糙，生活条件也粗糙，但是我们工作起来都很细致。本身医务工作者就要求细致，在灾区我们则更加认真。

我当时是药剂师，就在药房里面工作，配药发药，药品种类有几百种。虽然相比上海是简单许多，但当时在当地已经算比较完备的了，应付日常所需也足够。除了我们自己带的，如果药品不够了就去唐山市里购置。当然，因为各个医院自己药房或多或少都有点自己医院特色的制剂，医生也用习惯了，我们就自己配。有从上海带过去的，也有用市里买的材料自己做的，像简单易行的、用的比较多的就自己配制，其中外用类的、消毒的制剂比较多。这些药剂长期临床实践效果很好，而且医生们都很习惯去用。有空的时候我们就用自己带的设备器具自己做制剂。在工作中，我们因为科室的关系和患者接触不多，主要是用药方面的交流，一般我们都会告知病人用药频次、剂量、注意事项等等。我们的原则是过多过少都是不好的，只有适宜才是最好的。

在唐山期间也是余震不断，经常这里震一震、那里晃一晃，次数多了也就习惯了。印象比较深刻的是有一次发生了比较大的余震，时间是在初冬。当时的房子、大灯都晃得挺厉害。刚晃起来的时候，我们也是有点害怕的。不过我们因为都是年轻人，反应也比较快，马上意识到这是余震。我们住的又是简易房，房子不会塌下来的，而且屋顶是芦苇盖的，即使塌下来也不会有什么危险性，所以索性我们也没有慌张地逃出屋子去。但是这样晃，房间里还是不断有灰尘飘落，所以我们当时就脑子一转，直接把被子盖在头上，这样也不用出去了。倒是有的当地的百姓因为经历过大地震，心有余悸，不少都从房子里跳出来，导致第二天门急诊骨科病人就比较多了。将近九个月下来，我的工作量如

曹惠明在唐山的留影

果按照上海的标准来说是不大的，基本都可以很好地完成。当时也没什么医患矛盾，医患关系也没有那么紧张，很和谐，不管医生病人都想得很单纯，对于所有人来说只要看好病就万事大吉，患者看完病以后对于医生也只有感谢，所以整个任务期间也没有特别大的精神压力。

在救援期间，我们科额外接到了一个县卫生局的任务，即帮助完成一个肿瘤流行病学调查，由我和现在瑞金医院的黄绍光主任一起来完成。这项调查需要把全县的肿瘤流行病学的调查报告表格进行统计汇总，交给我们的任务时间大概是两周。当时有很多表格需要整理统计，而且又不像现在有电脑，第一天做下来效率实在很低，感觉两个礼拜来不及做完。到了第二天我想了一个办法，我把很多张表格重叠摆放，每行都对齐，留出要看的数据，直接能一次性统计很多张表格的数据，这样统计效率很高，我们不到一个星期就统计好了。领导也很吃惊我们这么高的效率，直夸上海人很活络。我们主任当时拍着我的头表扬了我，我很受鼓舞，感觉为上海人民争了光。

在唐山的工作生活，基本上都可以适应，总的来讲，生活相对艰苦，如果有些小问题也还是可以克服的。不过困难也是有的，比较大的困难是吃的不是很习惯。毕竟我们是南方人，吃食上有些不同，不过我们抗震医院已经属于条件比较好的了，也比较幸运，主要是吃大米饭的。其他医院可能吃当时俗称的“蛋炒饭”，可不是真有鸡蛋，而是黄色的小米加大米做的饭，颜色就像蛋炒饭一样。菜的话基本上每天都是大白菜，每个星期开一顿荤，改善伙食。当时条件都是这样，都没什么好吃的，而且以前计划经济，干啥都是凭票的。我们偶尔也会托家里带一点自家做的酱菜，因为当时的医院建在郊区，周围没有什么人家，百姓看病或者坐车，或者走路过来。偶尔想要改善生活，我们就拿全国粮票和老百姓换鸡、换蛋，有时拿钱买，也拿一些从上海带来的日用品如肥皂换吃的东西，基本上都是拿百姓们比较缺的东西和他们换一换。

在这几个月中，我们吃、睡、工作都是在医院里。上班去前面屋子，下班去后面屋子（宿舍），宿舍房间不到二十平方米，都是单铺，一间住五六个人。水和电还是比较方便的，断电断水的情况基本没有。灯就是一根电线吊着一个灯泡，水主要是自来水。因为去的大多都是青壮年，身体状况都还不错，

曹惠明在震后废墟上留影

其间只有一个同志生了比较严重的病，得了病毒性心肌炎，无法继续工作，我就送他回来上海治疗休养，同时又带了一些药品回震区补充。

当时不像现在通讯便捷，不要说电话，电报也是突发事件、紧急情况才可以打的，比如之前讲的得病毒性心肌炎的同志需要送回上海治疗才发电报。我们和家里联系主要还是通过写信，以免家里人担心，写信频率因人而异。一般是我们写好信，然后在邮递员送报的时候集中给邮递员。回信也是邮递员集中给我们送。也有比较着急的，自己到县里的邮局去投递。我在唐山的八个月里给家里写了五六封信，主要给家里说一些自己的近况。

我是在1978年4月回到上海的，大概在唐山待了八九个月，是三个批次中时间最长的。去的时候是炎炎夏日，回来已是第二年春暖花开了。所以，我们是在丰润过的元旦、过的年。过元旦的时候，我们还给医院挂上了灯笼，在灯笼上写上了“元旦”二字，大家喜气洋洋，在医院门口还拍了合影留念。

我们回来的时候受到了热烈的欢迎，没过多久又“五一”劳动节放假，领导就给我们调休几天，正好我们也趁机好好休整了一番，重新投入工作。应该说这大半年，在我的整个工作生涯中，留下了深刻记忆。半年时间里所看所听所思所得都是额外的收获。首先，组织派我去唐山，说明是组织上对我的信任。也不是什么人都能被派去的，去唐山救援的人要有较高的政治觉悟，至少是要求上进的；第二，业务水平也要过得去，当时条件很艰苦，不是什么东西都有的，哪里这么齐全，所以要有优秀的工作能力、判断能力和思考能力；第三，必须和唐山的百姓有很好的交流。当时我们代表上海人民，所以对我们的整体要求还是很高的。总的来说，这一段经历使我的应变能力、业务水平有了一定的提高。这一段特殊的经历或多或少对我后来的工作都有一定的影响，除了能力，也让我思考更多。

我的夫人是新华医院的护士，我们是同一批次去丰润的。去的时候我们还不认识，在工作的时候逐渐加深了认识和了解。她在内科一病区工作，相对于我，她直接接触病人更多。我们在地震30年之后，也就是2007年的时候回去过一次唐山，我们想去找原来的医院旧址，看看现在唐山的样子，我们就一路问过去。印象比较深刻的是我们在出租车里，我和太太在讲30年后，沿路哪些有变化，出租车司机就问我们，你们哪里来的啊？我们说我们是上海来的，他还奇怪我们怎么对30年前唐山的样子这么了解，我们说我们30年以前来过，是上海医疗队的医护人员。他一听非常地感动，到了目的地后怎么都不肯收我们的钱，他说，感谢上海人民，感谢上海医疗队。可能他背后有些故事，只是我们不知道吧。他坚持不收钱，我们也不好意思，怎么办呢，下车的时候只能把钱从车窗扔进去，转头就走了，零钱也不用找了。他在30年前应当还是个十来岁的小孩，他可能是知道上海医疗队的种种事迹，又有深刻的印象吧。上海医疗队在当地的口碑是相当好的，唐山人民对当时上海医疗队的印象也是非常深刻的。可见，上海医疗队有较高的水平，做的工作是非常有成效的，受到了大家的肯定，我自己也与有荣焉。当初的抗震医院现在已经变成了一个移动电讯的营业厅。灾后重建也是很好的，但是也有一个问题，就是当地的环境和以前不一样了。40年前这里周围都是清澈的小溪，现在基本都变成了浑浊的水流。这也引发了我的思考，就是什么样的开发和改造才是最好的。引用我们配药时常用的一个原则来讲吧，过多和过少都不是最好的，只有适宜的才是最好的。

经历了唐山的任务回来之后很多年，我和当时一起被派去的同事还保持着密切的联系，我们当时的二医医疗队，就像一个大家庭一样，而瑞金、仁济、新华、九院的同志们，又像四个小家庭一样，像有一只无形的手、无形的力量把我们拉在一起，团结在一起，我感觉很亲切。这大约有些类似于战友情、亲情和友情的融合吧，我和当时九院的内科医生沈铭玥还保持着长期的联系。

1976年唐山大地震的时候，我23岁，年轻小伙子，普通的药剂师；唐山是一片废墟，等待重生。今年我63岁，已过花甲，在放疗科任职；唐山已经新生40岁，重建、发展都很完善。当时的那段日子，我们觉得条件有些艰苦，不容易，但没有人觉得自己特别伟大，了不起，每个人就是普通的医生护士，坚守在自己的岗位上，做自己应该做的事情，不同的是原来在上海，如今在唐山。就如千千万万奔赴灾区的各领域的同志们一样，为了抢险救灾、灾后重建的目标而努力，每个人都是在做自己力所能及的小事。时光荏苒，但记忆中那段峥嵘岁月依然不可磨灭，我为唐山的灾后的医疗事业作出过贡献，至今我们为之骄傲，为之感到荣耀。

多难兴邦：大灾难下的救援

——范关荣口述

口 述 者：范关荣

采 访 者：薛锦慧（上海交通大学仁济医院临床医学院2012级临床八年制学生）

孙宝航行（上海交通大学仁济医院临床医学院2013级临床五年制学生）

时　　间：2016年5月13日

地　　点：上海市黄浦区新天地

范关荣（中）接受访谈合影

范关荣，1947年生，中共党员，主任医师。历任仁济医院麻醉科医师、胸心外科医师，仁济医院副院长、党委副书记、院长，上海第二医科大学副校长、校长等职。唐山大地震发生后，作为第一批上海医疗队队员，赶赴唐山参与抗震救灾。

一

1976年唐山大地震发生时，我29岁，已在医院做住院医生六年。当时医院里拥有一支训练有素、装备有成箱医疗器械的野战医疗队。我作为野战医疗队员，经常与大家一起到野外训练，搭建临时手术帐篷等；有时也去农村，参加医疗队，为农民服务。参与抗震救灾，对我们医务人员来说是义不容辞的。

地震是7月28日凌晨三点多发生的，当时大多数人还在睡梦中。从广播中获知唐山发生地震后，大家克服种种困难，踊跃报名参加援救。当时家父偏瘫在床，需要人来照顾，但是家里人还是很支持我。除了医院的医生和护士，很多刚刚毕业的医学院学生也积极报名参加抗灾。就这样，我们医院迅速组成了一支约五十人的医疗队。

队伍在出发之前做了充分的准备，主要准备的是医疗药品和设备，野战医疗队所用的医疗器械在这时刚好派上了用场，但是药品是消耗品，需求量很大，因此当时每个人都要背很大很重的包，为的是能多装一些药品；此外还有一些简单的生活用品和少量干粮。当时灾区附近交通都断了，物资都是空投的，较为匮乏，所以大家尽量把能带的东西都带过去。

7月30日一早，我们便出发前往唐山，先到达天津杨村军用机场。由于地震，到唐山的铁轨已被毁坏，火车通不了，我们只能等着坐军用飞机去。我们在军用机场等了几个小时，当时听说唐山那边水有污染，便带了些淡水过去。等飞机来了，大家便一起上军用飞机前往唐山，每架飞机大约可载90人。

从飞机上下来，我们看到来自全国各地的救灾物资，满满地堆在唐山机场；我们还遇到来自全国各地的医疗队，大家目标一致，齐心抗震救灾。之后，我们坐上部队卡车，穿过市区，到达唐山郊区的县城——丰润县，就此驻扎下来，被称为“丰润医疗队”。当时上海第二医学院是一个中队部，每一个附属医院是一个小队部。

我清楚地记得经过唐山市区时看到的景象：城市一片废墟，满目疮痍，几乎所有的房子都倒了，没有一栋是完整的，只剩下断壁残垣，余震也还在继续；路边随处可以看到从废墟中挖出来的尸体，并排放在那里，空气里充斥着

上海第二医学院第一批医疗队合照

一种尸体腐烂的味道；但整个城市很寂静，没有听到一丝哭声，大家都在镇静地应对灾难。

在灾区，冲在第一线进行救援的是解放军战士。大地震之后，下了一场大暴雨，加上正值夏天，很潮热，寄生虫、苍蝇、蚊子、细菌大量繁殖，容易传播疾病，解放军每天喷药消毒，以防止出现传染病。当时遇难者的尸体也已经开始腐烂。解放军一边抢救那些埋在废墟之下的幸存者，运送伤员，一边还要处理遇难者的尸体。因为不能把那么多尸体都火化，他们便将它们放进塑料袋，然后挖大坑埋掉。

二

因为伤员较多，我们几乎是一到达便开展抢救工作。我们搭建了医疗帐篷、临时手术室和医疗队员的生活帐篷。由于创伤病人多，我们每天都要做手术，日夜不停，大家轮流交替，休息的时间很少，几乎是24小时待命。

我们队伍中有普外科、骨科、泌尿科、妇产科、内科等各临床专业的医生。对于膀胱破裂的患者，大家便紧急做膀胱修补手术。一些病人由于重物落下压在腰椎上，造成瘫痪，不能通过短时间的急救处理好，我们就着手进行固定，然后把他们转送到后方去进一步医治。队伍中的内科医生除了帮忙照看病人，还安抚一些精神病患者。在经历了这么大的灾难之后，一些人在心理上也受到了很大的刺激和打击，我们适当用一些镇静药物，并时时给予安慰，希望帮助他们减轻痛苦。

救治过程中,那些开放性骨折的病人给我的印象最为深刻。手术室里每天都可以看见各样的骨折，有的手臂骨折，有的腿脚骨折。由于病人在医疗队到达之前没有接受什么治疗，加上天很热很潮湿，两天下来，伤口都感染了，如果再不及时接受治疗的话，易患上败血症，危及性命，因此需要迅速截肢。但是在截肢之前，我们遇到了一大难题，7月份苍蝇特别多，开放性骨折患者的骨髓腔里有很多蛆，一条条白白的蛆从里面爬出来。大家在上海很少见到这些蛆，一开始也不知道该怎么处理，用一般的消毒液很难杀死它们，但又不能一条条捡出来。

后来有人想起在抗美援朝的时候，志愿军用汽油杀蛆，因为汽油可以使蛋白凝固，从而使蛆死亡。于是我们就把汽油浇到伤口上，果然有效，而且病人

医疗队在路边为伤员处理伤情

也没有特别强烈的痛感。在处理好感染伤口后，我们便迅速进行截肢手术。

当时的环境非常恶劣，大家用帐篷搭建临时手术室，用床板做手术台。余震不断，遇到余震厉害的时候，我们就稍微暂停一下手术，等缓和些再继续进行手术，毫不懈怠。有时候路边遇到了没能及时转运到手术室的患者，大家就就地铺好席子进行紧急处理。由于地震后断电，我们只能在几个大手电筒的光照下进行手术。我当时是一名麻醉科医生，遇到一位髋关节脱位的病人，在困难的条件下，我就在平地上铺一块消毒巾，消毒后打腰麻，然后将病人的腿放在肩上调节平面，麻醉完成后，由骨科医生复位。 这也是一种创新。对病人进行伤口处理后，就送进病房。

病房的条件也很简陋，临时病房是用芦苇搭建的，所谓的病床就是铺在地上的席子。病房不大，病人很多，病人就一个紧挨着一个躺在上面。我们的目标就是紧急处理这些伤员，等到病人病情稳定后，再由解放军战士用军用卡车帮助他们转移。卡车里，危重的病人睡在担架上，较轻的病人则坐着，一批批被运到到石家庄等地，继续接受治疗。通过大家齐心协力共同救助，一批批病人转危为安。

三

那时我们医疗队的生活条件也十分艰苦。大家一个挨一个住在帐篷里，起初吃的是粗粮、萝卜干和酱菜等，偶尔吃到压缩饼干，感觉挺好吃。由于尸体腐烂，河水、井水都受到不同程度的污染，有一种臭臭的味道，但当时也顾不上了。因为吃的、喝的都不太卫生，很多同志都得了菌痢，但大家还是坚持工作，没有丝毫懈怠。8月的唐山十分炎热，我们没有条件洗澡，都是趁休息的时候到河里简单擦擦身子，也很开心。虽然生活艰辛，但是我们没有一个人有怨言，都以病人为重，努力救助伤员，因为救死扶伤是我们的职责。

当时“文革”还没有结束，我们在救助工作之余，每周还坚持政治学习。9月9日毛主席逝世后，我们在电视前看追悼会的实况。我们一边救助伤员，一边也关心着国家的命运。

在参加救援的两个月内，我们医院的小队部至少做了100台病人的外伤处理手术，把重症伤员一批一批送出去。对还留在当地可以自理的伤员，我们就进行一些常规的医疗诊治。在紧急救援结束，局面暂时稳定下来之后，我们第一批的医疗队员就在9月底陆续回上海，余下的医疗任务由第二批医疗队员承担。他们在丰润县新建了一所医院，帮助唐山地区重新建立医疗体系。唐山人民因此对上海人民的十分感激，直到今天还可以深切体会到。

唐山大地震已经过去了40年，我再也没有回去过，但是还是一直关心着唐山的建设。纪念唐山抗震30周年的时候，上海组织了一批当年参加医疗救护的人员去唐山参观，我院有一位同志去了。

四

虽然过去了很久，但是唐山大地震的救援经历刻骨铭心，让我终生难忘。当时我们国家物质基础比较差，在那样的情况下，全国人民齐心协力、团结一致、克服困难，能够战胜那次自然灾害，是一个奇迹。

那两个月，唐山人民的坚强给我留下了深刻的印象。唐山人民几乎每家每户都经受了巨大灾难，有的甚至是全家都遇难，这使唐山人民身心受到了极大的创伤，但是他们还是坚强地挺了下来。在承受巨大心理痛苦的情况下，他们没有哭泣，依然表现坚强，积极地配合医务人员。有时候药品不够只能进行局部麻醉，他们都咬住牙挺过去，不会大哭大闹。这是非常不容易的。他们很多人当时已经一无所有，但他们有着一颗坚强的心。

全国人民的团结一致也让我印象深刻。天灾难以避免，但是通过大家团结一致，齐心协力，再大的困难也都能克服。那次大地震，我们虽没有其他国家的帮助，但大家团结友爱，相互帮助，发扬自力更生的精神，战胜了重重困难，一起重建了家园。后来汶川地震的时候，我们也想到当年的经历，医院里派遣了最优秀的医疗队伍前去救援。抗震救灾的精神需要我们一代代人去发扬光大。

在大地震艰苦的环境中，我感受至深的还有创新的精神。医疗有的时候需要灵活和因地制宜。在医疗器材和药物都极其匮乏的时候，大家就会一起想法子来解决，比如用汽油杀蛆，用肩膀抬高病人的腿来调节麻醉平面，用手电筒照明进行手术等，这些现在看起来不可思议，在当时却都是救命的办法。在那时的条件下，各临床专业就不能分得太细，医护人员得什么都会，得处理各种常见病。当下医学专科分得越来越细，但也不应忽视医生系统性、整体性诊疗病人的能力的培养。

那次的救援经历，对我自身来讲也是一种学习和考验。虽然条件艰苦，但很多看似不可能的任务我们都完成了。它对当时年轻的我来说，是一次生动教育，也是一次考验和锻炼，对我的一生起着促进和激励作用。

回忆唐山震后医疗维持

——黄定九口述

口 述 者：黄定九

采 访 者：钱 悦（上海交通大学附属仁济临床医学院 2012 级临床八年制学生）

杨宜锜（上海交通大学附属仁济临床医学院 2013 级临床五年制学生）

时 间：2016 年 5 月 12 日

地 点：上海市黄浦区宏泰公寓

黄定九（左）接受访谈合影

黄定九，上海仁济医院心内科专家，主任医师，博士生导师。曾任中国保健医学会心脏学会副主任委员、中国心功能专业学会常务委员、上海医学会心血管病学会委员、上海老年医疗保健研究会理事、中华医学会心血管病学会介入性治疗研究会副主任委员、美国心脏学会科学理事会会员等。唐山大地震发生后，作为第二批上海医疗队队员赴唐山。

我今年85岁，去唐山已经是40年前的事了，很多事情在我的记忆里已经有些模糊。

当时我在仁济医院的内科任主任，唐山大地震无疑是个令人震惊的消息，当时我也时刻关注着震区的灾情。第一批救援我没有来得及报名，两个月后，我参加了第二批的救援医疗队，大概9月份出发，我们仁济约有20人。其实啊，当时我们报名并没有你们形容的那么伟大，不过就是觉得这是我们该做的事情，做医生的，就是治病救人，天经地义，到哪儿都是一样的。

几天后我坐上了北上的列车。地震时，唐山的铁路几乎都被破坏了，因此我们先坐了八九个小时的火车到达了天津，在那里小憩了几个小时后，坐上了通往唐山的卡车。

到唐山时，我们看到，沿路大部分建筑都塌了。据我了解，在地震中，当地50％的医护人员都遇难了。我们去的地方是丰润县，好像是《红楼梦》作者曹雪芹的家乡。当地搭了一个简易的抗震救灾医院。由于那时候余震不断，这些临时的医院都是单层、用砖头砌的活动的房子。

到了那儿，当地的人民敲锣打鼓地欢迎我们。我们被安排在了房间里开会，没讲几句话，广播里便传来了毛主席去世的消息。

救灾工作已是40年前的事了，如今许多细节已经忘记，但还能模模糊糊地记起当年一些难忘的画面。在那个年代，如果说工作开展没有遇到困难，那是不可能的，一方面自然环境艰苦，另一方面地震对大家心灵的冲击仍不可忽视。以下便是我记忆中几个难以忘怀的事件。

风灾，黄沙漫天

当时我们救援队住的房子是由轻砖和竹竿混搭建成的小平房，一来是物资紧缺，二来是害怕在余震中有再次坍塌的风险。这样一来，在这四面漏风的竹房子里，风便成了我们的“敌人”。我们当时去得急，衣服被褥也没带，就身上一身衣服和组织发下来的一床棉被。在晚上，四面的风呼呼地吹，为了御寒，我们只能将所有衣服都穿上再裹上棉被，但这仍然收效甚微。

记得一天晚上，我和同事们在一间竹房子里休息，我睡在房子的一个角落里，靠近外墙，午夜熟睡时，我模模糊糊感到有人轻轻地向我脸上吹气，我闭着眼便觉得奇怪，便一翻身戴上了眼镜，定睛一看并没有人。我四处环顾，生怕漏掉了什么东西，此时我发现竹墙所漏进来的风与以往比更加猛烈，直吹得墙面呼呼作响。我轻轻地打开了房门，想看看在如此强烈的夜风下，外面又是怎样的一番景象，但一出去我就惊呆了，外面黄沙漫天，好似以前书中所描写的“月黑风高夜，杀人放火天”，由此可见风势之大。还有一次也是风灾，不过我刚刚讲的那次更厉害，我们竹竿小屋的房顶都被直接吹走了。

余震，撼天动地

唐山大地震后我们最担心的便是余震的危险了。我曾经查过官方统计，我们救援队驻扎唐山期间，地震仪上有记录的大大小小的余震有三千多起，我们自己印象也很深刻，三天两头总会听见大家说余震又来了。但各次余震大小不一，小余震几乎没有感觉，对生活工作也没有影响，但大的余震还是很让人忌惮的，记得好几次我们都能感到屋子、桌子、床都在随着大地摇动，这时走路也像踩着棉花一样，走也走不稳了。不过好在我们救援队住的都是竹竿搭建起来的房子，虽说漏风漏得厉害，但抗震能力确实是一流的，故虽余震频发，却也没有对我们工作造成多大的影响。

瘟疫，肆虐无常

我是第二批抵达的救援人员，到达震区时也已经是地震两个月后了。与第一批救援人员相比，自然一线抢救的工作少了很多，我的工作重心在震区瘟疫防控和震后当地医疗体系重建上。

一场大的地震不仅会带来很多严重外伤的病人，更恐怖的是它摧毁了一个地区的医疗保障体系，震区医疗不仅要关注外伤病人的救治，也要关注当地居民的健康问题。以我为例，我是内科大夫，在当地见到了许多病情转归不好的患者。我印象最深的是一个肝硬化失代偿期的男性患者，当时情况十分的危急，患者意识已经开始模糊了，有了肝性脑病的表现。我们当时必须硬着头皮上，尽最大的努力抢救患者，如果要用的药物紧缺，那我们必须自己动脑筋，想办法，找出替代品或者更换治疗方案。幸运的是，即使在那样艰苦危急的情况下，我们最终还是成功了，挽救了患者的生命。最让我感动的是，多年后我再重返当年援助的地方时，那位肝硬化的患者还特意过来看我，感谢我，我十分感动。在我看来，作为一名医者，最大的褒奖不是物质也不是虚名，所有的一切都抵不过患者多年后一句由衷的谢谢。

水灾，洪水四溢

时常困扰着我们的是震后的水灾。我们驻扎在一个地势相对较高的平台。我记得好几次附近开始涨水时，洪水就漫到了我们房子的门口，可想而知，这对于我们正常工作的开展还是有比较大的影响的。洪水是一方面，洪水带来的疾病又是另一方面，洪水使得很多瘟疫有了传播的机会，这也是我们工作中竭力希望解决的问题。

由于我们是第二批救援队，场面没有刚开始那么令人震惊，地震中的伤员大部分都得到了治疗。前面我也提到过，当地有很多医护人员都在地震中遇难了，所以我们此次前去，主要的任务就是帮助当地维持稳定的医疗工作，帮助他们在那样一个恶劣的环境中，建立一家具备基本条件的医院。我们看门诊，做手术，病床就摆在地上。我们治疗的人很多是慢性病，当然也会救护在地震中受伤的灾民。

我仍然记得有位老太太，地震两个月之后，不知道在哪里被发现了，具体情况我记的不是很清楚了，饿了许久，但最后我们仍然没能把她抢救回来，这让我觉得很遗憾。

很多地震中让我震惊的事，我也都是从前一批来的人口中得知的。例如地震当天，铁路铁轨都翘起来了，有一列火车的司机非常勇敢镇定，很快地冲过了那段铁轨。

当时大的地震有两次，一次是晚上九点多钟，很多房子的天花板都掉下来了，有些人跑了出去，有些人被困住了，但里面和外面的人还能交流。但第二次半夜三点多地震后，里面的人就没有声音了。

据官方报道，地震中去世了二十多万人，受伤四十多万。一下子，当地人都被震呆了，几乎没有人哭泣，都是震惊。

20年以后我们重返唐山，当地已经建设得很好了。有很多当时我们治疗过的病人，大老远跑过来感谢我们，还有些病人托我们带感谢信回去给当时治疗过他们的医生。

我觉得救灾是一名医生的本职工作，没有特地拿出来展示的必要。如果要说收获的话，我想就是和当地的百姓——尤其是农民——更亲切了些；还有，就是在比较艰苦的情况下做了该做的事。

唐山抗震救灾二三事

——诸葛立荣等口述

口 述 者：诸葛立荣

参与回忆：李亚东

采 访 者：周澄蓓（上海交通大学仁济临床医学院 2011 级临床八年制学生）

黄家语（上海交通大学仁济临床医学院 2012 级临床八年制学生）

时　　间：2016 年 5 月 13 日

地　　点：上海交通大学医学院东四楼 111 室

左二诸葛立荣，左三李亚东

诸葛立荣，1950年生，先后担任上海交通大学医学院附属仁济医院团委副书记，工会副主席，后勤党支部书记，总务处副处长、处长，副院长，上海市卫生局规划建设处处长以及上海申康医院发展中心副主任。唐山大地震时，曾作为第三批医疗队员赶赴唐山。

李亚东，1950年生，上海交通大学医学院附属瑞金医院工会办公室主任，工会副主席兼妇女委员会常务副主任、纪委专职副书记。唐山大地震时，曾作为第三批医疗队员赶赴唐山。

我1950年出生，1976年7月28日唐山大地震发生时，我27岁，在上海交通大学医学院附属仁济医院（时为第三人民医院）工作，担任普外科医生。李亚东也是1950年出生，唐山大地震发生时，她在上海交通大学医学院附属瑞金医院工作，是内科三病区的副护士长。我们从小就是同学，一起经历过知识青年上山下乡。当时，我们并不是恋爱关系；直到在上海参加工作三年后，经过家里长辈的介绍，我们走到了一起。

唐山大地震发生后，我第一时间递交了前往唐山抗震救灾前线的申请，然而，第一、第二批申请都没被批准。1977年6月，我接到了仁济医院批准我参加第三批赴唐山抗震救灾医疗队的通知。我非常激动，终于能到救灾第一线去了！我马上将这个消息告诉女友李亚东，她也刚接到医院通知她参加医疗队的消息！我们都在唐山市丰润县抗震医院工作！在出发前，我俩觉得我们的恋爱关系必须向组织汇报。她汇报后，瑞金医院仍旧同意她参加医疗队，一周后就出发。我向仁济医院汇报后，领导认为主动汇报非常好，同意我前往唐山救灾，希望我们注意影响。1977年6月23日，李亚东作为第三批医疗队的先遣人员前往唐山；同年7月7日，我与第三批医疗队的大部队一起前往唐山。

前往唐山震区救灾时，我和李亚东都28岁了，我们原来准备那年年底在上海结婚。平时她住瑞金医院宿舍，我住在仁济医院宿舍，我们工作十分忙碌，

诸葛立荣与李亚东在北京留影

诸葛立荣与李亚东在北京留影

不能经常见面，于是我们选择先把感情生活放在一边。那个时候没有家的概念，病房就是我们的家。开始恋爱的那几年，我们约会时都去看演出。记得有一次，我们约好晚上在淮海路碰头去看话剧。当天我为一台大手术做助手，一直到晚上十点多都没有能下台。她便在淮海路上一直等我到深夜，最后我也没能赶去与她见面，觉得十分愧疚。

到了唐山，我们倒是常常“见面”了。在刚去的几个月里，她在丰润医院内科病区担任护士长，尽管我们的宿舍都在同一排芦苇棚里，天天路上都能见到对方，但我俩从不说话，不影响工作，而且两人都更加勉励自己努力工作，为医院争光，为医疗队添彩。因此，除了领导，医疗队里的成员都不知道我们是一对情侣。我们远远地看看对方，默默地关心着对方，时刻注意听到对方的消息，也就觉得心满意足了。

由于抗震医院卫生条件较差，厕所都是“茅坑”，苍蝇很多，饮食不卫生，李亚东得了严重菌痢。那天，我听说她病倒了，克制不住关心，跑去看她，这样一来，大家才了解我俩的关系。在丰润医院工作期间，她在医疗队表现非常好，在医疗队任务结束前被评为医院抗震救灾先进个人和丰润地区抗震救灾先进个人。以前我们对对方的了解仅限于日常生活，到了唐山，我们一起工作，对彼此的工作也更加了解了，我们对彼此的认识更加深刻，越来越欣赏对方的人品。唐山大地震的工作经历，不仅仅对我们个人有重大的意义，对双方的感情也有加深与发展的作用。这段经历，让我们爱情进一步升华，我们不仅仅是单纯地谈情说爱，更认定对方是值得相伴一生的人。回沪后，我们举办了本该一年前就举办的婚礼。结婚25年后的2004年，我们俩还被评为二医“2002—2003年度比翼双飞模范佳侣”。唐山大地震的救援工作，让我们在家庭关系处理上更加和谐，也让我们在政治上更加成熟了。回沪后，我们俩向党组织递交入党申请，我于1979年12月加入中国共产党，李亚东于1981年6月加入中国共产党。

第三批医疗队里，我们仁济医院共有医生、护士和医技人员共29人。我们在队长黄佩文医生和指导员叶世德医生的带领下，来到了丰润医院。当时，丰润医院临时党总支书记是朱济中，院长是魏原越。该院由上海交通大学医学院院本部、附属瑞金医院、附属仁济医院、附属新华医院以及第九人民医院联合组建。

丰润医院距离唐山市区约四十公里，是在一片菜地上临时搭建的抗震医

1978年1月，二医领导来慰问医疗队员时，仁济医院集体合影留念

院。房屋是一排排军营式的临时建筑，前面是病房，中间是行政办公区，最后是宿舍区。每间病房都是芦苇油毛毡棚顶、竹帘泥巴墙，病房没门，只挂了一条白色布帘，设施非常简陋。

在丰润医院的九个月，工作和生活环境都比较艰苦。物资极其匮乏，副食品供应短缺，我们那时吃得最多的是大白菜、茄子做成的“抗震汤”，每个月只能吃上两次肉。有人开玩笑说：“白菜，白菜，一菜抵百菜。”因为卫生条件较差，苍蝇很多，一些医务人员患了菌痢。而由于人手短缺，我们工作十分繁忙。震区人民生活都非常艰苦，他们吃小米、吃棒子面，却供给我们米饭，我们备受感动。在亲眼目睹了唐山经历的如战争般沉重的劫难后，我们感到这点艰苦算不了什么，大家都立志把救灾工作作为对自己的锻炼和考验，我们内心有强烈的责任感与使命感，努力为灾区人民多作贡献。

作为先遣队员和护士长，李亚东一到震区就投入了紧张的工作。在非常简陋的医疗条件下，她需要迅速熟悉所在病区的护理环境与常规工作，并做好迎接第三批医疗队员的准备。拥有相对丰富医护知识与经验的她，十分关心护理人员生活，常常稳定年轻的护理人员情绪，被亲切地称为“大姐姐”。

我所在的外科病区由主任周浩庚、诸葛立荣（仁济医院普外科）、方立德（瑞金医院胸外科）、程伟民（九院泌尿科）、朱泳华（仁济医院神经外科）、孟庆刚（新华医院普外科）、刘国华（新华医院小儿外科）共七位医生组成。外科病房由护士长李莎莎（仁济医院）、护士孙剑萍（仁济医院）、洪亚仙（仁济医院）、翟仁娣（仁济医院）、胡兰妹（新华医院）、史雅雯（新华医院）等护理人员组成。同时，外科病区还有两位当地的进修医生：高进义医生和另一位铁路医院的医生，他们主要进修普外的业务。由于他们基础较差，我尽量给他们实习和见习机会，在空余时间多讲课，使他们较快得到提高。我们之间建立了深厚的友谊。

外科急诊病人有用卡车送来的，也有用马车拉来的，病症主要是急腹症和交通事故脑外伤等。门诊中较多是地震中尿道损伤、尿道狭窄、高位截瘫的患者，胃癌、甲状腺瘤等慢性病人也不少。我记得有位胸部外伤冠状动脉破裂出血的病人，病情严重，由方立德医生主刀、刘国华等医生做助手、麻醉科蔡惠明医生等一起相互积极配合，全力以赴，最终抢救成功。有一次，仁济医院胸外科著名专家冯卓荣医生专程来到丰润医院，为一位风湿性心脏病二尖瓣狭窄病人进行手术。

外科病区几乎不分急诊、门诊与病房，我们都在外科病房内接诊和处理。大家吃住都在医院后排的宿舍，晚上值班遇到急诊手术，都是随叫随到。只要院内有需要抢救的重危病人，外科病区的每位医护人员都会主动加班，不计报酬，配合抢救和辅助工作。遇到需急诊手术或择期手术时，各专业的医护人员都会相互支持。脑外科手术由朱泳华医生主刀，我们当助手；普外科手术由周浩庚主任主刀，我做助手；周浩庚主任因家事回沪数月，在那期间，普外科手术由我主刀，刘国华等医生做助手。在大家的通力配合下，我们顺利地完成了很多普外科手术。

丰润医院虽然简陋，医患之间却情深义重，关系非常和谐。那时唐山仍然余震不断，用竹排糊泥土砌成的病房常“咔咔”作响。有一次余震很强烈，李亚东正在病房内工作，她帮助能活动的病人撤离到了病房外面。然而，病房里还有许多不能自主移动的病人，包括她在内的医务人员，都置个人安危于度外，本能地跑到这些不能移动的重病病人身边，加以安抚。“我是医务人员，我要保护我的病人。”这是我们那时唯一的信念。送到丰润医院的大部分病人都在救治下好转，但不可避免地，还是有些病情严重的患者离开了人世。有病人去世后，家属们仍然送来锦旗表示感谢。他们在医院里、在太平间办手续的时候，都忍住眼泪，直至离开医院才发泄悲痛。当地百姓说，这是对医疗队工作表达尊重的方式，不给医务人员增添负担。这让我们十分感动。

丰润医院的九十多位医疗队员中，有四分之三是28岁以下的年轻人。除了救灾医疗工作之外，其他时间都待在医院内，队员之间交流少，生活比较单调。又经常发生短暂的余震，时间长了，不少年轻护理人员开始想家，甚至哭泣，情绪低落。党总支感到要把青年医务人员的工作和生活活跃起来，决定成立医院临时团总支，开展适合青年人的有益活动，我被党总支宣布兼任临时团总支书记。

为此，在医疗工作之余，党总支委员单友根和我组织临时团总支委员们

1977年7月，诸葛立荣在唐山丰润抗震医院

一起研究讨论，很快在业余时间开展了丰富多彩的活动。最让大家难以忘怀的是“赛歌、赛诗会”。说是团员青年活动，但中年的医疗队员都来了，党总支书记朱济中、院长魏原越都来参加。大家积极准备合唱、舞蹈、诗歌朗诵等节目，在会上尽情展示。李莎莎老师至今还能念出当年迎春赛诗会上的诗句：“年年过元旦，岁岁不一般。朝朝离上海，耿耿在唐山。悠悠还乡水，巍巍披霞山。处处歌声起，高高红旗展。”青年护士翟仁娣芭蕾舞跳得很好，当时没有芭蕾服和芭蕾舞鞋，但她跳舞的积极性很高。晚会上，她光脚为大家表演芭蕾，医务人员、附近的群众都来观看，引起了不小的轰动。多次活动之后，医院年轻队员情绪明显转变，队员之间的沟通也多了，队员们安心在灾区开展医疗救治工作，精神面貌焕然一新。党总支书记朱济中、院领导及队员们对临时团总支工作都非常满意。这些活动不仅促进了医疗工作的开展，还增进了队员们之间的交流与友谊。回沪后，新华医院刘国华医生与护士陈美娟、仁济医院药剂科曹惠明与新华医院护士黄松元结为终生伴侣，成就了一段佳话。

由于有过知识青年上山下乡的经历，相比于其他青年人，我与李亚东从未觉得在震区的工作过于艰苦，支撑不下去。现在的青年，如果有机会，也应该多去申请援助需要帮助的地区，磨炼自己。这些经历能帮助年轻人在政治上提高与成熟，拥有更加远大的理想抱负。如果想当一个好医生、一个好护士，一直在医院里，没有接触过艰苦环境，是不会有深刻体会的。

我在丰润抗震医院的九个月中，共五次到北京出差，其中有两次是转送危重病员，一次是紧急采购医疗设备，至今印象深刻。

抗震医院手术室由于没有空调，冬天只能靠手术室的“火墙”取暖。余震造成“火墙”开裂，手术室麻醉机等设备因此被烧毁，必须立即去北京采购设备。院领导将这个采购任务交给了我，当时还是计划经济，采购很难，我带着抗震医院介绍信到了北京，找谁呢？我想到我曾两次去北京协和医院转送过危重病人，协和医院的医生听说是唐山救灾医疗队送来的病人，马上接收入院。因在半夜，医生还安排我在医院宿舍过夜。因此，我想仍旧到协和医院寻求帮助。我到协和医院办公室，首先作了自我介绍：“我是在唐山抗震救灾的上海医疗队员诸葛立荣，灾区急需购买麻醉机等设备，希望协和医院能帮忙联系。”这时，我遇到了协和医院一位和蔼可亲的女领导章央芬，她问我是来自哪个医院，我说我是上海第二医学院附属仁济医院的，现在改名第三人民医院。她说：“我叫章央芬，原来就在上海二医大工作，把设备采购清单交给我，我让医院负责设备采购的同志马上帮你与医疗器械采购供应站联系，你放心好了，争取三天内就办好。”她看我行色匆匆、风尘仆仆的，又问我，“你刚到吗？住宿还没落实吗？就住到我家里去，我给你个地址，东四南大街史家胡同X号。”就这样，当天晚上我就住到章院长家里。她家是一个四合院，她把她先生的办公室腾出来，为我加了一张折叠床。后来才知道，她原本是上海第二医学院的教务长，因她丈夫吴子惶调到北京当总后卫生部长，她也调到北京协和医院任副院长。很快，两天后手术室设备采购完成，我向章院长致谢后，乘火车回到丰润医院，顺利完成任务。这件事让我几十年来难以忘怀。北京同行的支持如此赤忱，尤其能允许我——一个28岁的青年医生——临时住到部长的家里。这位慈祥热情的老领导对上海第二医学院的情谊多么深厚啊！

第三批抗震救灾医疗工作历时九个多月，于1978年3月18日顺利完成救灾任务，乘坐“周恩来号”专列回到上海。在即将结束抗震救灾医疗工作的前夕，在灾区领导的关心下，我们分批赴北京参观了毛主席纪念堂，瞻仰毛主席遗容，这在当时是很大的荣誉啊！这些经历激励我们回到医院后更加努力工作。当我们圆满完成任务回沪时，仁济医院领导到上海火车站来迎接医疗队员，院党总支书记高晓东在汽车上就对我说：“诸葛在唐山表现不错啊，休息完上班后到党办来一次，找你谈谈。”我们休息两周后就上班了，高晓东书记找我谈话，让我到医院团委工作，担任专职团委副书记，从此我的人生就往政工管理工作方面发展了。我在仁济医院先后担任总务科副科长、副处长、处长、副院长等职务；2001年调至市卫生局担任规划建设处处长；2005年在市级医院管办分离改革中，我被任命为上海申康医院发展中心副主任，连续35年在医疗卫生行政管理岗位上工作，直至退休。

1976年的唐山是没有硝烟的战场，医疗队的队员是没有弹夹的勇士。那个年代的人与事都值得被铭记。

1978年3月17日，诸葛立荣等在唐山火车站准备返沪

汽油作良药

—— 卓志华口述

口 述 者：卓志华

采 访 者：厉心愉（上海交通大学医学院 2012 级临床八年制学生）

宋庭寰（上海交通大学医学院 2012 级临床五年制学生）

时　　间：2016 年 5 月 9 日

地　　点：景康门诊部

卓志华，中共党员。先后担任仁济医院团总支副书记、团委副书记、团委书记、仁济党办主任、仁济党委副书记等职。唐山大地震发生后，作为第一批上海医疗队队员，赶赴唐山灾区参与为期两个月的抗震救灾工作。

1976年唐山大地震的时候，我正好26岁，是仁济医院的团总支副书记。还记得地震消息发布的时候，我们正在医院上班。惊闻此消息，我认为我既是党员，又是团干部，肯定要义不容辞地报名，所以我在第一时间就主动报名了。那时候我们医院有许多人自愿报名，但是考虑到不同科室的需求，比如说骨科、泌尿外科、神经外科医生需求比较多，肯定是要优先保证的，综合了这些需求后，我们在很短的时间内就组成了仁济的第一批医疗救援队。第一批奔赴灾区的成员，除了医生还有不少实习同学，大家都希望能为抗震救灾出一份力。

医疗队组成后，由于时间紧迫，我们没做什么生活上的准备工作，报名之后我回家里随手拿了些衣服，就赶去灾区了。记得那时候有一位医生已经做好准备去唐山了，但是在上车的时候不慎跌倒，摔断了腿，就没有办法和我们一样作为第一批医疗救援队去往灾区，他还很难过。代替他去的是人事部的张文玉，她一样生活用品都没带，甚至连家都没回，就主动报名，挺身而出赶去参加抗震救灾了。那个时候我们所有去的医疗队成员都没有想到自己的事情，尽管情况紧急，灾情严重，但是我记得我的家人还都是很支持我去参加抗震救灾的。

我们医疗队是坐飞机去唐山的，然后再改坐汽车到唐山。那个时候刚发生大地震，余震不断，我们坐车进唐山的时候也经常感受到很大的晃动。这就是我对唐山的第一印象。

到了唐山后，我们立刻就展开了医疗救援行动。当时唐山的天气特别热，我们住的是临时帐篷，很闷，大家全身上下都是汗，由于我们带的替换衣服不多，也没有地方可以洗东西，所以帐篷里的味道很不好。过了一段时间，唐山又下起了雨，雨下得很大，那个时候临时住房还没建起来，我们就睡在帐篷里面，雨就淹进来了，地上都是水，晚上也没法睡觉。那时候帐篷旁边埋了很多遇难者的尸体，由于当时的尸体都埋得很浅，雨下得太大，把尸体上面的泥土都冲掉了，有些尸体露出来了，甚至能辨别出来地上的一具具尸体的形状。于是救援队就把尸体重新挖出来，再埋得深一点。恶劣的环境导致整个空气都弥漫着尸体腐烂的味道。

一两个星期后我们医疗救援队就住进了临时住房。但是空气还是很不好，卫生条件也差，苍蝇很多，地面水也没法喝，所以一开始我们在唐山灾区都是打井水喝的。我们刚去的时候吃压缩饼干，之前在上海没吃过，所以感觉新鲜，还觉得挺好吃，后来一直吃就发现压缩饼干都是很干的，那里又没有足够的水，难以下咽。前两个月灾区的条件十分简陋，但国家给予了很大的支持，两个月之后（我们即将离开唐山的时候），情况已经改善很多了，吃的东西也有了保障，还可以买苹果吃。一年后，灾区的房子、饮用水、食品、卫生条件也都渐渐有了改善。其实苦也就苦前两个星期，但是那个时候大家都觉得无所谓，因为大家都是自愿去救灾的，脑子里能想到的就只是尽一切可能挽救生命，所以没有考虑过这些困难。

我们医疗队刚到唐山灾区的时候，医疗环境极其简陋，资源也比较紧缺，我们从上海带了很多简单的器械和药物去灾区。为了挽救灾民的生命，我们是没有条件也要创造条件的。不够的器械和药物，大队部会统一调拨。手术室都是很简易的，是临时搭建起来的茅草房，当然没有空调，甚至连手术需要的无影灯都没有，一台台手术都是靠着手电筒照明才得以完成的。茅草房里的通风也不好，医生长时间手术（有时甚至长达18个小时的手术），累得满头大汗、汗流浃背。过了一段时间，房子搭起来了，条件改善了一点，医疗队就搬进了临时房。不过那时仍旧有很频繁的余震。四到五级的余震很多，甚至还会有六级左右。一有余震，房子就晃得很厉害，我们就从住的临时房跑出来，在外面待着，余震过后再回去。虽然当时的条件那么艰苦，但是没有一个医生叫苦叫累。那时我完全没有考虑自己的事情，我觉得那时候参加救援的人也都没怎么考虑自己的事情。当时的我已经做好了在地震中牺牲的准备。我甚至还向组织提起过如果我在唐山大地震当中遇难，那就把我口袋里所有的钱当作最后一笔党费。那个时候我没有去想更多其他的事情，就是那么简单。

大地震之后，腹外伤和骨科的疾病很多。给我留下深刻印象的是医疗队用汽油作良药的事情。那个时候很多伤员伤口长满了蛆，密密麻麻的，触目惊心。好多伤员因为蛆长在身上，医生又没办法把蛆弄掉，所以不得不把腿或者手锯掉了，这是一件很可惜的事。我们仁济医院的一位医生，看到伤员的这个情况，就记起了他小时候，因为家里很穷，生活环境也不是很好，生了虱子，他母亲就会把火油浇在头上，一碰到火油，这些虱子就都死掉了。他就想借用这样的一个原理去除伤员伤口上的蛆。别的医疗队也有医生想起了曾经看过的文献，上面写过抗美援朝时志愿军用过汽油来杀蛆，虽然有理论上的依据，但医疗队的成员谁都没有尝试过，看着痛苦的伤员，大家决定尝试一下。

但是那时候汽油很珍贵的，受到严格管控，于是我们仁济医院的那位医生就去部队里借来了一些汽油。虽然他不能确定这个办法一定能够奏效，但是他有位病人第二天就要做手术把腿锯掉了，于是决定冒一次险。这位医生把拿来的汽油浇在了伤员的腿上，结果奇迹发生了，蛆真的就都死掉了。蛆死掉了之后，再用抗生素，腿上的伤口就慢慢好起来了，也就不用锯腿了，这名伤员本会丢掉的腿就这样被医生保住了。有了成功的先例后，医护人员纷纷效仿，用汽油挽救了很多人的生命，也避免了很多伤员变成残疾。要知道虽然锯腿后生命可能得以保留，但是伤员后半辈子会变残疾，这是一件身心上都痛苦的事情。当时物资紧缺，汽油本来就是很珍贵、很紧张的了，拿来治疗蛆，伤员又那么多，就变得更珍贵、更稀有了。之前我们医疗队的医生还是跑去部队借汽油的，后来看到这个方法这么有效，能拯救那么多伤员，保住那么多伤员的腿和胳膊，所以尽管汽油稀缺，部队还是优先满足医疗队的需求，这也是让我很感动的一件事。救援队使用汽油去除蛆的这个做法，是需要医生的勇气和知识经验的，在救援队的努力之下，汽油也成了唐山大地震时的“良药”。

令我印象深刻的还有唐山人民的勇敢，他们遭受了那么大的灾难，有的全家人都没有了，有的仅存活了他一个人，但是所有伤员都很有勇气，积极配合我们的治疗，正是他们勇敢的精神、毅力和坚持，激励着我们去抢救更多的伤员。

我们第一批医疗队在唐山灾区共开展了两个月的救援。第一个月我们的任务是抢救病人、挽救生命。第二个月开始，我们还配合了打药消毒的工作。我们回来后，第二批医疗队立马接替我们的救灾工作，我们当中也有回来后第三批再去救援的医生。去救援的医生都和我一样，觉得去唐山救援是我们应该做的，并没有什么特别的，这件事情做过了就成了过去了，我们回来后又回到了我们的岗位上，继续努力工作。

两个月虽然不长，但是对我之后几十年的人生却有很深远的影响。还记得我刚被调到上海第二医科大学的时候，仁济医院给我开了欢送会，在会上我也曾讲过，我去参加唐山大地震救援得到了一个很好的启示，那就是党希望我到哪里去，我就应该到哪里去，作为一个党员就是应该在党需要我的时候挺身而出，这就是我最真实的想法。在经历过唐山大地震医疗救援以后，不管做什么样的事情，我都知道什么是应该做的，什么是不应该做的。在那样的环境里，我连死亡都没有考虑过，所以以后不管是在仁济医院工作，还是在上海第二医科大学工作，我都会想得很明白、很简单。虽然改革开放以后，很多人思想变得复杂了，但是我觉得不管世界如何变化，做人最基本的准则还是要牢记在心的。这样的经历，我觉得是很值得感激的。两个月时间说短不短，说长不长，但是还是对我的成长有非常大的帮助，是我很怀念的一段时光。

新华医院救援唐山大地震综述

唐山大地震后，新华医院先后派出了三批医疗队和一支卫生列车医疗队赶赴灾区。据统计，在不到一个月的时间里，首批医疗队和卫生列车医疗队共救治了二千四百多人次伤病员，进行大小手术69例，成功地抢救了伤病员一百余人，机场转送病人一千五百多人，卫生列车转运病人八百多人。

组建首批医疗队在1976年7月29日赶往唐山，由新华医院医生及上海第二医学院大学生共30人组成。在抗震救灾指挥部的统一安排下，新华医疗队分成两个小分队。第一小分队由余贤如、俞金发带队，7月31日清晨赶到唐山郊区丰润县；第二小分队由黄荣魁、汪启筹带队，于7月31日下午进入机场救援点。

丰润县医疗分队的任务是诊治由唐山等地转去的危重伤员，其中绝大多数是严重骨折、截瘫、内脏破裂、颅脑外伤等。该队中手术医师只有外科、骨科医生苏国礼、苏肇伉、单根法3人，医疗队因此将15人分成两组，一组负责清创包扎，另一组负责手术治疗。在医疗器械及药物极度匮乏的情况下，医疗队依然进行了截肢、膀胱修补、尿道修补等8项大手术，抢救治疗了近百名伤员。此外，在缺乏导尿管的情况下，苏肇伉用塑料补液管制成后加以替代，经临床使用效果良好，并在医疗队及时推广，为尿潴留患者带去佳音。

唐山机场医疗分队负责向外省市转运伤员。他们先将伤员进行应急处理，通过军用车将其护送到机场。此外，该分队每天还要负责一百多名患者的门诊治疗（换药、扩创、缝合），想方设法配制了外用灭菌消毒药水，创制了塑料胃管、导尿管等简单器械。8月30日，第二小分队结束在机场治疗点的工作，抵达丰润，与第一小分队一起投入了筹建临时丰润抗震医院的工作。

卫生列车医疗队于7月31日启程，由新华医院医生及上海第二医学院大学生共20人组成。8月2日凌晨，卫生列车医疗队只能停在唐山市外围，由军用卡车分批把八百多位伤病员及灾民运送到列车上，并妥善地安置在二十多节卧铺车厢里。队员们不分昼夜地救治和护理伤病员，并一直把他们护送到西安。在整个护送、救助过程中，队员们同样打破专业分工，负责输液、注射、导尿、清洗伤口等工作。

第二批医疗队由上海第二医学院附属四个医院与院本部组成，新华医院有21人参加，建设丰润抗震医院的工作由此正式开始。队员们在简陋的芦席房里，开始了建设病区、手术室、化验室、药房等工作。“抗震牌”脚踏洗手器、“胜震牌”简单药橱相继诞生，废芦席搭起了学习园地，具有一定规模的丰润抗震医院由此建立。在当时简易条件下，外科单根法、刘锦纷、蒋惠芬、鲍惠娟等医护人员还因地制宜进行胆道、胃肠、甲状腺等手术，并抢救了许多危重急腹症病人。

1977年7月，第二批医疗队结束了在唐山的抗震救灾工作。随后，新华医院又派出了第三批医疗队，队员十余人。此批医疗队是由上海第二医学院附属四个医院与院本部组成，共有队员114人，共分内、外、骨、儿、传染病、联合等专科，设6个病区与5个附属科室，经过8个月的艰苦工作，于1978年3月返回上海。

（仇佳妮 供稿）

一切以病人为中心

—— 单根法口述

口 述 者：单根法

采 访 者：陈其琪（上海交通大学医学院附属新华医院宣传部副主任）

仇佳妮（上海交通大学医学院附属新华医院宣传部工作人员）

时　　间：2016 年 5 月 9 日

地　　点：上海交通大学医学院附属新华医院行政楼会议室

单根法，中共党员，主任医师，教授，博士生导师。1970年参加工作，曾先后任上海交通大学医学院附属新华医院心胸外科主任、副院长。1976年作为第一批上海医疗队队员赴唐山抗震救灾，并留任第二批医疗队。

我听说唐山发生地震是通过7月28日上午的广播，接到医院的命令是在28日下午。那天下午三四点，外科还没有下班，我接到外科党支部的通知，让我参加医疗队。党支部通知我赶紧回家准备一下，晚饭之后一定要赶到医院。

当时组织通知我们说灾区没有任何物资，所以要带医疗用品过去。我们准备了补液用的葡萄糖和其他一些药物，每个人还带了两件换洗衣物以及一些日常的生活用品。我们准备好之后在医院待命，凌晨四点多的时候，我们吃了早饭就出发去火车站了，印象里时间安排得很紧凑。我回家主要和我父母交代了一下要去救灾的事情，他们也没有任何阻拦。那时候我自己也没想过地震灾区情况会比较危险，可以说是组织上安排了，我就接受任务了。

当时交通不发达，我们是坐火车过去的，然后转车到天津杨村机场换了能坐三四十个人的军用飞机到唐山。飞机飞往唐山的时候，我看到地震灾区的样子，觉得受到了非常大的震撼，各种建筑倒塌，唐山变成了一片片废墟，给人的感觉很苍凉，可以说是满目疮痍。我印象里只看到一栋房子没有倒塌，只被地震损坏了一角，好像是一家煤矿工厂的楼房，其他楼房都被夷为平地了。所以在路上的时候我内心是非常焦急的，希望可以早一点到达灾区。

我们在30日下午抵达了唐山，在那里稍作休整，分配任务。我们一共有两支医疗队，一支医疗队去丰润救灾，那里的环境相对好一些，因为丰润已经有一些医疗站点，很多送过去的伤员需要我们医生的救治；另一支队伍留在机场救助伤员。

我所在的医疗队搭乘卡车前往丰润救灾。在前往丰润的途中，唐山市地震后的场景让我至今难忘：公路全都被地震破坏，道路的两旁都是遇难者的尸体，救灾的解放军在被挖掘出来的尸体上盖上一两块方形水泥砖，道路望不到尽头，几乎看不到幸存者。我们内心都很震撼，不知道自己可以做些什么，帮助唐山的人们。晚上，我们的卡车穿过唐山，一些残损的楼房上甚至挂着四肢，这种场景真的让人心生凄凉。地震之后的唐山千疮百孔，没有枪炮声和火药味，但已然成了没有硝烟的战场，甚至弥漫着尸体腐烂的味道，那种死气沉沉的景象叫人刻骨铭心。

车开得很慢，我都记不清自己是不是吃过了晚饭。终于到达丰润的时候，我们突然看到了还乡河，心底生出了一丝希望：有了水源，救护工作会顺利。我们集中在丰润的一个医疗救助点，四处搭着简易的帐篷，有一些就是用帆布搭建或者芦苇编织的临时屋棚，非常简陋。第一批到达那里的人基本都是穿着白大褂的医护人员，一些医生已经开始为转送来的灾民进行救治。

我们当时就在一片菜地上安置下来，搭了简单的帐篷，并分配了内外科的救助工作。第二天一早我们就都起来了，记得那天早饭吃的是凉水拌的玉米大碴子，饭后我们就去了病房开始救助工作。

病房都是临时搭建的，很多灾民甚至衣不蔽体，让人心生怜悯与同情。我们医疗队一共派了三名外科医生，我是成人外科医生，还有两位是小儿骨科和小儿心胸外科的医生。当时我们三个人刚毕业一年，主要负责做手术，在那种场合下做的手术，跟我们平时在医院里遇到的手术实在不一样，所以我们觉得压力也比较大。

地震伤员很多都是复合伤，有很多脊柱骨折引起的高位截瘫，还有内脏破裂，尤其多的是膀胱破裂的病人。因为从地震发生到我们抵达丰润进行医疗救助，已经过了三天，所以有很多受伤后感染的病人。因为设备和药物短缺、环境恶劣，很多病人伤口感染，伴有中毒性休克，血压不稳。治疗条件受限，病人被迫截肢，让我们在治疗中也时常感到无奈。脊髓损伤的病人很多都有膀胱破裂，虽然给病人做了剖腹探查、截肢、去掉感染源等治疗，不能输血；而因为物资极端缺乏，几名患者只能合用一根导尿管，给予造瘘等救治，那样的环境让人有一种深深的无力感。很多病人虽然做了手术，但因为术后无法补液，最后脱水和休克导致死亡。

抢救的条件都是半露天的，消毒条件有限，消毒的时候我们只能用当时很宝贵的水稍微冲洗双手，几个手术都只能用一副手套。死亡的病人很多被迫就地掩埋。抢救物资的匮乏，让我真的感到无力。虽然救死扶伤是非常光荣的，但当时的条件太简陋，有些病人如果医疗资源丰富一些，条件能跟上的话，是可以得到救治的，所以我那段时间心情非常沉重。

开始几天，我们医务人员不眠不休地进行救治，因为当地的医疗体系已经彻底瘫痪了，所以很多病人依然不能得到良好、及时的救治。不过一些自身身体条件比较好的，或者受伤相对较轻的病人，还是给救回来了。救治的条件非常简陋，更别说生活条件了，基本是冷水拌玉米饭，也就是大家说的玉米碴子。几乎所有医护人员都反复腹泻。吃过的最好的东西，大概就是后来发给我们的军队备战用的压缩饼干了。

我们住的地方地势非常低。有一次下暴雨，我和苏医生睡在同一个帐篷里，雨水漫进了整个帐篷，我们俩就在泥地上自己动手挖了两条小沟引流雨水。第二天早晨醒来的时候，我们发现麻醉科的金主任睡在地势较低的地方，但因为太过疲劳，他一半身体都淌在水里了，他自己浑然不觉。现在回想起来，当时的生活条件确实是非常简陋的，供应也跟不上，确实非常不容易；尽管如此，所有医生都是尽心尽力的。

地震压伤了很多人，之后的暴雨更是雪上加霜，导致很多伤员窒息死亡，灾民流离失所，家破人亡。从和当地居民的交流当中，我们能感受到当地的老百姓对医务人员的友善，医患关系很融洽，很多轻伤员自愿在医疗站点帮忙搬运，做一些辅助工作，这种和谐的关系也为后来的灾后重建工作打下了基础。

在抢救了两到三周后，政府觉得就地康复难度很大，决定送伤员去其他地方治疗。转移病人的数量很多，7月又非常炎热，一些病人甚至在抬上火车后又由于脱水等原因死亡，再次被抬下火车。伤员得到转移之后，我们的救助工作的重心开始转向地震后的防疫，我们就带一些四环素、黄连素等基本药物去各个乡镇，做一些基础疾病的治疗和传染病的预防工作。第一批医疗队是震后两个多月撤离的，我和姚医生则在9月份的时候回到上海，11月再次回到唐山组建丰润抗震医院。

我们搭建了一些简易病房，带去了上海提供的一些设备，简易医院的基本日常工作在那时候建立起来了，主要治疗一些外科急腹症和常见病，如肿瘤、甲状腺和胆道疾病等，还有一些相对复杂的疾病，比如刘医生主刀的二尖瓣扩张术等，还有一些当地比较常见的由结核病引起的外科急腹症等等。

我在那里工作到1977年的12月，然后由其他的医疗队来接替我们。在那一年的时间里，为了补充物资，我们回来过一次。

那时候还有余震，但我们把全部的精力放在了治疗上，抢险过程当中连余震都无暇顾及了。我值班时遇到过的最大的余震是5.6级，当时是半夜，突然就开始地动山摇，人有种踩在面粉上随时会陷下去的感觉。余震持续了大概半分钟，结束后，我发现因为前一次的经历产生了恐惧心理，病房里的病人全部逃出去了。有时候回想起来，人在应急的时候会有一种特殊的力量支配自己，那些逃出去的都是卧床的病人，需要在别人的帮助下才能回来，有些人因为跳窗又划伤、骨折等，造成第二次创伤。灾难给人们造成的心灵创伤，是很难在短时间内恢复的。

当时的人非常善良，有一些年轻的女孩子自愿来医院当护工，我后来才得知她们因为地震成了孤儿。虽然失去了家人，但她们身上都充满了正能量。当地居民和医院里的病人都非常友好。因为是用芦苇编织搭建的临时医院，手术室还因此发生过火灾，当地居民完全自发地来帮助我们救火、抢救物资。我们完全不会考虑医患关系，因为所有人的目标都是一样的，每个人都那样的善良、顾全大局。

我们一切以病人为中心，时刻能感受到人性的善良和光辉。当时我们也不知道到底有多少人死亡，我们只是祈祷被抢救的人都能康复，幸存的人们能够重建自己的家园。当时导尿管数量不够，苏教授就想到了自制导尿管，很大程度地缓解了物资短缺的问题。

当时一起工作的医疗队员，后来都保持了一种友谊，我们笑称自己是“唐山帮”，回到上海之后，我们每年或几年相聚一次，我们在艰苦环境下建立的友情一直保持到现在。我从唐山回来以后，也会和家人谈起这些经历。我虽然没有参加过战争，却在地震之后的唐山感受到了如同战争后的残酷场景：门板上、地上全是尸体，那样的画面远比电影更触目惊心。这次抗震救灾的经历，我感受到解放军和医护人员的工作是很神圣的。我们当时用有限的钱购买一些当地的瓷器，每次上街就购买一些，这对当地居民也是间接的救助，也给我们留下许多念想，这些瓷器我至今还保留很多。时过境迁，很多事我们会忘记，但去唐山救灾的经历却历历在目，记在我心里。

我心中的抗震精神

—— 全志伟口述

口 述 者：全志伟

采 访 者：陆轶铖（上海交通大学医学院附属新华医院宣传部工作人员）

时　　间：2016 年 5 月 11 日

地　　点：上海交通大学医学院附属新华医院普外科会议室

全志伟，1952年生，中共党员，主任医师，教授，博士生导师。1976年毕业于上海第二医科大学，曾任上海交通大学医学院附属新华医院普外科主任、副院长。1976年作为第一批上海医疗队队员赴唐山抗震救灾。

匆忙奔赴前线

得知唐山发生了地震的时候，我刚刚结束在安徽的巡回医疗，回上海没有多久。7月28日那天，正好在吃饭，同事跟我说系部主任找我，我去了以后才知道是唐山发生了地震，医院派我组织医疗队过去救援，我便毫不犹豫地参加了。

当时我们二医系统派了四支队伍前往救援，我当时是作为仁济医院医疗队的一员前往唐山的。当天接到命令后，我和其他人就都留在了医院里，没有回家，靠在会议室的墙上随时待命。到了29日凌晨，我们乘卡车从医院出发，卡车上堆满了药品、物资，医生们全都站着。

那时候，在去火车站的路上还发生了车祸。卡车在上海老北站停下的时候，因为惯性太大，而且卡车后面的栏板没有关紧，结果好些个医生摔了下去受了伤，严重的还发生了骨折，甚至有个神经外科的主任脑震荡，直接被拉回仁济医院抢救了，他的抗震救灾之路也就未能成行；但是其他受伤的医生仍然带着伤坐上了火车，前往唐山参加救援。

当时因为人手不够，所有的药品都是由我和其他医生一起扛到火车上的。天气很热，我累得满身大汗，裤子湿得不能穿了。大灾面前，时间就是生命，我走得急，没带什么行李，几乎什么都没准备，只带了一条新的裤子。我只好在火车上现洗现换，结果裤子还被风给刮走了。

我们一行人抵达杨村机场后，在那里换乘飞机。在机场我们还见到了当时的中央领导，领导也在第一时间赶到了灾区。那时候的飞机完全不像现在这样常见，我们当时乘坐的是从苏联买回来的军用飞机。

第一次坐飞机非常新奇刺激，飞机降落的时候我们队还闹了个笑话。有个队员还以为飞机出了故障失事了，吓得大喊大叫，最后晕了过去。下飞机后，我们先把他抬下飞机，注射葡萄糖，等他恢复意识后，再重新出发。我们转乘卡车抵达丰润医院，又从丰润医院出发前往救灾第一线。

解放军战士稳定人心

刚抵达唐山的时候，惨烈的景象给了我极大的震撼，在很长的一段时间内我都无法忘怀。我记得那个时候，整个灾区满目疮痍，没有一栋完好的建筑，道路像波浪一样被翻了起来，车辆难以行进。一开始的时候，因为条件实在有限，且大难过后人心不稳，遇难者的遗体都只能被草草地掩埋在道路两旁。地震之后曾下过一场大雨，加之天气炎热，尸体的腐败速度极快，导致现场臭气熏天，即使戴着口罩也能闻到腐臭味。之后情况稳定下来了，解放军才得以用推土机重新深埋遗体。

受灾群众被那突如其来的大难吓得措手不及，悲恐交加，肝肠大恸，几近麻木。生还者们甚至没有眼泪，只是互相询问着家中情况。灰暗的情绪笼罩在灾区的上空，即使是我们这些刚刚参与救援的医护人员，也能感受到那种发自肺腑的悲痛和恐惧。

第一批生还者醒来的时候，治安并不好，活着的人哄抢物资和交通工具，但随着解放军的迅速介入，人心很快稳定了下来。当时在灾区，解放军战士穿着短裤，随身携带着听诊器和急救用品，他们站在了救援的第一线，为人们包扎治疗，搭建帐篷，维护治安，救援现场井井有条，指挥有序。即使是后来汶川地震时的现场指挥，也不如唐山那样有条不紊。解放军如同一剂镇静剂，安抚了所有人的情绪，为身心俱疲的生还者们提供了喘息的空间。唐山大地震灾情极其严重，死伤不计其数，现场伤员很多，他们一个个并排躺在长长的帐篷下，等待接受治疗。第二天一早，我们就开始了救治工作。我当时最重要的工作就是每天早上给伤患们换药。

在救灾中学习成长

在唐山，我最主要的任务一共有三项。第一项任务是和其他医护人员一起参与救治，按时给伤员们换药，同时我还要跟着骨科主任给患者做截肢手术、骨科牵引、骨折复位。那个时候，单单我们二医系统派出的医疗队，一天就要做几十例截肢手术，我跟在主任后面没几天就已经能熟练完成这类手术了。当时任务繁重，所以才没有心思想别的，后来空闲下来了，我才感受到当时形势的严峻、灾情的惨重，才感觉到心理上的压抑和负担。第二个任务是地震两周后受命在灾区设立病房，当时儿中心的徐医生和我一起值班，仍是忙得昏天黑地。病房维持了大约一周，之后病人就被陆续转移到外地的各大医院。我的第三个任务就是在灾区四处巡查，防治传染病。大灾之后常有大疫，当时地震之后有过一场大雨，天气炎热，而刚开始遇难者的遗体都没有能得到很好地处理，所以大家都非常担心会暴发大的疫情。那个时候，最怕的就是发生炭疽病传染。因此我们预防传染病工作抓得很紧，救援队组成了医疗小队四处探查检疫。我那个时候是初生牛犊不畏虎，自告奋勇地报名参加了防疫小队，每天下去排查疫情。当时大家的神经都绷得很紧，唯恐出现纰漏。我每次一回到营地，队员就都把消毒用品给我准备好了，就怕我不留神带回了传染病源。然而，也正是得益于那时四处排查疫情的经历，我学到不少关于传染病的知识，这让我终生受益无穷。

我们所有前去救援的队伍，条件都非常艰苦，各种必需物资都很匮乏。我们当时最主要的口粮就是随队带过去的压缩饼干。压缩饼干的味道还勉强过得去，但是长期吃实在是让人受不了，而且因为长期以压缩饼干为主食，很多救援队员或轻或重都有些便秘。

因为缺乏蔬菜，我们便只能在当地想办法购买。那个时候，我们日常所吃的蔬菜以辣椒为主。除此之外，缺少足够饮用水也是相当令我们头疼的问题。那时慰问送来的物资，如水果、罐头一类，大多被我们分给了伤员们。不过好在震后不久，当地种植的水果就成熟了，地震没有毁掉当地的树木，真是不幸中的万幸。于是，队里就派我去买水果来补充伙食。对比之下，2008年的汶川地震后，灾区的物资就丰富多了，无论是饮用水还是食物，都一应俱全。

在唐山灾区因为没有完好的建筑，我们就用竹子搭建了临时的住所，所有人都睡在地上。在大地震之后，仍然有余震，余震发生的时候，那些个房子就抖啊抖地晃个不停。好在那时候我们每天的工作都非常繁忙，躺下就能睡着，所以大家对住处也没那么多的要求。不过，虽然说当时环境恶劣、设施简陋、大家的精神都很饱满，充满了希望。我们总共在灾区待了大概两个月，之后医院又派出了常驻医疗队，我们在和常驻医疗队交接后，便返回上海了。

心中的抗震精神

在当地，我听说地震发生后是唐山机车厂的一个干部赶到中央去报告灾情的，那是位相当勇敢的人。后来，我还听了那人作的报告。从他的报告里我了解到，地震是28日发生的，那时是深夜。

当时其实震了两次。第一次震的时候人们感受到了强烈的震感，很多人被惊醒了，遗憾的是并非所有人都对此有了足够的警觉。然后，在人们疏忽大意的时候，第二次地震发生了，它摧毁了大量房屋、道路，造成了极重的伤亡。一瞬间，整个唐山变成废墟，入目皆殇。无数人被掩埋在了废墟之下。第一批人苏醒过来、爬出废墟后，都前往了附近的医院，聚集在那里。可是祸不单行，就在地震过后不久，一场暴雨令本就严重受创的唐山雪上加霜。

然而，那场大难过后，国家的正确领导和全国各地人们的支援，帮助唐山人在灾难面前凝结出了“公而忘私，患难与共，百折不挠，勇往直前”的抗震精神，支撑、鼓舞、激励了受灾群众重建家园，获得新生。

虽然回来后，我就没再和当地的人有过多少联系，但是不久之前，还是有一个当年的伤患找到了我。他已经年逾八十，却仍是凭着一张照片认出了我。在见到我的时候，他极其肯定地说，他确信我就是一张合影上志愿者中的一个。他没有说他此行的目的，也许是为了感恩，也许只是为了看一看当年的那些人如今都在哪里、过得怎样。

在参与救援唐山回来后，我曾说过，若再有灾害发生，只要有需要我一定会再去救灾，这对我自身是一种考验和锻炼。而在后来的汶川大地震中，我也兑现了自己的诺言。

承载生命之托的火车

—— 王雪娟口述

口 述 者：王雪娟

采 访 者：陆轶铖（上海交通大学医学院附属新华医院宣传部工作人员）

仇佳妮（上海交通大学医学院附属新华医院宣传部工作人员）

时　　间：2016 年 5 月 9 日

地　　点：上海交通大学医学院附属新华医院行政楼会议室

王雪娟，1951年生，副主任护师，毕业于新华卫校。曾任上海交通大学医学院附属新华医院心内科病区护士长、护理部副主任、质控办副主任。1976年作为上海第一批卫生列车医疗队队员，赴唐山担任转运地震伤员的工作，并参与上海第二批医疗队援建灾区抗震医院工作。

当时我25岁，唐山大地震的消息是从广播里得知的。那时电视很少，印象里大地震是凌晨发生的，28日白天，我们所有内科的医务人员就在以前老大楼的门诊大厅里集合，领导传达了地震的消息并组织报名参加医疗队。因为我当时还比较年轻，就没有在第一时间前往。过了几天，听说上海要组织一辆卫生列车，我就去内科支部报名了，家里人也没有什么顾虑，他们觉得年轻人更应该挑重担。

出发前，我们曾在103临床教室待命一周，在等待的时间里，我们就学习编织网袋和准备药品、手术器械、胶布等等，还学习了爆炸应急、急救等等。但一直没有出发的消息来，我们也不回家，我就睡在同学的宿舍里。

卫生列车是在地震发生一周后出发的，全国各地都有组织，上海承担了一辆列车的任务，我们医院是红十字医院，所以就光荣地接受了这个任务。

由于这次地震实在太厉害了，火车开出上海后，我们就看到沿途都是露宿的老百姓，越接近唐山，露宿的老百姓就越多。过了天津以后，列车的行驶就变得非常困难，根据后来的资料，我们也可以看到，由于地震，铁轨都扭曲了，像宝葫芦一样。当时我没有想到会这样危险，地震随时可能再发生。列车到了天津以后，我们排队进入唐山接病人。

进了唐山之后，两个小时内20节车厢就载满了病人。我们的任务是在指挥部的统一指挥下，把病人转移到远处的医院，我们这辆列车是开往西安的。我是一名内科护士，对危重病人比较熟悉，所以被分在重病房的车厢。当时有四个人负责这一节车厢的护理任务，包括张一楚（即是后来的张院长），刘锦纷医生和一位列车员。我与张院长是一个班，刘医生和列车员是一个班，八小时值班制，其实休息时间很少。实际上我们在唐山没有下车，就在车上接病人，安排得有条不紊。后来听说，地震后每分钟有一架飞机从唐山机场出发，把重病人送往医院，等到我们的列车去时，接收的都是比较轻伤的病人，大多是手伤、腿伤，基本上都没有生命危险，唯一的一个重伤病人是不明原因造成的枪伤，导致小肠等脏器外露，基本的处理都已完成，然后就等送往西安的医院进一步接受治疗。有些孤单的老人和小孩在地震后失去了家园，只能被送到外面去，后来这些人是看到唐山逐渐恢复才陆陆续续回去的。

列车是走陇海铁路往西安方向的，我们接到病人以后，一路都是绿灯，其他的火车都让我们先行。从唐山出来后，经过天津和石家庄，这两个地方似乎是抗震救灾的指挥部。沿途很多群众和有组织的单位，都带着食物和生活物资上车来慰问车上的伤员们。

我们的列车一路通行无阻到达西安，重病房的病人就先在西安下车了，因为西安的医疗条件很好，其余的继续被送往新乡。到达西安时的场景真的很让人感动，火车站人山人海，自发的或者有组织的都有。有的人扛着门板，上面驮着自己家里的大花被来接病人，有的人高声唱歌歌颂共产党，令人十分感动。送完病人后，我的任务就结束了。

唐山方言很难听懂，表达“好”都是说“中”，这个词我们一开始听不懂，后来就学会了。在车上，除了保证他们的生活、照顾起居外，我们还要对他们进行登记，包括姓名、来自哪里、家庭情况等等。那时印象很深刻的是，张院长不但是一名医术高明的外科医生，而且对待病人的态度十分亲切，非常仔细地照顾病人。

在车上，由于铁路的噪音，我睡眠质量一直不好，但是伙食十分不错，据说当时列车上准备了三个月的干粮。来回时间一共两周，与家里也没有联系，母亲很着急，经常托人来问我的消息，但我当时很年轻，所以并没有考虑很多。一路上都能看见解放军工程兵在修铁路，十分艰苦。

回到上海之后，我就回家休息了几天，期间当时内科的马主任（也是我们内科支部的书记）打电话给我，问我是否有什么困难，愿不愿意到唐山医疗队待一年。我当即答应了，就立马去了内科支部，那里已经有几位医生了，包括肺科的高医生。那时我准备元旦结婚，但是由于要参加医疗队，我便把婚期延后了，我的先生也很支持我。当时有二医大的五个医院承担了这次医疗任务，每个医院选了二十余名医护人员，包括临床护士、医生、检验科、药科以及后勤人员，一共一百余人，在唐山组建了一个临时医院，解决了当地老百姓的日常就医问题。

那个时候，可以说国家是大难当头，公而忘私是比较重要的。领导安排的任务下来了，我们都很爽快地就去参加医疗队了，医院里也没有什么奖金和其他奖励的。我们医疗队这二十个人中，年纪最大的就是我们放射科的李主任，那时候他六十岁，放在现在也已经是退休的年龄了，而且当时他老伴去世了。每次邮局来信的时候，领导都第一个通知他去拿。另外，蒋医生当时孩子也就几个月，迟我们几天就去唐山了，很不容易。

我们的生活条件可以说是比较艰苦，但也并不是苦到那种不能忍受的地步。我们刚开始去的时候，他们那里搭的是临时的草棚。我们设了三个病房，一病区、二病区、三病区，我负责三病区。因为我们新华的儿科很好，所以我所在的三病区就是一半小儿科，一半成人内科。病人的病种相对比较固定，心血管比较多，像妇产科、五官科、眼科都在一、二病区。

因为是草棚搭的房子，所以根本谈不上有什么医疗条件，除了手术设备是二医大分配给各个医院的及自己带过来的部分之外，其他部分是国家提供的。到了那边就是白手起家。供应室、消毒都是有的，我们严格按照医理在做，药丸自己配制，消毒从头开始。那边苍蝇真的非常多，给我们的消毒工作造成很大的干扰。

大概10月份的时候，天气已经比较冷了，当地人就穿那种黑色的对襟棉袄。我帮病人测体温的时候，要把体温计递给他，本来他身上叮满了苍蝇，我手一伸过去，苍蝇就全都飞起来了。在食堂吃饭的碗都是自己带过去的，大概一人两个碗、一个调羹。我们宿舍里就弄了一个罩子，用一些纱布把碗都罩起来，那些白色的纱布上就叮满苍蝇。手术室也是这样，手术包一打开，也有很多苍蝇，所以他们的腹部手术都不能保证苍蝇不会掉进去。

那里的草棚是临时搭建的，并不能真的过冬。房子的墙基本就是一层草，在窗户那里搭一个框，用两层塑料纸粘起来，成为一个落地窗。不能过冬，我们就在草棚里、病房里另外再做一堵火墙。火墙就是一个用耐火砖砌起来的炉子，通到室外，室内是一直烧煤的，用它来取暖。当时外面零下20℃左右，很冷，完全不能过冬。我们当时做的事情也很多，一会儿房子要改建，病人就要搬出去，一会儿新房子造好了，再把病人搬回来，一直在忙着做这些非常基础的工作，就是为了改善一下当时的环境，所以人非常累。

当地的老百姓非常信任我们上海医疗队，都远途而来，拉着马车到我们这里看病。有个印象比较深的病案就是有个小孩，是皮肤病，身上像鱼鳞一样，一瓣一瓣的，但是我们也没什么好的办法。至于说手术，我们好像开过一个连体婴儿，可是没有成功。尽管如此，当地的老百姓还是非常信任我们。我们一起去的一个护士回忆说，她印象比较深刻的是在深夜里巡房时，发现一个十来岁的患肾脏病的小孩去世了，家属完全没有发现，是她把家属叫醒再告知的。

当时血沉试剂用完了，但病人一定要做血沉的时候，我们化验室的同事就会抽一管自己的血，用自己的血跟病人的血作对照，这样来得出一个大致的检验报告。此后，我们化验都是抽两管血，病人抽一管，工作人员抽一管，作比对，这个精神是可嘉的。

我还患了急性阑尾炎。我当时被发现阑尾炎，是因为有一系列基本症状，比如腹痛，恶心呕吐，饭吃不下去，脸色差和发烧。我此前没这个病史，但是我们医疗队的单医生，还有虹口区中心医院的老医生，他们肯定我得的是阑尾炎，问我要不要开刀。我说不要，毕竟我当时还在工作中。此外，当时天气冷，苍蝇飞不动了就要往下掉，我也不能保证腹腔一打开苍蝇不会掉进去。因此，他们采取的是保守治疗法。那时候也没什么抗生素，只有青霉素、氨苄青霉素那几种药，庆大霉素一挂，三天就好了。

生活方面我印象最深刻的就是抗震汤，就是大白菜加粉丝，最好的时候汤里会有一块咸肉，有咸肉的话大家就会很开心。我们住在草棚里，晚上的零食就是抗震救灾空运过来的压缩饼干，一块块方方的，硬到可以打死狗的程度。晚上值夜班在宿舍里没事，饿了就靠在火墙旁吃压缩饼干，很暖和的。火墙是24小时烧的，白天防止凉掉会盖个罩子，晚上再加点煤。但是后来这堵火墙也引起了手术室的火灾。地震以后，天断断续续地在刮风下雨，有一次大风把我们屋顶都掀掉了。当时我们的屋顶没有瓦片，就是把草堆在房顶，再用泥土弄成糊堆在上面，一刮风就把顶都掀了。天气非常干燥，火墙24小时烧着，时间一长，火墙就出现了一道裂缝，火出来，结果引发了大火。那次大火非常厉害，因为一排手术室都是草棚，一下子就被烧完了。那天是星期五下午，很巧，当时正好在我们医院有个服兵役的体检，所以身强体健的人很多，马上就把火扑灭了，没有蔓延，不过一排手术室都被烧掉了。

有一次，大概在11月，晚上十点多的时候，又来了一次余震，7.3级左右，蛮厉害的。那次余震非常吓人。我们的房子只用了竹子做梁，固定住了，拉是拉不倒的，桌子、柱子都是用木桩打在地下的。那天地震来的时候，我同事有的还没睡，我已经睡了。桌子一下子倒过来，把我胸口都撞痛了，大家都在尖叫。那次我们都有所体会，人在惊慌失措的时候的确是会失态的。张医生大叫"关灯，关灯"！平时我们都说上海话的，从不说普通话，但是在紧急的时候，她都直接说普通话了。"关灯"是让我们把电源都给切断。我当时刚睡着，因为是侧睡，地下的声音都能听到，她们一叫，我就起来了，但灯马上就被关了，我衣服都找不到，急死了。她们没睡的人一下子就都逃到门口去了。我在床上刚起来，衣服总要披两件吧，所以当时很急很气，就说让她们等等我，好不容易找到衣服，一披，鞋子一套，就逃到门外去了。因为室内烧了火墙，灰很厉害，都让余震给抖下来了，灰蒙蒙的。后来有人描述唐山大地震的时候，都说灰天灰地，什么都看不见的，完全可以理解。我们当时应该没那么多灰，就是茅草棚和火墙，可是余震一来，灰全都下来了。后来我们就到病房里去了，去病房看看老乡。他们都太敏感了，不需要别人通知，自己把氧气瓶、导尿管拔掉，即使有点病走不动的，到了这种时候也都有力气走了，一下子蹿到门口去。本来吊着的葡萄糖瓶，都滚落在地上。那是我们去了以后震得最严重的一次，平时也有小余震，但我们都不大有感觉。

回上海的时候，我们是站在卡车上到唐山火车站的。列车那时没有足够的座位，我们就坐在地上，从唐山到上海要二十七八个小时，火车误点不稀奇的。回来的时候，我印象也十分深刻，高医生和五官科的刘主任，都四十几岁了，年纪比我们大了好多，我们都把他们当作自己的长辈，位子是让给他们坐的，他们也把我们当自家小孩，我们就坐在旁边，坐了不止24小时。中途到北京转了一下车，我们好像在北京协和医院学生宿舍睡了一夜。第二天又回到火车上坐着，要睡的话就靠在他们的膝盖上。回到上海时，火车站人山人海，都来欢迎我们，领导、家里的人、科室的人都来了，有组织来的，也有自己来的。

回到上海以后，我就办完了自己的喜事，继续做自己的工作。家人也很亲切，毕竟走了一年，我有好多故事要讲给他们听，所以也很忙。当初三病区有四个上海护士，我们医院有两个，乍浦街道和仁济医院各一个。我们四个人承担了三个病区的护理工作，当地有一个小青年来帮我们的忙，我们共同组成了病房临时的护理力量。后来那个小青年一直给我写信的，我就把我知道的解剖知识、诊断知识、诊疗常规讲给他听，所以他跟我很好，但是后来很忙，通讯没有保持下去，很遗憾。

我觉得我们新华医院派过去的20个人都很团结，很好的。我们的关系一直延续到大概2000年以后，在医院里也蛮有名气的，大家都叫我们“唐山帮”，直到后来大家陆续退休。一起有了这次经历，我们之间都非常团结。

没有条件创造条件

——姚颂华口述

口 述 者：姚颂华

采 访 者：仇佳妮（上海交通大学医学院附属新华医院宣传部工作人员）

时　　间：2016 年 5 月 6 日

地　　点：上海交通大学医学院附属新华医院行政楼会议室

姚颂华，1951年生，主管药师，1968年参加工作。2011年退休，曾任上海交通大学医学院附属新华医院药剂科支部书记。1976年作为第一批上海医疗队队员赴唐山抗震救灾，并留任第二批医疗队。

心系灾区

当年的情形，我至今都记忆犹新。28日那天我刚上夜班，科室领导就通知我准备一下，第二天参加医疗队去唐山救灾。我当时正在值班，觉得很突然，科室通知我说会有其他人来替我的夜班，让我准备一下需要带的药品。单位没有说要准备哪些药品，我也没有经验，不知道需要带哪些药品，就只能凭自己平时学到的急救知识准备药品。我想到地震肯定外伤比较多，可能手术会比较多，冲洗的用品一定需要，但生理盐水、消毒药水这些不可能原包装直接带过去，所以我就想到带原料过去。于是我就带了一些药用的氯化钠，可以配成生理盐水，还带了消毒药品。带原料去比较方便，因为一个人只有一个药箱——就跟现在救护队的那种药箱一样大小——能装的东西有限。以前抗生素比较少，抗感染的药肯定需要带，防疫站只有红霉素、金霉素、四环素之类的抗生素，我就都带了一些。

单位通知说随时随地要准备出发，我当时住在宿舍，所以就穿了工作服，外套也没有带，另外只带了一套工作服。大概半夜的时候，院里来了通知，我们就在单位里集中了一下。

我记得那天是28日晚上，29日一清早，天还没有亮，医院就派了大卡车把我们送到北站。集合的时候看到一面很大的医疗队的旗帜。当时医院一共去了两个医疗队，一个队大概15个人。车上医疗队的成员大部分都是我认识的，而且大部分都是党员和团支部书记、支部委员，还有当时我们新华医院的党委委员，他是我那个队的队长。

到了火车站以后，我看到整个上海的医疗队都集中在那里，铁路局为救护队开了一列专车，当时感觉就像要上战场打仗了一样。火车半夜开到德州的时候，停了一会儿，大概半个小时，因为火车需要加水。

当时的条件确实比较差，火车上非常热，可能因为大家心里也很着急。火车离开上海以后，我们就从广播里听到了28日唐山发生强地震的消息，当时说地震有7.8级、7.9级，全国各地的医疗队都在赶去唐山。大家很着急，但当时条件受限，火车开了二十多个钟头才到天津。因为地震的缘故，铁路到天津就断了，大家就转车到杨村机场，乘坐军用飞机去地震灾区。当时大家心里都比较着急吧，总是希望能早一点到，可以快一点救助受伤群众，但飞机毕竟有限，我们在机场一直等到下午。军用的小飞机只能坐很少人，印象里我们两个医疗队上去之后就差不多坐满了。

飞机很快抵达唐山了，从飞机上往下看，就是一片废墟，满眼房屋倒塌的样子，没有一栋完好无损的房屋，当时真的是非常担心，感觉这样规模的地震，幸存者会少之又少。在机场的时候还有个小插曲，有一个可能是市卫生局大队的或者当地机场的驻军干部跟我们说，因为大家出发来这里都很匆忙，可能工作上有很多事没有完成，家里也还没有安顿好，如果我们有什么遗留的工作，或者想要写信给家里做一些安排，他们会负责帮我们把信寄回去。听到这，大家心里都挺紧张的，有点像让大家准备写遗书一样，去了可能就回不来了。不过我当时年纪轻，也没有多想，因为我是科室里的团支部书记，确实也有很多东西没有安排好。

想方设法救更多的人

飞机到唐山机场以后，我们两支医疗队就分开了。我所在的医疗队留在唐山机场，还有一支医疗队去了凤城。我们当时带了三顶帐篷，医疗队的男医生一顶，女医生一顶，还有一顶作为治疗用的场地。从帐篷撑起来之后，一直到后面的两三天，真的是非常紧张，现在回想起来，我们能够在当时那样的条件下坚持下来，挺不容易的。那两三天里几乎没有合过眼，到后来动作都有些机械了。因为条件有限，只有部分科室，病人来了以后，每一项诊断和治疗都要自己亲自做，像急救包扎、骨折固定之类的，好在我们可以跟临床医生学习这些。我们带去的药品很快就用完了，不过好在我们到唐山的时候，机场的自来水供应已经恢复了，所以带去的药用氯化钠，都可以现场直接配制成供冲洗消毒用的药水。我们医疗队带了一只消毒锅，大概每次可以装一万毫升，我们就一万毫升一万毫升这样来配消毒水。消毒水用起来非常快，等到配置完成、冷却，甚至还没有完全冷却的时候，就已经用完了，因为病人实在太多了，跑道上和周围的草地上都躺满了地震伤员。

我们队好像十三四个成员，一位是大外科的医生，还有内科、骨科、妇产科的医生，还有化验科医生和检验科医生。我们当时一人发了两袋压缩饼干做干粮，就是部队里一斤一包的那种压缩饼干。而且医疗队有规定的，国家救济的干粮，空运过来丢在路边上，我们是不能拿的，这是铁的纪律。我们就凭这两包压缩饼干度过了三四天。

医生要给病人做手术了，我们就跟着临床医生，尽量帮一些忙，像拉钩之类的。手术结束后很多病人还需要观察，一天要巡视三到四次。因为病人非常多，所以术后观察也要非常小心。大概是三天以后，情况就有所好转了，药品也空运了很多过来。

我们刚到唐山的前两三天基本上没有睡觉，实在困得不行了，就靠在边上歇一会儿。我们医生有些平时不抽烟的，为了提神就去问抽烟的医生借一口烟

姚颂华在种满爬山虎的药品仓库前

抽，很多人都被呛到了。等到开始外送伤员，老病人基本稳定了，新病人也逐渐减少后，我们的工作压力和强度相对就小一点了，基本可以保证休息了。

那时候余震很厉害的，我们的帐篷也是“嘎吱嘎吱”地作响。第一次发生余震的时候，地面晃得很厉害，我们也很紧张，不过两三次之后都习惯了。而且大家因为思想高度集中，不停地在治疗病人，所以也没时间考虑其他事，余震什么的也就不当回事了。

尽医生的职责

我印象比较深的是到唐山的第三天，当地老百姓送来一个病人，他当时呼吸和心跳都没有了，是从废墟里被救出来的，身上全都是伤口，鼻子嘴里都是黄脓色的液体。当时我和1976届（也许是1977届）的学生小石（他当时还没有毕业）在当班。看到这个患者，我们就立即给他做了心肺复苏，小石给病人做胸外按压的时候，我做人工呼吸；我做胸外按压的时候，他做人工呼吸。我们抢救了一个多小时，但最后也挺遗憾的，还是没有把病人救回来。我们抢救的时候也没有多想，事后想来，其实病人的口鼻有那么多黄脓样分泌物，我们做口对口的人工呼吸也是有风险的，不过最遗憾的还是没有把病人救过来。这件事我印象一直很深刻，那个病人如果送过来早一点的话，也许会有生还的希望。我和小石当时真的是非常希望把他救活，对这件事其实也有一些伤感。

此外，虽然当时条件非常艰苦，但手术后没有一个病人发生感染，也是不可思议的。当时大环境虽然不好，时间也非常紧张，但在局部的手术操作中，我们还是非常严格地按照消毒规则来的，可以说是一丝不苟，而且术后的巡视、观察都非常仔细，每一个病人术后我们都在观察，病情一有变化就及时采取措施。

灾民的心意

我们在机场的时候，天天都在接触地震的灾民。十多天以后，因为伤员实在太多，上级决定把伤员转移到唐山市外治疗。开始向外转送伤员以后，我们的工作相对就轻松一些了。我们主要负责把伤员送上飞机，病人一点点减少后，我们就开始进行后续的医疗工作，也就是到震区周围的城镇、乡村，去看一下还有没有伤员。在这段时间里，我们和当地的居民接触、交流比较多，每天来回要走三四十里路。我们主要帮助一些在家里自己处理伤口的病人，比如锁骨骨折、肋骨骨折、自己在家包扎处理的病人，帮他们纠正一下伤口的包扎，处理一下外伤的伤口。伤口如果有感染的，重新消毒处理，然后记下伤员的住址，每隔一天派医务人员过去帮他们处理伤口。去寻找和治疗伤员的时候，我们也并没有关注哪个伤员是领导或者干部，因为在我们眼里都是一样的，就是伤员，当地居民同样也没有人会因为自己是领导或干部要求特殊待遇的。

当地的老百姓都非常和善，很多人反反复复就讲几句话，夸共产党好，毛主席好，而且他们说这些都不是做戏的，是发自内心的。我觉得当时最辛苦的实际上是部队，解放军第一个到现场，去救助那些被掩埋的灾民。当时不像现在，都有机械化设备，解放军就靠工兵铲、工兵车挖掘地震废墟。大地震之后有过好多次余震，很多解放军在抢救伤员的时候，自己受伤了。唐山是一个工业城市，建筑大都是钢筋水泥结构，解放军用自己的肩膀去扛建筑垃圾，比较强的余震一来，就有很多人被压伤了。所以老百姓反复地夸他们，老百姓对我们医疗队也是非常感谢的。其实我觉得我们去救灾也只是本分工作，但老百姓对我们非常客气。当时水果很少，老百姓还特意用自己种的葡萄、苹果来犒劳我们。不过我们当时也有纪律的，这些都不可以收，所以有老百姓送来葡萄，我们就当场吃一粒，也不负老百姓的心意，大家相处很融洽。

留任援建

我所在的医疗队是第一批过去救灾的，7月底到了唐山，到8月底的时候，二医的医疗队都集中在凤城。当时国家决定在唐山建立四个救灾医院，我们二医系统负责一个，地址就选在凤城。9月初，组织通知我和徐医生——他是另一

姚颂华（左）和九院陈国耀在丰润抗震医院门口

个医疗队的——在那里留一年。9月中旬我们回上海准备一下行李，待了一个礼拜不到，我们准备妥当之后就回了唐山。回上海的路上，也发生了挺有趣的事情。因为天热，我们当时穿的白色的工作服和蓝色的手术衣，因为两个月里反复穿反复洗，比较破旧。单位里给我们买的卧铺，在火车上，我们两个人比较狼狈，又都是空手回来，一路上被查了好几次票，可能因为当时的我们看起来不像买得起卧铺票的人。

现在回想起来，当时大家的思想都很单纯，单位安排我们留在唐山，我们就留下了。医院的房子一半是用泥土砌的，上面是用芦苇编织的席子铺盖的，很简陋，不过比起刚去的时候，条件确实好很多了。我一直觉得救死扶伤是医生的本职工作，能留在唐山多做一些也不失为一件益事吧。

那时候我住在宿舍，家里一开始都不知道我去了唐山。等到医疗队集中以后，能跟家里通信时，我写信回家，我的父母才得知消息，但他们并没有一丝怨言。后来我回家才知道，春节时主任去我家慰问，我妈妈同主任和书记提及我是家里的小儿子（我哥哥因为工作被派遣去了黑龙江），她只希望我们能安全回来就好，别无他求。这样朴素的要求，让我备受感动。

因地制宜建医院

大部分伤员都被转移出去了，留下的伤员伤势相对较轻，我们的工作就恢复到了普通医院的治疗工作，不过环境条件相对艰苦一些。我当时在药房工作，药品的储藏都需要仓库、货架、货柜，但这些都是没有的，所以我们就自己动手做。我们药房负责人是从部队退役下来后留在医院的，他带领我们做这些货架、货柜，可以说是白手起家，所有的设施难题都是自己来解决的。

刚到唐山的时候药品短缺，大家心里都比较着急，药品供应恢复之后就如释重负了；不过灾后医院的药品还是有一定的短缺。唐山当地的医药公司的供应量太少。一开始药品都是从上海送过来的，但也不是长久之计，后来就要我们自己想办法了。我当时隔一两个月要去一次北京，通过北京的医药公司，调配一些药品，特别是抗生素之类的药物。现在想来，虽然艰难，但依靠大家的力量，问题也都迎刃而解了。

我们建立的抗震医院在当地还是很有声望的，当时三院有一个胸外科的专家去了唐山，在那里做了很多有难度的手术。大家都公认上海过来的医生技术非常好，特别对二医的评价很高。想来，确实，我们派遣过去的医生有很多都是医院里的主任医师和高年资的医师，他们基本上都能独当一面。灾后医院与当地医院也有不少交流，当地的五官科医院曾经有医生来进修过，还有口腔科等一些小科室，也会有人来进修。

一年后其他的医疗队来接替我们，我就回到了上海。上海的医疗条件从各方面来说都要舒适很多了。

人定胜天

这次救灾的经历给了我很多启发：第一，救灾现场的经历告诉我，人一定要有一点精神，否则什么都做不好。现在回想，当时医疗队的医生要是没有这种精神，前两三天肯定就坚持不下来。即使后来灾后重建的医院，条件也是相对艰苦的，人要有能吃苦的精神，才能一步一步把事情做好。第二就是部队对我的影响相当深。虽然说我们条件艰苦，但并没有什么生命危险，主要就是休息时间少一些；而部队是冒着生命危险去救灾的，如果建筑倒塌后压下来，很有可能人就被埋在下面了，是非常危险的。而且当时天热，很多尸体被挖掘出来的时候已经腐烂了，发臭了，都是部队负责掩埋的。我很少看到他们戴橡胶手套保护自己。他们不怕牺牲、吃苦耐劳的精神，确实对我有很深的影响。最后，工作上一定要做到认真。当时术后没有感染，主要就是因为大家工作都很认真，否则一个很小的疏忽就可能对病人造成极大的伤害。

如今唐山大地震已经过去40年了，当年一起去抗震救灾的一些医疗队队员已经去世了，但剩下的队员现在还会时常相聚。我们的感情建立在地震的余震和灰烬之上，坚定而深厚。

在那次抗震救灾以前，我的生活一直平定安稳，没有经历过什么特别的风浪。而有了这一年的救灾经历以后，我觉得大自然的力量有时候虽然很可怕，但人的力量还是能战胜它。在当时那样艰苦的环境下，我在救灾现场就看到三支队伍：医疗队、解放军的救护队和唐山煤矿救护队。只过了一个礼拜左右，唐山的工厂就恢复正常生产了，市里的商店开始营业了——人的力量真的是非常强大的，也就是人定胜天吧。

对人生的再感悟

——余贤如口述

口 述 者：余贤如

采 访 者：仇佳妮（上海交通大学医学院附属新华医院宣传部工作人员）

时　　间：2016年5月11日

地　　点：上海交通大学医学院附属新华医院内科8楼示教室

余贤如，1937年生，中共党员，主任医师，教授。1960年毕业于上海第二医学院。历任上海交通大学医学院附属新华医院党委副书记、书记，上海第二医科大学校长助理，上海市第九人民医院党委书记，上海第二医科大学党委书记、校务委员会主任。1976年作为第一批上海医疗队队员，赴唐山抗震救灾。

紧张有序的准备

时间过得很快，一晃40年过去了。1976年7月唐山发生大地震，我是第一时间知道的，当天我就接到了通知，我们医院要组建两支医疗队，要我们立刻做准备，马上走。医院党委召集紧急会议，挑选了几个大科室双肩挑的干部——既是支部书记，又是医务人员——作为第一批抗震救灾医疗队的成员，去的有小儿内、外科等的支部书记，我当时是医院成人内科的支部书记。每个队都有队长和指导员，一支队伍队长是王医生，指导员是汪医生，另一支队伍队长是我，指导员是工宣队的吴书记。

当时我们的医疗队员都年轻气盛，三四十岁，都是医院里的骨干，也有几名是刚毕业的学生。我们一知道这件事以后，都非常投入地着手做准备，准备医疗器械、急救用品。那时候我们都不回家了，就在医院做准备，目标也有了，就是一个人要负重40斤，并不是背自己的生活用品，要背的都是些药品和设备，放在一个急救包里，把能背的医疗器械都背过去。此外，两个队长接到了一个特殊的任务，就是要去第一百货商场取大头榨菜，这也是唯一为医疗队员个人所准备的东西了。当时的准备工作组织得非常有条理，对于我们医务人员来说，这是一个艰巨、光荣的任务，也是一次锻炼的机会。接受了这个任务，我们都感到非常荣幸，家里也非常支持。

出发前医院的党政领导来检查我们队伍的准备情况，我们每个人把自己所要扛的40斤装备都背在身上，在医院饭厅前集中，组织交代我们说："你们是去抗震救灾的，你们的任务是艰巨而光荣的，你们要全心全意地完成这项任务。"我们都非常认同，并表达了自己的决心。

唐山的最初印象

到了上海火车北站后，当时的上海卫生局党委书记兼局长何秋澄说："这是你们实现救死扶伤的最好的机会，要全身心投入救助任务，他还关照说那里可能水都没得喝，要喝的话就在这里喝个够。"——就是这样一个很小的动员。我们作为医务人员，也要把自己所学到的本领都献给伤病员。下火车后不久，我们两支队上了军用汽车，到了杨村军用飞机场后，乘飞机直接赴唐山。除了抢救的东西外，别的都尽量不带。一架飞机大概乘三十个人，到了唐山已经是晚上九十点了。当时唐山的机场里也有伤员，我们有些队员就立刻投入救助。我所带的队的任务是到伤员聚集的丰润县，在那里的中学建立了一个医疗点，于是我们就赶往丰润县；另一个队留在机场。我们当天晚上乘军用汽车直接去往丰润，途上还经过了唐山市。当时凌晨，天还没亮，我看到的是一片废墟，是断壁残垣的局面。废墟下埋了很多人，令人心里着急，我真希望立即投入抢救，但站在第一线的全是亲人解放军，他们的任务最艰巨。

那里经常还会有余震，我们车子开到一半路程的时候，旁边的墙都在摇，路很难走，而且非常危险。第二天，我们到了丰润县，一看，伤员已经不少了，是解放军救过来的，我们就马上开始工作。前一两天都没怎么睡，毕竟第一任务是救人。在空余时间里我们就自己搭帐篷，在离急救点三四米的地方搭下了住所。

当时让我很感动的是，面对突如其来的大灾难，唐山人民没有一个人流眼泪，也没人叫苦，让我印象很深的就是唐山人民在大自然面前的大无畏气概，对党和国家的信心。看到这种场面后，我想战争也不过如此。我们唯一的念头就是要通过我们的努力，尽量挽救他们的生命，尽量不要让他们的身体有残缺。我们曾三天都没吃过一顿饭，唯一吃的就是当地百姓煮的一点小米粥和上海带去的榨菜，也没人换衣服，因为根本没有时间。前三天是最艰苦的时候，但我们却不感觉苦和累。对我们来说，这是一个发挥自己作用的机会，它让我们懂得什么是苦、累、甜，培养了我们的人生观，也看到了我们国家在自然灾害面前，是怎么动员全国人民的力量来战胜困难的。

在刚过去的一周时间里，我们睡觉都不能脱衣服、鞋子，和衣而睡，因为一有情况，我们就要去前线投入抢救。伤员是被解放军和当地民兵送来的。当时的设施都是很简易的，时间也很紧迫，有时针头也来不及再消毒就插进去了，毕竟救人要紧。

每一位伤员我们都进行分类，外伤都要包扎，骨折的就固定。当时因为天气很热，病人身上会爬出蛆，我们就拿汽油浇上去，就地取材、因地制宜地救治。

当时有近三千名伤员，但医务人员只有十几个，全都没日没夜地投入为伤病员的服务。病人都很顽强，有的尽管骨折了，方便的时候还是会自己起来爬到外面去。

作为队长，我的任务就是把控全局。有多少伤员，哪些是重点看护对象，我心里都是有底的，要把责任落实到具体的医疗队员身上。我还要起到安慰伤员的作用。很多伤员都没有衣服穿，我们就把自己的衣服都拿出来给他们，至少不能让他们衣不蔽体——不但要保证他们生命安全，还要维护他们的尊严。

随着时间的推移，后方供给跟上后，情况有好转了。北方的天气温差大，热的时候很热，冷的时候很冷，有时晚上需要盖上厚毛毯。我们需要什么东西可以上报，军用飞机会空投物资给我们，有压缩饼干之类。当时我们感受到党中央始终关心着抗震救灾一线，能及时作出重要决策，把经过治疗的可以转运的伤员转移出去。当时来了很多卡车，有医生专门负责送病人上车，车上也有专门的医生来接收。伤员在当地的恢复还需要时间，医疗条件毕竟有限，转移到后方能接受到更好的治疗，这挽救了一大批人的生命。医疗队当时去了很多批，我们是第一批，待了三个月左右，把重伤病员处理好转移之后，我们就撤离了。后来又有很多抗震救灾的医疗队来到这里，驻扎一年多两年的都有。

我们那时唯一想到的就是救灾，第二医学院那时有个大队部，是后来过来的，我们有什么事都是通过他们来传达。那时根本没有时间通书信，也没有时间与当地的老百姓进行深入交流。

那时候都是急救，例如张力性气胸，这是要死人的，紧急状况下，我们不管拿到什么就扎上去，先把气放出来再说，都是用自己的经验和智慧在解决问题。20周年的时候，上海第二医科大学组织了四个附属医院，带着我们第一批医疗队去参加“医疗队重返唐山”活动，进行了大型的义诊，情景感人。唐山人民把我们视为亲人，感情十分深切。我们还去当时驻扎的地方看了看，那里的人们都十分感动，像对待亲人一样，亲切、热情地接待我们，可谓倾其所能——真是患难见真情。

人生的感悟

第一，解放军给我留下了深刻的印象，他们冒着生命危险把伤员一个个从废墟里拉出来，转运到我们医疗队，十分艰苦，他们是伟大而又可爱的，我们医务人员要向他们学习这种精神。第二，我们在大灾难面前，不畏艰难，顽强斗争，不叫苦，不流泪，这是我们中国人的精神，它无疑对我们的人生观、价值观有着影响。20年后我们重返唐山时，当年被救出来的小孩都已成长为青年，有些出租车司机得知我们是当年医疗队的，主动表示他们当年是我们救的，把我们当作亲人。但其实我们只是尽了自己应尽的责任，这对世界观的形成又起到了促进作用。第三，我们国家制度好，面对重大灾难，能集全国之力去帮助灾民。第四，有我们不畏艰险的精神，遇到困难时能冷静对待。20年之后，唐山又被重建得更好，比以前的唐山还要好；但同时也保留了一栋曾经是四层楼的废墟，上面两层已经飞出去。地震激发了唐山人民的艰苦奋斗精神。

我们当时的困难，与当地的老百姓、解放军比起来根本不算什么，回想起来，我觉得自己现在遇到的困难根本不算什么。我们医疗队基本没什么人生病，虽然生活条件很艰苦，睡眠严重不足，饮食也很差，但是我们都克服了，困难也就不在话下。

此外，因地制宜的创新也十分重要。例如那时有很多病人尿潴留，当时又没有导尿管；我们就用补液的塑料管，将一头用火烧一下，管子变圆钝了就是导尿管了。又比如蛆从病人的皮肤里爬出来了，我们要想办法消灭它，把汽油浇上去就好了，这样的创新是家常便饭。困难总有办法去克服的，我对我们的制度更有信心了，因为国家政府再遇到急事难事，都能动员大家去解决。

回到上海见到亲人时，我们都流泪了。我们那时感受到，我们是在真正需要我们的地方发挥了作用，体现出我们的价值，体现了医务人员的价值。

在这里播撒爱，在这里收获爱

——刘锦纷口述

口 述 者：刘锦纷

采 访 者：夏 琳（上海交通大学医学院附属上海儿童医学中心党办副主任）

　　　　　刘 祯（上海交通大学医学院附属上海儿童医学中心党办老师）

时　　间：2016 年 5 月 31 日

地　　点：上海儿童医学中心心脏中心嘉宾接待室

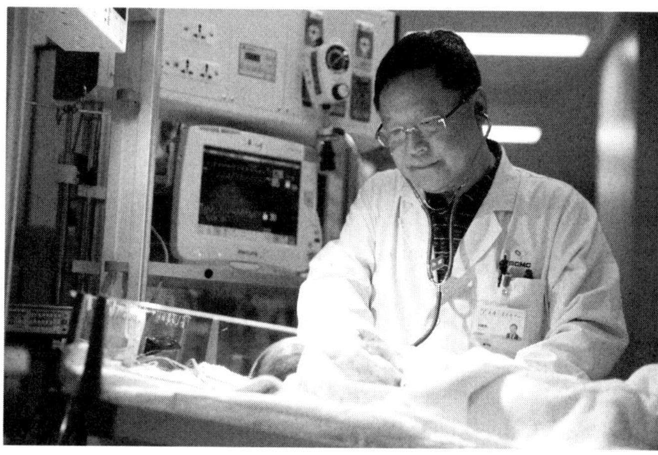

刘锦纷，二级教授，中共党员，小儿心胸外科主任医师，博士生导师。1993 年起享受国务院政府特殊津贴。曾任新华医院副院长、上海儿童医学中心院长，现任上海市小儿先心病研究所所长、世界儿科与先心病协会管委会委员、美国胸外科学会会员、中华小儿外科学会常委兼心胸外科学组组长、上海小儿外科学会副主委等职。1976 年唐山大地震，参加第二批医疗队赴灾区救援，后又在丰润县抗震医院工作。

第一次去："卫生列车"上转运伤员

1976年，我24岁。我是1975年毕业的，1976年刚好正式参加工作满一年，是新华医院儿外科的住院医生，刚会开些小肠气之类的小手术。7月底突如其来的唐山大地震震动了全国人民的心。上海作为支援城市，在第一时间就派出了救灾医疗队。徐志伟医生（那时候他好像还是学生）作为第一批救灾医疗队去了，我是第二批，参与组建抗震医院。

我前后参与过两批当地救治。第一次是在1976年8月初，我们在震后一周左右到达唐山。第一次的工作主要是在当时叫"卫生列车"的火车上工作，主要工作就是将当地的伤员转运到全国各地去，有点相当于120救护员的角色。那时候中央有个要求：大城市派医疗队去灾区；小城市接收救治伤员，因为当时唐山的医疗条件有限，很多重病人不可能在当地救治。所以能转运出来的话，尽量输送到全国各地，分散当地的医疗压力。我记得那个时候，我到过陕西省兴平县，还有沿路到过很多地方，安徽等很多地方也都接收伤员。我们列车上有很多截瘫的病人。当时天挺热了，因为当地条件不行，如果伤员留在当地可能会产生一些传染病，所以都要赶紧输送出来。

来到唐山时的所见，让我毕生难忘。我第一次踏上唐山的土地是随着卫生列车到达的唐山火车站，那时是震后唐山刚刚通车。当时规定我们不能走远，因为我们卫生列车上的医务人员要随时接送伤员，一有伤员送来，我们马上就要运上车。所以我们就在车站周围看看——几乎所有的房子都已经不成形，墙上的照片东倒西歪；漂白粉的味道也特别厉害，因为天气已经很热了，担心有传染病，所以到处撒满了漂白粉，我们走路就好像走在沙堆里一样……那时的唐山，可谓满目疮痍。

我们一共在卫生列车上待了十天，这十天都是在车厢里度过的。列车共20节，每节四个人——两个乘务员，两个医务人员。那时候上海市卫生系统派了20支医疗队，还有上海铁路局的乘务员。每个车厢四个人一个小组，倒班。我和我们新华医院的老院长张一楚医生分在一组，我们那里有很多重症病人，最重的病人就在我们那节车厢里。我们的任务就是把他们安全地送达到接收的医院。

当时列车上我们都准备好氧气，甚至开刀包，以便缝合伤口。我们基本上还是以换药为主。因为地震以后，大多数被压的病人中，四肢受伤导致瘫痪的比较多，有些伤员腿腐烂了，我们就为他们换药。由于天气热，那种伤口每次纱布一打开，气味很臭。那个时候条件还是相对比较简陋，当时的资源也非常紧张。每当停靠到沿途的哪个车站了，我们就利用人家给火车加水的水龙头，赶紧冲一冲，洗漱一下。

第二次去：农田里建起抗震医院

十天的“卫生列车”工作结束过后，我们便回上海了。回到上海后我们时刻待命，随时准备再去前线。我们再次去唐山是9月份，本来我们可能早些去的，因为毛主席逝世了，我们就推迟了出发。9月18日开的毛主席追悼会，大概在9月20日，我第二次启程赴唐山。

这次的任务更明确了。苏肇伉、徐志伟所在的第一批医疗队是7月底8月初去的唐山，那会儿还是夏天。他们通过搭帐篷开展救援，后来决定要在那里盖医院了，就要我们第二批去。其实那时候我们党委书记王立一开始不答应我去，他说：“你们年轻人还都没什么专长，你们去了，能够一个人顶几个人么？顶不了的。”后来我们就直接找他，说：“我们年纪轻，但我们体力好，精力比较旺盛，可以做很多事情。”后来也证明是这样，很多新的东西，比如说烧伤，我根本不会，但我到北京去学，学了以后，那些烧伤小孩的处理就是我们自己来做了。

8月底9月初时，指挥部决定在当地建造四个抗震医院：二医系统负责一个；上医系统负责一个；中医药大学负责一个；上海市卫生局系统（六院、市一、市六等）负责一个。一共四个医院，分布在不同地方。我们的是在丰润县。

当时我们还是叫第二医学院，后来叫二医大。那时候我们医学院去的人蛮多的，当时的二医有四个附属医院——九院、仁济、新华和瑞金。每个附属医院派了大概20名医护人员；还有行政人员、学院的老师、搞宣传的，包括后勤等等，四家附属医院总共派出了一百人左右。由于当地的医务人员都已经受伤了，有的甚至被压死了，整个医务系统瘫痪了，所以我们整个抗震医院基本上以上海去的医生、护士为主，甚至每一个医院还派一名食堂师傅随队给医疗队提供服务。我记得新华医院当时是点心做得非常好的季师傅跟着我们一起去的。医院的后勤管理是由当地的人接手的。

我们的抗震医院建在唐山的周围郊区。我们在郊区田里的简易房里组建起了医院，还弄了块牌子叫“丰润抗震医院”。

当时我们抗震医院的科室没有分那么细，就分了外科病房、内科病房。不过我们医疗队的组织还是很完善的，有瑞金医院的普外科医生、伤骨科医生；有仁济医院的泌尿科医生、脑外科医生；有虹口区中心医院的医生；还有我们新华医院的普外科医生，我是作为新华医院的儿外科医生去的。我当时在外科病房，那时的外科病房是从小孩看到成人，什么毛病都有。

简易棚中开展工作

刚开始的时候，医疗物资真的是比较少的。开刀间的消毒隔离环境可不像我们现在这样好。我们开玩笑说，开刀间里的护士除了要传递器械外，还要负责赶苍蝇，因为手术室里的那些沾血纱布等污物，苍蝇很喜欢叮。在当时的情况下，要做到完全隔离、完全消毒是不可能的。在那些简易的棚里，我们搭了台，手术做好之后，我们就用最土的办法进行消毒——条件还是相对比较艰苦的。

我那个时候才大学毕业一年，是名住院医生。我值班的时候，如果接收了不能处理的病人，便会马上到宿舍里去叫高年资医生帮忙，因为我们医院里专科医生都有。有一件事情我印象特别深，那年冬天有一个精神不好的病人走失了，后来脚冻伤了，必须截肢。像这种情况，我们在上海的时候显然没碰到过。我们小儿外科哪能做这种手术呢？我们赶紧请瑞金医院的骨科医生来帮我们，带着我们一起做。做一些胃的手术时，成人普外科医生主刀，我们小儿外科医生就做助手，做小孩子手术的时候就反过来。我们到后来连一些心脏手术都做。那时候仁济医院去了一位很大牌的胸外科医生冯卓荣，他现在过世了，他的医术在当时是我们国内很顶尖的。我那时候因为已经明确要往小儿心血管方向发展，所以他还带着我做过心包炎、二尖瓣狭窄这种手术，即便在当时很简单的条件下，开这种刀，我们现在在上海很容易，可以通过降温毯降温等措施进行手术。但当时我们没有这种条件，于是我们就到附近的制冰厂去拿冰来给病人降温；温度表没有，我们就用兽医站给马测温度表测量，直到降温后再进行心脏手术。

虽然说条件是很简陋，但是对我们年轻医生来说，是很好的锻炼的机会，因为什么都要自己学着去做。那个时候其实已经不分什么专科，就分内科外科。有专业的病人来，就以相应的专科医生为主，我们其他的做辅助。那时候我们有几个年轻的医生，一个是我，一个是单根发，原来新华医院的副院长，他是新华普外科去的。年轻外科医生就我们两个，一有什么事，就“召之即来”，因为大家都住在宿舍，晚上抢救病人大家能随叫随到。所以组建抗震医院期间的工作其实对我们年轻人是非常大的锻炼。

患难与共，和谐医患

后来我们就等于是正规医院了，当地人都知道我们上海医疗队在那里有抗震医院。于是当地人原来准备出去（离开唐山）治疗的，后来都到我们医院来治疗了，他们对上海的医疗队特别相信。那些老乡们特别淳朴，他们都觉得：只要是上海去的医疗队，本事都是大得不得了。再以后，我们就进行常规的手术，包括胃癌、甲状腺以及小儿外科等类的手术。

虽然医疗条件还是非常艰苦，但当时的医患非常和谐，相互之间非常信任。那边的老百姓对上海大夫崇拜得不得了。也有可能是地震了以后，当地老百姓对死亡看得淡了，常开玩笑说，他们最怕几个东西，一个是预制板，因为地震时很多人被这个压死；第二就是塑料袋，因为当初解放军去救灾时候，很多尸体就装在塑料袋里面，而这些塑料袋都是浅埋。第二年春天我们又重新把这些塑料袋挖出来。他们对这些特别害怕，有心理阴影，对手术什么他们反而不太恐惧。我们术前跟他们家属谈及胃癌，家属就说“已经算命很大了，这手术结果都是听天由命了”。他们完全信任我们医生。

那会儿余震还持续不断，最厉害的一次，大家在宿舍里被晃动得特别厉害。我们都很担心病房里的伤员，所以我们在宿舍里的人都赶到病房里去。因为有的伤员对地震非常敏感，一看到震了就很害怕。我们跟他说简易房是竹竿搭的，上面是席棚，即使塌了也不要紧。可他们不相信，还是拔了输液的东西就往外跑，我们还要安抚他们。

所以我们那时候不单单是做医疗，还要做些心理上的辅导，虽然也不太懂心理上的那些专业知识。北方的那些老百姓非常淳朴，我们深有体会。在大城市的话，我们这些刚毕业的年轻医生，人们看病一般都不屑找我们。如果两个医生看诊，一个老医生，一个年轻医生，人们肯定是找老医生，从来不会跑来找年轻医生看的。但我们到了唐山以后，当地百姓就把我们看得像救世主一样。

到了冬天，我们简易房里特别容易发生火灾。因为唐山属于北方，要取暖嘛，生火炉一不小心就容易着火，所以烧伤的病人特别多。领导还专门派我到北京去学烧伤护理，学了十天左右。虽然时间非常短，但我学得非常用心，我当时心里的想法就是：病人信任我们医生，所以我就特别想把事情干好，也很努力去做。儿童的植皮术，我都是那个时候学会的，还学会了给小孩换药、自己动脑筋给小孩做烧伤的架子等等。

饶有兴致，苦中作乐

当时的生活条件确实比较苦，我们开玩笑说，我们每天吃的那些就是“抗震汤”——就是大白菜汤。北方冬天大白菜多嘛。唐山靠近山海关、秦皇岛、北戴河那些地方，能够吃到些毛蚶，算是荤的菜；还有很多咸鱼。有时候吃晚饭，每个人一个大白菜汤、一条咸鱼。我们开完刀后，就吃压缩饼干，刚开始还觉得可以，因为压缩饼干有很多种类，有些比较好的是罐头装的。晚上有时候我们做完手术没啥东西吃，基本上都是靠压缩饼干来对付。但饼干实在太干，以致到后来我们一看到饼干就怕了。我们苦中作乐，饶有兴致地给大白菜“抗震汤”编号：1号，2号。如果汤里有些油水的话那好一些，如果还有肉片的话那更好了。先去打饭回来跟大家说“今天是抗震2号喔”！那大家就知道了，汤里面有肉丝的！

唐山苹果特别多，所以我们每天苹果TID（一日三次）：早晨起来上班之前先啃个苹果，中午抗震汤吃完以后再吃个，每个人的帐篷边都挂满苹果。苹果又便宜又特别好。还有就是毛蚶多。谁出夜班，谁就回宿舍负责洗毛蚶。我们新华医院，男生一间宿舍，女生一间宿舍，大家都很团结，大家无论谁收到上海寄来的东西，都一起分享。那时候五官科的刘主任，他太太（也是我们新华医院的）给他寄些月饼之类的，只要一有东西寄来，大家就分享，特别亲切。年轻人还喜欢运动嘛，我们就在宿舍前面的平地上搞了一个排球场，大家一起搞运动，各个医院之间还搞比赛。

那时候，我们对于地震已经很习惯了。余震经常有，大的余震我们都碰到过好几次，五点几级、六点几级的，人都在房子里晃。后来我们都习以为常了，因为知道简易房即使塌了也没什么事，所以我们都不大害怕，就是知道“哦，又震了又震了”。毛主席刚刚逝世那会儿，我们每天早上要学习《毛选》第五卷，那时候都是大家安静的时候，特别容易感受到震感，所以感觉每天早晨余震特别多。

在给当地百姓看病的过程中，也发生了好些有意思的事。北方人管医生叫大夫；打针的时候，如果成功了，他们唐山人叫“中”（第二声，表示好的、可以的意思），我们医生说没肿啊，挺好的嘛！还有就是，他们伤口疼的时候说“大夫，tei疼，tei疼”，于是我们就给他检查腿怎么样，其实他说的是“忒疼，太疼了的意思”。知道了以后，我们都笑了，后来和他们一起开玩笑，彼此就熟悉了。

缘来你也在这里

1996年唐山地震20周年纪念的时候，我回了趟唐山，很多媒体，包括中央电视台，都做了节目。他们一直说我是“唐山恋”，以为我娶了个当地唐山的姑娘。但其实是误会，我确实是唐山恋，不过我娶的是上海医疗队的姑娘——我的爱人，朱晓萍。

说起我们的相识，既是缘分，也是必然。那会儿大家住的宿舍：第一排是男生宿舍，第二排是女生宿舍还有后勤，再后面是食堂之类。房子很简易，地方很小，所以大家天天都在一起。我和我爱人认识，主要还是因为她是手术室的护士，我是外科医生，我们是在手术台上结缘。我们一起去做手术，来来回回也就认识了，那时候我们还会一起学《毛选》。当时一些老的医生和护士都很热情，他们会把年轻人撮合在一起：一方面因为当时大家宿舍都比较近，一方面又经常同台手术，所以特别有默契。那时候有这种说法：我们二医系统里面瑞金的医生比较牛，仁济的护士比较牛。组建抗震医院的 10 个月，也给了我们充分了解和熟悉的时间。

我们是认识五年以后结婚的，昨天是我们结婚 35 周年，我才知道原来 35 周年是叫“珊瑚婚”。我们是 1981 年的 5 月 30 日结婚的，认识是 1976 年的 10 月左右，到了唐山才认识。当时因为某些错综复杂的因素，所以我们没有马上明确关系。尽管大家都觉得很合适，但那时候是“文化大革命”后期，还是比较“左”的，其中很重要的一个原因：朱老师的爸爸是右派，尽管是摘帽的右派；我那时是新华医院所谓的重点培养对象，所以我们两个能不能明确，组织还要去调查的。所以我们 1977 年回来，大家还是心照不宣，没有很明确。我们真正很明确是到 1978 年，仁济医院麻醉科的同事以及新华医院蒋慧芬（原来做过新华医院党委副书记的）都觉得我们应该可以结婚了。

1978 年那时候，我是住院医生，老丁（丁文祥教授）就说“小刘，你现在是好好学本事的时候，不能过早结婚，五年后再结婚”。于是我就答应了这个五年的要求，所以我是基本上快到住院总医师的时候（住院医生已经做了第五年）才结婚的，那时候已经是 1981 年了。现在想想也是很感谢他的。那时候我天天在医院里，我和朱老师基本上是两到三个礼拜见一次面，即使都在上海也这样。我们后来讲给儿子听，他都不相信。那时候看书都是很卖力的，平时住宿舍碰到急诊手术，只要有机会，我们都会自觉去。所以我们第一年到唐山去的时候，大家都惊叹：怎么上海医生本事那么大？！实际上这和我们当时的培养方式有很大关系。

抹不去的回忆

1996 年唐山地震 20 周年纪念活动邀请了上海医疗队的代表一起去参加，我有幸是其中之一。那年我们再次回去的时候，当地医护人员也好，行政干部也好，包括老百姓，对上海医疗队的印象是非常好的。唐山人民对这段经历是很难忘、很感激的。我们那时候做了个电视节目叫《抹不去的回忆——20年的回顾》，请大家轮流讲20年前的经历。那时候，整个唐山的市委市政府都很重视，临走的时候给每人送了一块手表。这是很好的梅花表。20年前送一块全自动梅花表很了不起了，我这块手表一直戴到现在。

也是那次活动，有个我当年救的小病人来看我，小孩都是成人了，很激动的。他拿着一篮子的大果子（类似上海的炸油条）来，跪下来就来说“我就认得你！刘医生，你当时给我治疗的”。我也是很激动，这些老乡真的是非常淳朴。

我儿子是叫“震元”，因为我跟他妈妈是唐山地震结的缘，1982年我儿子出生的时候，我们俩就商量给他取了这个名字，取这个谐音。“震”是地震的震，“元”是出生在元月。儿子的名字也算是延续了这样一种唐山情缘。我有这个想法很久了：有机会一定要带着孩子和爱人一起再回去看看。

三个月的唐山情结

——徐志伟口述

口 述 者：徐志伟

采 访 者：夏 琳（上海交通大学医学院附属上海儿童医学中心党办副主任）

时　　间：2016年6月2日

地　　点：上海儿童医学中心心脏中心办公室

徐志伟教授（中）和治疗小组在讨论病例

徐志伟，1952 年生，中共党员，教授，博士师导师，上海市劳动模范。著名小儿心胸外科专家，附属上海儿童医学中心心脏中心主任。历任中华医学会心胸外科学会常务委员、中华医学会上海心胸外科学会副主任委员、中国医师协会心血管外科医师分会副会长、中国医师协会心血管外科医师分会先心病学术委员会主任委员等。1976 年作为第一批上海医疗队队员赴唐山抗震救灾，在唐山机场和丰润县开展救援工作三个月。

一

唐山大地震发生于1976年7月28日。那时，我24岁，还是上海第二医学院的一名医学生，那年是儿科系读书的最后一年，当时在新华医院儿科临床实习。我们从班主任那里知道唐山发生了大地震，伤亡惨重，要立即组织医疗队前往救援，当时我们儿科系四大班有七八个人参加了新华医院医疗队。

我接到通知的时候是下午，当时还不知道什么时候要出发，只是回家见了下父母，说可能要去唐山了。谁知，当天晚上就通知出发。时间紧急，我就带了两件短袖白大褂，和一个同学合带了三条裤子（准备大家轮换着穿），还有一块肥皂，没什么其他行李，就这样出发了。

新华医院第一批救援队有30人，由麻醉科、外科、五官科等科的医生、护士以及药师组成，都是各个党支部书记带队，组员都是党员。当时不像现在医疗物资这般丰富，也不能带太多的东西，所以我们就带了救援最常用的绑带、纱布、输液皮条、常用药（包括黄连素、感冒药、外用药）等就上路了。我们当天晚上从上海坐火车，火车很慢，第二天凌晨才到达天津，然后转车到一个叫杨村的军用机场，在那里等飞机。下午的时候我们才上了飞机前往唐山。

那是军用的小型飞机，飞得不高，所以可以看到下面的情况。我们从飞机上往下看到的唐山市完全就是一片废墟。那个画面就像被扔了原子弹一样，所有的房子都倒掉了。每条马路上挤满了全国各地前往救援的救护车、卡车，由于没有统一指挥，所有的车都堵在路上。

我们一行30人到达唐山后就分成两队，一队留在飞机场，主要负责治疗紧急的伤员和转运伤病情重的病人；另一队就被派往丰润县，去筹建医院。我当时就被留在机场，负责什么呢？当时国家规定，由医生评估，如果在三个月之内不能康复的，就要被转送到外地其他医院进行救治，不留在当地。当时都是地震中骨折、截瘫的病人，源源不断地由卡车送到机场，由我们简单处理后送上飞机，转运到外地医院。有的骨折病人就只能用木板固定一下，而截瘫的病人非常多，截瘫就是脊柱损伤，脊柱被压坏后伤者下半身瘫痪，小便排不出，膀胱胀得像个鼓。当时甚至没有导尿管，我们只能把带去的输液皮条剪成一段一段，给截瘫的病人插上导尿管，紧急处理后送上飞机转运出去。

当时的情况非常可怕，送来的病伤员都像是从土里刨出来的，满身泥土，用床单抬进来，其实这会对脊柱损伤的病人造成二次伤害，但当时的情况太紧急了，也没有那么多担架，条件非常艰苦。

我们每天在运送伤病员，也没有排班和换班的说法，一天24小时在机场等着。有车来了我们就接病人，从卡车上把病人护送下来后处理伤病，等飞机来了再送上飞机。只要有病人就工作，没有病人的时候就稍微休息一下。当时用的是军用飞机，飞机尾部打开后机舱是空的，伤病员一个个排队躺着，从机头排到机尾，装满后关上门就飞走了。估算下来，一天要运送上千名伤病员。

在机场运送了两三天病人后，我们就开始巡回医疗。那时唐山市民已经自己搭建了很多帐篷，一些轻伤员就在帐篷里。所谓的巡回医疗就是我们每天早上（我和当时儿内科党支部书记黄荣魁教授、我的同学石瑞金三个人一组）背上医药箱到机场附近，一个个帐篷去看病人，帮他们处理伤口，给一些药品。

二

在机场的几天是非常艰苦的，无论从生活条件还是工作条件来说。可能因为那时还年轻，都是二三十岁的青壮年，即使是24小时连轴转的工作，大家也都能坚持。即使是非常劳累的时候，只要看到有新的病人送来，大家拼尽全力也要把病人处理好送上飞机。

让我记忆最深刻的是压缩饼干、缺水、寒冷还有余震。震区缺少生活物资，医疗队唯一的食物就是压缩饼干，是军用的，很油腻，非常耐饥。我们从到达唐山的第一天起就开始吃压缩饼干，在机场工作了两周，就吃了两周的压缩饼干，到最后大家看到压缩饼干都怕了，但是没办法。为了有体力工作，我们就变着方法吃，从干啃，到把压缩饼干弄碎了放在大锅里加水煮成了粥糊喝，就这样硬吃下去。现在想来还有一个很有趣的小插曲，那时在机场附近有片果园，有苹果树。大家知道唐山是盛产苹果的地方，大家看到苹果都很馋，很想吃，但那时苹果还没成熟，是生的，非常涩，吃不下去，大家只能看着干着急。后来，终于有人带来了榨菜、酱瓜之类的咸的食物，大家觉得好幸福。

另一个就是缺水。大家从天津杨村机场上飞机时，还盛满了一大锅水带到唐山。在唐山机场时缺水严重，别说洗脸洗澡用水了，就算喝的水都非常紧张。我记得我和石瑞金两个人一起工作，当时天气热，工作时出汗，又非常脏，全身粘乎乎的，但根本没有水可以洗澡，非常难受。后来我们俩就拿着毛巾到附近小树林去找水，终于找到一个小水塘，尽管水也不干净，但我们还是把毛巾浸在水塘里蘸蘸湿，把自己擦一下，感觉舒服多了。

还有一次，半夜里下大雨，而我们因为没有野战经验，在搭帐篷的时候找了一块下凹地。睡到半夜时感觉背后都湿了，醒了才发现自己已经浸在水里，赶紧逃了出来。那里晚上很冷，我们身上都湿了，全身忍不住发抖。部队里的解放军就把卡车车厢打开，让我们在车厢里过夜。因为太冷了，我控制不住全身发抖，我们的护士找来纱布，用纱布把我一圈一圈包起来，那个经历让我终生难忘。

除了缺食物、缺水、天气差以外，我们也经历着余震。从飞机上下来就感觉到余震，第一次碰上余震时心里是很紧张的，毕竟我也在地震现场。我明显感到脚下的地在摇摆，像踩在棉花上。当时大家觉得自己是来救人的，是有使命的，因此没有人因为害怕余震而畏惧或逃跑，再加上当时很多伤病员不断送来，我们就想着如何救人，再累也要把病人救回来，这样大家都完全投入救援工作，竟然慢慢习惯了余震。

三

在机场工作两周后，我们就到丰润县和另一队医疗队汇合了。那时，他们那边已经基本建成了震地医院，但条件相当简陋，都是帐篷搭出来的。余震一来，帐篷“咯吱咯吱”响，但大家都已经习惯了。在那样的环境下，医疗队的成员间相互支持和帮助。我作为小儿科的医生就负责诊治当时还留在唐山的小朋友的日常疾病，最多的就是肺炎、发热等常见病。当时能用的药很少，我还是医学生，其实临床经验并不丰富，但在那个环境下似乎感觉自己责任重大，要保障每一位患儿的生命安全。这是压力也是动力，我在工作中积累经验，向医疗队前辈请教学习，边学边做，成长很快，很快就能独立承担工作了。

震地的条件是艰苦的，但那时没有讲究这些，大家还能苦中作乐。医疗队成员各显神通，自给自足，保障日常生活。印象特别深刻的是当时新华医院药房的胡松浩，他负责大家伙食，在营地挖了个坑生火做饭。

在丰润县筹建医院时住的是帐篷。北方的天气早晚温差非常大，七八月是夏天，中午温度有摄氏三十多度，很热，但到了早晚只有摄氏十多度。那时我们睡觉、休息都在帐篷里，夜里非常冷，又没有被子，就靠发的毯子，一人发了三条，下面垫一条，身上裹一条，再盖一条，还是很冷，因为当时去唐山的时候就带了两件短袖白大褂，没有任何多余的可以保暖的衣服。后来到了丰润县，我们才可以请家里寄些衣物及生活用品来。

在与唐山市民的接触中，我感觉到当地百姓非常纯朴，医患间的关系非常和谐。让我非常感动的是，当时四十多岁的黄荣魁教授，他腰椎尖盘突出，平时无法弯腰，但在当地给百姓看病时，他都要猫着腰钻进帐篷。我们对黄老师说：您年纪大腰又不好，就不要进帐篷了。但黄老师总是坚持和我们一起诊治病人，对病人非常关心和细心。而病人呢，则对上海去的医生非常尊重。我觉得非常奇怪的是，当时甚至在医院里，都很少听到哭声。也许是经过巨大的地震伤害，面对着无数人在地震中去逝，当地百姓对生死已看得很开。老乡之间见面打招呼就问：“家里谁谁还在吗？”他们觉得在如此大的灾难中存活下来，已经是件很幸运的事，对医生是百分百的信任，没有任何抱怨。

两个月后，1976年的9月9日，毛主席逝世。当时得知这个消息的时候，我正在临时医疗队救援，大家都惊呆了，所有人都自发地集中在广场上。那时在广场的一根很高的电线杆上绑了一个九寸的黑白电视机，很多人围着，其实是看不清楚的。大家认为毛主席逝世是件大事，广场上都是哭声。

在唐山三个月，说短不短，说长也不长。我是第一批去救援的，走得很急，也很快就回来了。我最遗憾的是没有留下什么照片和纪念品，那时不像现在这么方便，手机拿出来就能拍照，甚至连个照相机也没有。我们出发的时候，每个人就背了个小背包：一两件衣服和一块肥皂，居然在唐山坚持了三个月。但就是这三个月，却成为我一生中印象最深的日子。现在我已经完全记不得那些诊治过的孩子的样子了，但我的脑子里总有两种形象：质朴的百姓尊敬的眼神，穿着圣洁的白大褂、背着医药箱、猫着腰的医生。

第九人民医院救援唐山大地震综述

唐山大地震后，上海市第九人民医院在接到指示后的第一时间内，即派医疗队前往唐山救援。据统计，从7月29日派出首支医疗队，至1978年年底，九院先后派出三批共72人的抗震救灾医疗队赴唐山抗震救灾，历时5个月。

	第一批	第二批	第三批	合计
医生	12	4	6	22
护士	5	7	9	21
医技	2	4	6	12
后勤		3		3
医学生	9			9
行政	2	2	1	5
总计	30	20	22	72

第一批医疗队由内外科医师、护士、检验师、药师等30名成员组成，分两队，其中包括医生12人、护士5人、医技2人、工农兵学员9人等。在医务科、药剂科、护理部、后勤等部门的积极配合下，医疗队备足医疗器械、应急药品、干粮、饮用水及简易帐篷等物资，每位队员都要肩负30公斤重的物资，最重的属医疗器械，有一百来斤。

7月29日出发，直至7月30日上午，医疗队才到达天津郊外杨村，受命在离唐山几十公里远的丰润县设立医疗救治点。7月31日凌晨两点多，医疗队员随被转运的伤员一起向市外行进，一路颠簸，经六个多小时抵达位于唐山市北面的丰润县。医疗队设在丰润县人民医院附近，因为地震导致丰润县人民医院垮塌不复存在。地震三天下来，积压了数百名伤残、瘫痪的伤员，他们躺在地上呻吟不止。队员们下车后整理行装，立即开始在担架旁、帐篷里、简易手术室里救治伤员。大量伤员因地震造成挤压伤、骨折、头颈颌面部创伤伴颅脑创伤或高位截瘫，这是医疗队救治创伤病人的重点工作。为了防止伤员压榨伤的并发症——肾功能衰竭的发生，诊治感染引起肢体坏疽和因脊椎损伤而导致截瘫的伤员，医疗队员整整三天三夜没睡上觉，没日没夜，争分夺秒地救治伤员。外科医生针对患者的需要开展了胃切除手术、肠梗阻、胃穿孔、胆囊炎手术，还与妇产科医生一起做剖腹产手术。截至8月4日，九院医疗队一共收治转移伤员五百多人。

九院医疗队是较早进入地震灾区的医疗队之一，医疗队一边救治伤员，最多时一天可救治一百多名患者；另一边又领受了抗震救灾指挥部的防疫任务，队员们凭着上山下乡、防病治病的经验，在医疗点附近搭建临时厕所，定期对周围环境开展喷洒消毒水、控制用水来源等。8月底，医疗队开始搭建临时医院，虽然条件十分简陋，然而已经开设内外科病区，搭建了简易手术室。

9月30日，九院第一批医疗队返回上海。第二批医疗队由陈德堃任队长，宁维为指导员，由口腔、内外科、中医科医师、护士、麻醉师、药剂师、检验师、放射技师及后勤人员等20名队员组成，他们前往丰润接替工作，并开始筹建医院，建立起药房、病区等，并重建医院各项制度。

10月底，九院第二批医疗队返回上海，由魏原樾领导的由内外科、口腔、中医科医生、护士、医技、药房、化验师等22名队员组成的第三批医疗队接替他们的工作，直至12月底返回医院。

据不完全统计，1976年7月29日至12月，九院医疗队共诊治伤员、患者数十万人次，其中重伤病人数百人次。

（陈福夫 供稿）

大难有大爱

——陈志兴口述

口 述 者：陈志兴
采 访 者：张　祎（上海第九人民医院宣传科副科长）
　　　　　吴莹琛（上海第九人民医院宣传科副科长）
时　　间：2016年6月
地　　点：上海市文艺医院

陈志兴，1949年生，1976年参加工作，曾担任上海第二医科大学附属人民医院副院长，第二医科大学副校长，上海申办2010年世博会办公室副主任，上海市知识产权局党组书记、局长，上海市政协教科文卫体委员会办公室常务副主任，上海市医药卫生发展基金会副理事长。唐山大地震时，曾作为第一批医疗队员赶赴唐山救援。

一

当时情况非常突然。我们知道唐山大地震了，但是我们医务人员什么时候去，怎么样去，去多少人，都不知道，大家很焦急。然后上级通知说要九院派医疗队去。我们那时候是大学生，即将毕业，还在内科实习。知道九院要派医疗队去后，我们就积极报名，九院最后还是考虑了我们八位即将毕业的医学生。我们那个时候是工农兵学员，其中有四位同学是从部队里来的，有这么一个机会参加医疗队，这对我们来说是非常荣幸的，也是一次大的考验和锻炼，我觉得非常不容易。

领导决定医疗队成员后，就通知大家不能回去了，马上开始做准备工作，准备急救品、应急品、药品、压缩饼干等，能想到的都想到了。每一个人要背15公斤到20公斤重的物品。那天一直到晚上我们都没回家，我还没跟家里说，到底什么时候出发都不知道，我们整个晚上就在医院里边，大家都在忙。然后我们就接到命令，第二天一清早出发，跟大队部集合。家里人当时并不知道我到唐山救灾去了，我老家是浦东的，那时候家里还没电话。出发那一天，我告诉我哥哥：唐山大地震了，我已经应征加入医疗队了，到那边有情况再跟你联系。我们都是通过指导员联系的。

出发的时候，我们乘坐的是专列，和其他上海医疗队一起出发。那时候交通不方便，走走停停，大家很着急，希望早点到，火车一直往前开，我们不断打听前方的情况。到天津后，我们转车到杨村空军机场，准备乘飞机去唐山。那个时候天气很炎热。一想到唐山地震的情况，我就想早点过去，多挽救点生命，后来我们一队人正好上了一架飞机。我们是那天晚上到的唐山。飞机飞得比较低，唐山的地貌已经看不清楚了。我们抵达唐山后继续待命，又接到通知说要去丰润县。我们二医大的几个医疗队集中到了丰润县。到了丰润县后，我记得最有印象的就是余震很频繁。记得当时我们还没下车，路上看到驴子突然跳起来跑了。车刚过，身后的一堵墙就倒塌了下来，当时我们还不知道什么情况，后来知道是余震。这是到达后第一次碰到余震，就这么一眨眼，三十秒、一分钟的工夫，一堵墙就倒了，我们擦肩而过。如果正好砸在车上了，后果不堪设想，有点后怕。

后来听从唐山城里来的伤员说，整个唐山已满目疮痍，景象非常残酷，街道上到处散落着支离破碎的物品，连医院的手术无影灯都掉落在街边。

二

到了丰润县之后，没有休息的时间，我们马上就去看伤员。当时震中在唐山市，但是丰润县也很惨，整个县医院全部塌下来了。市区的伤员去世的就去世了，剩下的伤残、瘫痪的伤员，都到了丰润县。丰润县医院已经不在了，医院旁边的玉米地里全是伤员，断腿的、断手的都有。那个时候已经不是发药，而是撒药，我们看了都惊呆了。

我们到了丰润县医疗点后，一开始条件很艰苦，后来逐渐好转。分几步：先是什么都没有，只有一片空地，然后我们自己搭帐篷，再后来搭了棚，那是用竹子做支撑的。我们到了以后，先去玉米地里抢救伤员，把伤员都移出来，放在空地上，紧急包扎伤口。当时的条件，不能开刀，只能固定、包扎，做些简单的处理。具体多少伤员也没数过，我印象中全是人。第二天上午，有人搭了帐篷，我们就抓紧时间做些简单的手术。竹子搭的棚子，一到晚上就发出“叽叽嘎嘎”的声音。余震也很频繁。那时候各科医生没有分工，看到病人就把他移出来，移出来以后该怎么处理我们都能做。有了简易病房后，就要分科了，泌尿科、骨科分开了，转出去部分重伤病员，剩下都在当地接受治疗。接替我们的第二批医疗队来了后，我们就撤回了。第二批医疗队来时已经有一个比较像样的医院了，有病房、药房、检验等。

那里的情况，是我以前从来没有经历过的。没什么吃的，前几天吃压缩饼干，老是吃人很难受。水井里是老百姓浸泡的高粱和辣椒，看见我们没吃的，他们拿出来给我们吃。到了差不多一个礼拜的时候，直升机送补给来了，直径二三十厘米的大饼，一捆一捆的。老百姓是真的饿，大家都争抢，没办法，民兵只好维持秩序。帐篷搭好后就可以做手术了，当时帐篷搭得很简单，顶上面是塑料布，但是直升机一来，帐篷顶一下子给吹没了。

还有件事我一辈子难以忘怀，我深深感受到生命的脆弱，灾难的无情。经过我们紧急处理以后，中央决定把丰润县各个点的重病人转送到外地去接受治疗，因为医疗条件不够。最后，军队来了军车，把这批病人放在车上，运送到火车站去。这些都是不能动的伤员，而那车厢就是军用卡车。我们晚上转运伤员印象特别深，心里很矛盾，因为病人很痛苦，疼得直叫，但没有什么担架，两个人抬着病人就往车上送，然后车就开走了。看到他们要经受这么多的折磨，我感到地震带来的摧残太可怕了。

我们这八个同学非常团结，因为我们不仅代表九院，还代表上海，代表整个医务人员的形象。对我们来说，唐山的经历不仅仅是锻炼，更是一个考验。

我当时是口腔系的学生会主席，又是大班长，还是党支部副书记，领导交代我搜集各方面的信息发回九院。有时候他们都睡了我还不能睡。我们那时没有电灯，都点蜡烛。我把压缩饼干箱子叠起来当桌子，将救治的病人统计好之后写成简报。我们九院分队集中在我这里写材料，我经常写到凌晨一两点钟，因为白天都在外面救治伤员。在唐山的时候我们每天要开会的，要根据当天的情况，向医院进行报告。有一天我到唐山市区向大队部汇报情况，跟到达第一个晚上碰到的情况一样，快到大队部的时候，周围只有一堵墙，我刚经过不到两分钟，忽然“轰”的一声，墙就倒了，很可怕吧？我去大队部的时候，李玉林在作报告，他好像是开滦煤矿的一个副矿长。地震发生后，道路都不通，是这个人冒着风险克服了种种困难，到北京汇报的。此前中央都不知道地震的具体情况，他第一个跑过去，很厉害。我把听到的内容整理成一个报告交给祝平书记，他特地为此赶回来向九院作报告。

三

我们第一批医疗队在那里大概待了两个月。第一批是最艰苦的，医疗条件、生活上都很艰苦。

当时也不知道余震会到什么程度，处在那样恶劣的环境之下，想想老百姓，我们医务人员就不再会有所畏惧了。我们当时已经在比较安全的房子里了，再去多想就会睡不好，没睡好就没精力服务，倒不如放宽心，所以余震一来，大家都没声音了。当时大家就铺着席子睡在地上。吃的食物也有个逐渐转变的过程：第一步是压缩饼干，老百姓给了浸泡在井水里的高粱、辣椒；然后是大饼、馒头、大白菜；后来交通疏通后，全国各地资源都来了。我在上海的时候不喜欢吃馒头，结果回来以后他们都瘦了，我比原来胖了一点。什么原因？我后来想想，大概是后来条件好了，没有米饭，就吃馒头的缘故，毕竟吃面粉容易胖。

生活条件也是慢慢才得到改善的，比如说刚开始上厕所都成问题。哪里有厕所啊，我们就是到外面随便什么地方方便一下。当然污染肯定是有的，就要看那个时候是救病人要紧，还是污染要紧了。后来建立起了一个大的病区，有几间厕所，也是临时搭的。那时候病人要进行一些小的康复，我们几个学生做一些小的支架，也做了最土的自来水龙头，靠的都是生活经验。

麻烦是地震以后的大雨带来的。余震在一步一步减弱，雨也是。开始几天老下大雨，情况很苦，抢险也难，还有感染之类的次生灾害。地震就是这样子的。后来的汶川地震也是这样的，大地震以后必然下暴雨。考虑到次生灾害，医疗队组织了消毒工作。汶川地震以后救援工作非常有秩序，谁应该去，后续工作是什么，一步一步都有规划，1976年那个时候没有。

1976年“文化大革命”还没有结束，9月9日毛主席去世，这个消息一出来，每个人都很悲痛，难以相信这么伟大的人就这么去了。唐山人的眼泪，按理说，在地震以后就已经哭干了，但是听到这个噩耗后，老百姓痛哭，他们真的很伤感，那是对他们心灵的第二次打击。过了一个多月，党中央派领导来丰润县慰问我们，还和我们握手了。

四

我一开始就说，我要感谢九院的领导，在三十个人的医疗队里边，选入了即将毕业的八位工农兵学员。我不知道其他各个医院医疗队的组成情况，领导的安排肯定是给了我们一次机会。我们什么都没有经历过，能够参与那次救援工作，我们所经历的都值得珍视：苦难也好，感叹也罢。可能当时有两个因素促成我们加入医疗队，一是正好我们在内科、外科学习，而我们调的人大部分就是内科出去的；另外我们是班干部、党员或部队里的学员，所以就选了我们八个。我们来自全国各地，工农兵学员都是这个特点，经历过社会磨练。当时我不太清楚领导意图，他们应该是想抽一部分即将毕业的学生锻炼一下。那确实是对我们的考验，我们要扛得住，得跟大家齐心协力，尽最大努力挽救伤员的生命，减少他们的痛苦。其他没去成的同学，觉得有点遗憾；我们去了以后又为我们担心，毕竟大家都是同班的同学，万一少了一个回来多不好。之后我们胜利归来了，他们很羡慕。

所以怎么说呢，我体会了很多，最重要的当然是人的生命很脆弱。我们开玩笑说要大度一点，要互相帮助，大的事情突然来了以后，大家都得重新分配，是吧？我们从中得到了更多的感悟：我们国家在当时那种情况下，能够把全部力量动员起来，战胜这样一个灾难，说明党的力量、国家的力量都是非常强大的。“大难有大爱”，我们在这里体会到了，不然的话这个困境还不知道发展到什么程度。

另一个体会是：我们医务人员，虽然分工，但是团结的力量是非常重要的。在唐山时，有人身体不好，拉肚子、发烧的都有，但是大家互相帮助，共同克服困难，没吃的时候，自己少吃一点，让别人多吃一点。

另外，唐山经历对我后来的人生有很大的影响。2000年的时候，上海市申报世博会需要调人，对抽调的人是有要求的：第一，得是副局级，因为当申博办公室副主任，我副校长相当于副局级；第二，要英语好，要么在美国学习过，要么在那里工作过；第三，要有大型活动的经验，要经过一个考验，要有相当的组织能力。可以说唐山的经历也影响到了我们的申博，毕竟，申博也是一场艰难的战斗。当时的条件对我们非常不利，我们起步比较晚，没有经验，碰到很多对我们不利的因素，但是市委市政府要求我们克服困难，一定要申办成功。困难怎么克服？哪个是国家层面的，哪个是上海层面，哪个是办公室层面，哪个是办公人员层面，我们都有明确分工。我们虽不是像真的去打仗，但是也像是没有枪声的一场战斗。确实是这样，最大的困难在唐山都经历过了，一个人经过这么一个考验，肯定是有一定积累的，不然的话，我们没有这个信心，没有这个动力，也没有能力去克服困难。

唐山大地震我们有幸参与了，也通过考验了；借助这层经验，我们国家申办世博会取得成功。这两件事情对我来讲，都是很宝贵的财富。

众志成城 大爱无疆

——简光泽口述

口 述 者：简光泽

采 访 者：张 祎（上海第九人民医院宣传科副科长）

吴莹琛（上海第九人民医院宣传科副科长）

时　　间：2016年6月

地　　点：上海第九人民医院行政楼3楼VIP室

简光泽，1949年生。1966年参加工作。1975年工农兵大学生毕业，分到九院做内科医生。1984年任九院人事科副科长，1986年任九院党委副书记，1994年任九院党委书记，直至退休。唐山大地震后，作为第一批医疗队员赴唐山救援。

一

唐山大地震是1976年的7月28日发生的。大地震消息传来，医院接到上面命令，要组建两支医疗队，通知各个科室报名。

我是1975年毕业的，我们那个时代接受的教育都是很正面的，接受了毛泽东思想的教育，再加上我是工农兵大学生,有这些机会，我都是积极报名参加的。譬如说，我们毕业那一年，有到西藏的活动，我也报名了，但是最终没有被批准。

分到九院以后，我的工作热情很高，因为是学生，不存在休息的说法，平时一直在医院里，随叫随到，所以当唐山大地震消息传来时，我就积极地报名，要争取，就是那种热情，总希望能去艰苦的地方。

当时实际上不止我一个人，很多的职工都有这种热情，报名的人很多，都争先恐后写请战书，因为名额有限。医疗队注重内外科人员的搭配、男女人员的搭配。报名以后，我们内科支部就把我的名字报到院部去，院部通过了。当时组建了两支医疗队，但是没有马上出发，待命。有的人住在口腔大楼待命，我们住宿舍等待。

第二天早上，接到出发通知时，我们才知道九院有两支医疗队，一支医疗队由口腔外科的邱医生（现在是邱院士）任队长，还有一支由副院长祝平任队长，还有工宣队的，好像姓邱。顾洪亮、倪峰也是同一批的，还有手术室的，陈巧云也去了。

二

第二天早上出发乘火车二十几个小时后，我们又坐专车到了天津郊区的杨村机场。到了杨村机场后没有交通工具了，我们就等在那里，那天晚上在那里过夜。第二天早上洗脸水都没有，大家就用毛巾撸机场草地上的露水擦擦脸。

吃的话就是压缩饼干，喝的话每人带了一桶水。祝平就跟大家讲，请大家节约水，水很紧张的，因为地震水管都被破坏了。我第一次吃压缩饼干，蛮干的，没有水不行，当时就感觉到抗震救灾蛮艰苦的。

飞机把我们带到唐山附近。这架飞机装了好多盐水瓶。我第一次乘飞机，当时我很纳闷：装那么多盐水瓶，飞机飞得起来吗？盐水瓶一箱一箱装好后，我们乘上去就走了。

我们被分配到唐山附近的丰润县，到了唐山附近后，再坐汽车去丰润县。车子开得很慢，因为交通非常拥挤，路上都是车和人。到了丰润后，我们就在丰润县的郊区找了一块大空地，在那里住下。

记得在途中的时候，我们的车子刚经过，旁边一栋两三层的房子就倒塌了，就相差几秒钟，当时一车人“哇”地叫出了声。这是我第一次真切地感受到余震，震感蛮强烈的。

目的地没有房子了，全部都是平地，这在上海是无法想象的。交通不通了，生活条件差。医疗队到的地方，根本不是一家医院，像战场一样，是临时搭的帐篷，起医疗中转站的作用。说是帐篷，其实就是用竹子搭起来的房子，后来是用砖头搭起来的房子，划分出一个住宿区，一个生活区，以及一个病房区。

我们是在郊区，还不是在市中心，据送来的病人描述，那里的场景更惨烈。我们曾接收到几个唐山人民医院的医生和护士。地震以后楼板塌下来，他们被压在下面，没有东西吃，就喝葡萄糖盐水或者生理盐水维持生命，后来才得救。

唐山附近的部队第一批进入唐山市中心，那时候我们也没有什么救援工具，没有探测仪，都是靠人工搬，靠挖掘机挖。来的病人都讲，唐山市区就剩一片平地了，还有异味，后来可能有防疫人员进去了，消毒后就好一点。

三

我们开始去的那段时间，余震不断，每天晚上睡觉的时候，帐篷“咯吱咯吱”地响。我们南方人跟北方生活习惯不一样，开始我们吃的是小米粥，开始吃还蛮好，时间长了吃不习惯，后来上面给了我们一点面粉，大米是没有的；

生活条件逐渐改善后，才吃到米饭。菜供应也老紧张了，后来也就慢慢适应了。有的人水土不服，拉肚子。因为我们跟当地没有联系，不像现在地震后有后勤部队，专门供给物资。

丰润县的房子，有的是倒塌一半的，有的完全倒塌了。我们住的地方是平地，前面有一条河，开始我们还不敢用那里的水，到最后大家都到河里面洗澡。我有一种体会：大地震真的很惨，对人的影响很大。（那时候我们医疗队的情况陈志兴报道得比较多一点，写稿子、写材料比较多一点。他当时还是学生，1976年即将毕业。）

队员中有很多人都是有家室的，家里有老有小。但是从来没有一个人说有困难，要想早点回去，从来没有。我们的心思全部在抢救病人上。那时候没有手机，跟家里联系也不方便。应该是这样讲：即使有困难也不说。比如说核医学科的张庆华医生，他小孩那时候刚出生不久，我就听他讲过一句“我小孩老好玩了”，以后再没有讲过。所以说大家的思想境界都很高，都放在工作上，以抢救病人为主，以治疗伤病员为主。

大家都自觉履行医生的责任，尽心尽责。去的时候组织上动员说我们不是代表个人，而是代表九院，代表二医，代表上海，我们时刻记住领导动员时所提出的要求。共产党员要带头；那时候不是共产党员的队员，表现出来也是共产党员的境界。

我学的是内科，我当时跟新华医院黄永坤（音）一个病区，他等于是我们的科主任。我那时候刚毕业，还是年轻医生，不是很成熟。我们这个病区接收的都是外伤比较轻的病人，实际上内科病人很少。

我记得有个病人是从唐山送过来的，好像是唐山宣传部副部长。他是腰椎骨折。我们简单处理以后就把他转走了，因为病人伤得太重，当地医疗条件是不够治疗的。当时就是这样，重的病人处理以后转走，轻的病人就地治疗。

那时候来的病人也比较多，床位也是有限的。我印象最深的就是没有白天晚上之分，病人随时都会来，我们时刻待命，每天晚上大家轮流起床和休息。来的病人，要么手没有了，要么腰坏了、脚坏了，都是这个样子的。

那一年，对我们国家来说非常不幸，朱德、周恩来、毛泽东这些国家领导人都在那一年去世。在唐山我还参加了悼念毛主席的活动。当时整个状况就是很封闭的，都得靠自己。交通不行，大地震那个时候道路全部封闭了；通讯不行，唐山地震了，北京还不知道。后来我们听了一个人的报告，他是唐山煤矿一个副矿长，叫李玉林，是他从唐山赶到北京汇报的。他讲了到北京的情景，到北京领导给他吃馒头，还接见他。

大概待了两个月，接到上面命令后我们就回来了。九院派出的医疗队分第一批、第二批、第三批。第二批来了之后，我们就撤退了。第二批待得时间比我们长，待了好像半年还是一年，而且没这么多人了，不像我们有30个人。他们那时候以丰润抗震救灾医院的形式展开救助，比我们那个时候好，交通好了，生活供给也好了，各方面生活设施、工作环境都比我们好。第一批是最艰苦的。

四

这种经历在人生中是不多的，也是一种机遇。当时整个二医派出的医疗队都聚集在丰润县。九院、新华、瑞金、仁济，我们几个医院都在一起，大家都蛮熟悉的，不分职务，不分医院，那种团结协作的精神体现得淋漓尽致。这也代表了上海的精神。

1976年毕业以后，我们很多同学都下乡了，我没下乡，原因是：第一，我是农村的；第二，我参加了唐山大地震，所以一直没叫我下乡。参与抗震救灾，我亲身看到、体验到人的生命确实是宝贵的。我是贵州人，当时贵州德江县有一个县政府的考察团去了唐山，结果那天晚上住在唐山就回不去了。

之前说过，在去丰润县的途中，假如那堵墙压在我们车子上，我们也走不掉了。大自然是很有威慑力的，现在我们说要征服大自然，这实际上是从精神上来说的，我们是很难征服大自然的。很多自然灾害也是无法抗拒的，那个时候地震也是没有办法预测的。

对参与过抗震救灾的人来讲，那绝对是一种锻炼。通过参加抗震救灾，我们医疗队很多人都走上了领导岗位，邱院士当时任科主任，回来以后做了院长，祝平那个时候是副院长，陈志兴后来做了副院长，历任知识产权局、申办世博会办公室的领导。另外，救死扶伤的那种信念，那种精神无形地在那里推动着我们，让人感觉是一种责任。

我在唐山写过一封信给我们内科党支部，讲了我看到的情景和当时做的工作，表表决心。他们把我这封信在内科周会上念了，大家听了以后蛮感动的。

汶川发生地震的那一年，我在医院任党委书记了。和唐山大地震相比，汶川地震给我一种感觉，就是全国各方面的呼声比唐山地震要大。毕竟那时候信息畅通了，也透明了。唐山大地震震级比汶川大地震要高。唐山大地震发生在人口集中、高楼密集的地方，而汶川大地震发生在郊区、乡村，地震范围虽比唐山要大，但是人口是分散的，所以从人员伤亡这个角度来说，唐山比较多一点。

从损失的角度来看，唐山损失比较严重。汶川以泥石流滑坡为主，救援方式两边各有不同。汶川地震救援的设备比较先进，毕竟汲取了唐山大地震、云南大地震等地震的经验，各方面条件都是有利的，这是唐山大地震没有办法比的。

另外，去汶川救援的人的层次也比较高，我们医院戴尅戎院士都被派到地震灾区去了，救援的层次、医疗的水平，还有组织的供给保障，都比唐山大地震好很多。

我虽然是以内科医生的身份去的，但是到那边就成了类似现在讲的全科医生。接收的伤员也不分内外科，都是以外伤为主，小伤治疗，重伤包扎转运，有些手术很难开展。病人能处理的就处理，不能处理就要请示上级医生。

唐山大地震20周年的时候，我到唐山去了。二医余贤如书记带队，九院就去了我一个，还有新华医院的刘锦纷，还有康敬奋（音），他是小儿科医生，还有其他好多人，我们一起去的。30年以后去看唐山，完全不一样。我就感到唐山真了不起，发展很快，重建也很快。

唐山人那种自觉生产的精神非常好，把唐山建设得很漂亮，高层建筑已经起来了，马路、绿化都规划得很整洁，非常好。唐山人民对曾经在那里抗震救灾的那些人是很热情的，市长、书记专门出来接待我们，感谢上海医疗队，感谢上海人。唐山建设得这么好的关键是唐山的精神，艰苦奋斗、自力更生的精神，当然还有国家的支持。

万众一心 自力更生

——倪峰口述

口 述 者：倪　峰

采 访 者：张　祎（上海第九人民医院宣传科副科长）

　　　　　吴莹琛（上海第九人民医院宣传科副科长）

时　　间：2016年6月

地　　点：上海第九人民医院浦东分院

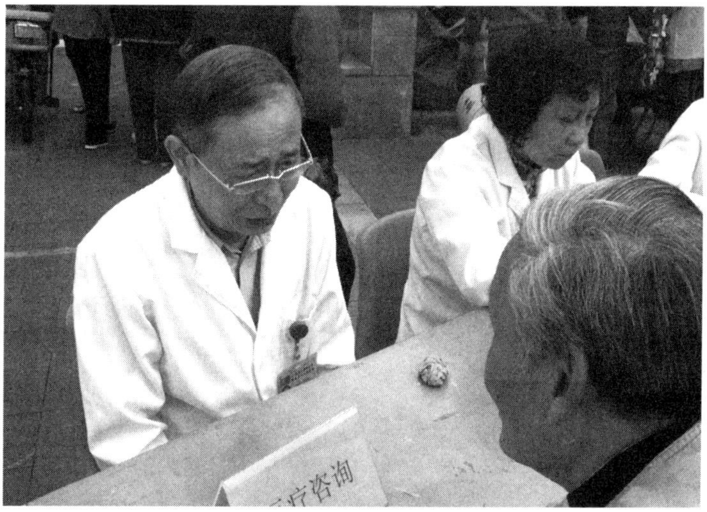

倪锋在作医疗咨询

倪峰，1949年生，1972年参加工作。曾任上海第九人民医院胸外科副主任，九院工会副主席。唐山大地震后，曾作为第一批医疗队员赴唐山救援。

地震那天我在做手术，手术刚结束就得到这个消息。医院领导通知我们不能回家，就待在医院里等待命令。到了晚上，指导员来给我们开会。会上说，唐山大地震死亡人数很多，我们有任务，作为医疗队员去抗震救灾，可能第二天就要出发。我们队长是老邱（邱蔚六），医疗队成员以外科医生为主，还有口腔医学系工农兵大学生，共八个，都是男同学，而且都是实习期，也有内科、儿科的医生。我们第一批医疗队三十个人，祝平副院长也是其中一员，分成两个医疗队，当天都在医院待命。后来，医院里的医护人员都知道了要组织医疗队去抗震救灾的消息，都来报名，但是第一批人选已经定好了，他们只好等第二批。

医疗队组建好了，我们就连夜准备手术器械、抢救药物，准备好以后我们还是在医院待命。第二天早晨，领导说“我们要是今天不走，明天肯定要出发了”，让我们回家告诉家里一声，准备一点私人用品。一开始家里面不知道是什么事，到哪里去也不知道，大概就知道哪里发生了比较大的灾害，我们医疗队要去救治。

7月29日我们就乘坐火车出发了，第二天早上六七点钟到了天津的一个军用机场。因为太阳很大，很热，我们都站在飞机的翅膀下面躲避阳光。我们看到有很多解放军，当时还没有医疗队。我们上海的医疗队属于第一批到那儿的，大家都在机场待命。九院医疗队有两面手写的旗子。副院长祝平很有经验，他让大家把手术室的帽子戴在头上，一看戴帽子的人就知道都是九院的，手一招，大家就上飞机了。同时，他要我们做好最坏的打算，因为没有什么供给，他让我们到医疗队驻地就到周边废墟看看，有没有铁锹、锄头之类的工具。

等了八九个小时，下午五点钟左右，我们才接到通知，乘坐飞机去目的地。飞机起飞后在唐山上空绕了一圈，从飞机上望出去，唐山已经是一片平地，没有什么房子，都成废墟了。晚上七八点钟的时候，我们抵达唐山机场，那时候天已经黑了。上海医疗队有两百多个人，大队部工宣队的队长、副书记领队，队员集中后，将医疗器材背着，排好队步行，走了一段时间看到汽车后，就有序上车。

那时候街上都是人，有解放军，有当地灾民，有各方救援的，都是自发来的，车都开不过去。我们要去丰润县，路很难开，开一段停一段，开得很慢。让大家印象很深的一幕是，路边有驴子在奔逃，随后不久，我们的车刚刚经过，就看见旁边一堵墙一下子倒下来了，晚几秒钟，我们就被压在这倒塌的墙下面了——说明余震是很危险的。汽车一路走走停停，一直开到早晨六七点钟，才到丰润县。

第一顿早饭吃的是压缩饼干，还有小米粥。吃完早饭，各个医疗队自己动手搭帐篷。帐篷就搭在医院旁边的庄稼地里面。我们拿着铲子、铁锹，其他什么东西都没有，一共搭了两顶帐篷。当时还挖了一条壕沟，用于排水。帐篷搭好后，还要解决吃饭的问题。我们一起去的同学中，像陈志兴等，都是工农兵大学生，很有生活经验和野战经验，用铁撬挖灶头。安顿好以后我们就开始抢救病人了。

唐山地震的震中在市区，我们医疗队不在市区。市区都成了废墟。我们上海的医疗队都去了唐山周边开展救援工作。二级医院都是在唐山市中心搞巡回医疗，就是找人，如果找到的人有生命迹象就抢救，伤员就立即转移到救治点。

开始的时候，我们在临时搭建的房子里面救治伤员。其实房子里没有什么东西，地上摊一块塑料布，桌子什么的搬进来就用。我们抢救病人的时候还会遇上余震。虽然条件很艰苦，大家都能够克服，因为我们一心想着要为灾区人民服务，一心要为他们解决问题。

遇到的大部分伤员都是外伤感染。因为长时间压着，伤处的组织都坏死了，要清创。我们带去的医疗器械马上派上用场了。用开水对其消毒。手术基本在局部麻醉下进行，伤者还是会疼痛。全麻在当时的条件下是不可能的，有个小腿截肢的伤者就这么硬挺着接受手术。很多病人死于创伤感染，活下来的腿坏了、手坏了的都有。也有病人尿潴留，大部分是外伤以后截瘫引起的。那时候，我们就是在地上铺些草，草上放张纸，病人就躺在上面。碰到一些病人尿潴留，膀胱胀得不得了怎么办？没有导尿管怎么办？我们开始就地治疗。那时候我与程伟民医生一起做导尿管，用输液皮条自制导尿工具，把皮条的两头用火烧圆润一些，再煮沸消毒，充当导尿管，为不少患者解决了问题。

我们还给伤员做固定支架，就地取材，还用毛竹做担架。外科遇到最多的病人就是伤口感染，有些伤口感染，过了一个星期，里边都是蛆。首先必须清创，要不然根本没有办法换药。据有经验的队员介绍，用汽油浇在伤口上，蛆会爬走。本来汽油没有这么多，用完了我们就去解放军那儿要。从上海带去的消毒酒精等药品很快用光了，我们就得自己想办法，烧点开水，弄点盐，克服困难为伤者消毒。补给到达是一个月以后的事儿了。当时我们在灾区开展的外科手术有截肢、胃切除、肠梗阻、胃穿孔、胆囊炎等手术，我还与妇产科医生一起做过剖腹产手术。

那时丰润县有60万人，真正地震引起房子倒塌致人死亡的，大概占10%。开始中央不知道有多少地震伤员，决定就在当地治疗。后来看到病人实在太多了，就把病人分流，转到全国各地去了。我们的救治以急诊为主，在丰润的后20天，基本上都在转移伤员。轻病人自己走到火车站，重病人则通过担架抬过去，我们背包里面背点药就去送病人。护送病人担架到火车站，要走半个小时。一天要送七八次，多的时候有十几次，我们就在火车站和医疗队驻地间来回走。地震发生一个半月以后才重建了医院。

开始时条件很艰苦，救援初期什么都没有，只有我们带去的东西，用光了就没有了，补给一个月以后才跟上。我们外科带了药品、麻药、纱布、棉球以及器械，内科就带药，都派上用处了。那时候每个人背个野战包，蛮重的，东西都在里面。喝水的话，没有自来水，只能把河水或者井水，用明矾净水后再烧开。消毒器械的时候也用这些水。好在郊区不是震中心，我们自己向当地老百姓买米和菜，自己烧饭吃。到后来，我们到当地医院里买饭票，在食堂吃饭。

在救援过程中，因为病人很多，我们休息时间很少。有一天晚上，地震以后下暴雨，雨水量大。我们因为之前挖了壕沟，基本上没怎么被淹；有的医疗队没有经验，没有挖排水的壕沟，睡在帐篷里的队员都被雨水冲得漂到帐篷外面。记得当时我们医疗队的陈志兴，除了治疗病人以外，他每天要将救治的情况记录下来，晚上还要写简报发回去。这些工农兵大学生因为曾工作过，各方面都比较有经验。他们有的来自农村，起灶头、烧饭都会，相当不错，在生活上给了我们很多帮助，大家相互照应。

记得在去丰润途中，我们乘坐的车辆刚经过一堵墙，墙就倒了，我看到那情景心里是很紧张的。余震不断，一开始大家都很害怕，后来就习惯了。刚开始几天余震不断，广播里也一直播报，但我们都不当回事儿了，遇到有建筑物的地方就自己小心一点。接收病人的棚子都是用草和竹子做的，没有砖块，倒了也压不死人。

那时候洗澡也是问题。我们医疗队驻地旁边有很大一条河，男同志无所谓，直接跳进河里洗澡，女同志怎么办呢？我们就把医院带去的床单围好，男同志给她们站岗，她们在里面洗澡。虽然当时条件很艰苦，但我们并没有感到特别辛苦。工作很累，但很开心，因为精神上充满激情，一心想把病人救治好。大家都很团结，心里没有任何怨言。

当时不分科室，来病人了大家就去抢救，基本上都是作外科处理。后期，我们白天有空的话，还要下到农村去访问病人。受灾的老百姓很坚强，我们和送来的伤员聊聊地震发生的情况、道路的情况和他们家里的情况。我感觉他们都很乐观，因为地震破损得太严重了，很多人觉得活下来已经不错了。

一个月以后，临时医院成立了，运转得跟正规医院一样，我们就去值班、查房、看病。那时候医疗队员在手臂别上袖章，解放军看到了就对我们很尊重，一招手他们车子马上停，有什么困难，马上给我们解决，都很方便。

到达丰润县十余天后，伤者基本得到了处理，病人不多的时候，我们几个小伙子吃完晚饭后还去过旁边村子。当时年轻嘛，很好奇，想去看看地震破坏的严重程度，听说那里地面裂口很大，喷出来的都是沙，我们就商量着一探究竟。一看，很震惊：地震真是太厉害了，地面裂开了很大的口子，大概有1.5米宽。

我们在那待了两个多月。抗震医院的设备配置齐了，值班制度也建立起来后，我们才回来。相比真正的医院，房子设施差一点，医疗设备差一点，但是条件比之前好了很多。接替我们的第二批医疗队员中，没有大学生了。

对我而言，这段经历最大的影响就是：第一，我以后碰到再大的问题，都能够克服；第二，唐山人民对我们工作的肯定和鼓励，也有一定的激励作用。经历了这么大的灾害，他们都很努力而顽强地活下去，这种精神也激励着我；第三，从唐山地震救援回来以后，当我们面对病人的疾苦时，与之前刚分配进医院工作时相比，我们对病人疾病痛苦有了更深的体会，对病人的感情也不一样了，我对病人服务态度也有改变，更能感同身受地为病人服务了。

谱写生命的赞歌

——邱蔚六口述

口 述 者：邱蔚六

采 访 者：徐　英（上海第九人民医院党委专职宣传员）

　　　　　严伟民（上海今日出版社副总编辑）

　　　　　吴莹琛（上海第九人民医院宣传科副科长）

时　　间：2016 年 4 月 28 日

地　　点：邱蔚六院士办公室

邱蔚六，1932 年生。1955 年参加工作。曾担任上海第二医科大学口腔医学系主任、口腔医学院院长、上海第九人民医院院长、中国抗癌协会头颈肿瘤外科主任委员等职。2001 年当选为中国工程院院士。1976 年曾赴唐山参与抗震救灾医疗援助工作。

准备出征

40年前，我当时是九院口腔颌面外科的主治医师，44岁的年纪，风华正茂。当天，还没有上班，我从收音机里听到了这震惊世界的消息。我的第一反应就是：作为一名医生，我应该马上向组织表达参加医疗队的强烈愿望，第一时间赶赴地震灾区——那里有自己的用武之地。

当时，“文革”还没有结束，以大字报形式的决心书，仍然是表达思想、决心和愿望的主要工具之一。这天早晨，我一到医院上班，就看见到处都贴有表决心去唐山抗震救灾的决心书。我和很多同事一起，走进医院党总支办公室，找工宣队、军宣队领导表决心，积极要求争取第一批参加抗震救灾医疗队，赶赴唐山地震灾区。

当时，上海市卫生局下达文件，要求上海第二医学院系统每个附属医院组织1—2个赈灾医疗队（每个医疗队分两个组，每组15人）。我当即报名，我妻子王晓仪，当时担任口腔内科医生，也不甘落后，态度非常坚决地向领导表示，请求和我一起赶赴抗震救灾第一线。但两个人家里总要留一个，所以就我去了灾区。

医院领导经过全面考虑，九院很快组成了两支共由30位医务人员组成的赴唐山地震灾区医疗队，队员以外科系统为主，兼有内科医师、护士、检验师和药师。主力队员都是即将毕业的1976届工农兵大学生实习医生。我和内科杨顺年医师分任队长，院党总支副书记祝平和工宣队邱春华为指导员。我们立即开始了出发前的紧张准备工作，药品、干粮（主要是由市里调拨的军用压缩饼干）、饮用水以及简易帐篷等，一应俱全。每位队员平均要负重30公斤左右，既要从当地较差的供应情况考虑，也要能拿得起、走得动，不能因为装备超重而影响救治行动。一切准备工作就绪，赈灾医疗队全体队员心急如焚地在医院内待命。

途中见闻

我们到唐山很慢的，所以那次抗震救灾有两个大问题，一个问题就是运输的问题，堵得很厉害；第二就是后勤补给没跟上。

7月29日清晨，出发命令终于下达。我和杨顺年立即率领九院医疗队，带着价值三万多元的药品器械，由几辆解放牌大卡车送到老北站，登上运载着上海八百多名医务人员的专列，一路北上。这是上海赶往灾区的第一批医疗队。据事后统计，从全国各地赶到唐山的赈灾医疗队共两万余人。

专列从当天上午7点20分出发——这时离地震发生刚过去28个小时。说是专列，其实就是那种装货的火车，没有什么座位，大家就铺了几张草席，席地而坐。列车开开停停。当时列车的运载水平，即使畅通时也难以达到每小时100公里的速度。为此，队员们个个如坐针毡，唯恐许多脆弱的生命经不起这一分一秒的拖延。一路上，指导员带领队员们学习当时的报纸社论，大家争相表决心。火车颠簸了一天一夜。30日上午，医疗队到了天津郊外的杨村。由于天津也受到地震破坏，从天津到唐山沿途道路崎岖难行，上海医疗救援队伍打算从杨村机场转军用飞机到唐山。我和救援人员一起，随即转乘汽车，1小时后到达杨村机场，那里并无飞机等候，全是候机的人。那时候不像现在，飞机很少。因空运能力限制，只能等待，时值盛暑，气温高达35℃，队员们只好找树荫躲避太阳，以干粮充饥。经过将近12个小时的待命，我们在下午5时登上苏制安-24飞机——30个座位正好可以容纳九院医疗队的人数。由于是低空飞行，透过机窗，我看到了唐山地震后满目疮痍的景象：塌房、残壁、断垣……后来我进一步了解到，唐山市毁于地震的地面建筑物达97%。

辗转37小时，我们终于到达了唐山。当晚，我们就在唐山机场郊野短暂露营休息。当时，唐山机场是地震灾区的指挥中心，时任抗震救灾副总指挥、国务院副总理陈永贵就在那里坐镇。耳畔飞机起降声不断，据说，每26秒钟就有一架飞机起飞或降落。到处是等待的人，有医疗队，有运送救灾物资的，有解放军，还有“人定胜天”等大幅标语以激励人心。与指挥部联系后，我们上海九院医疗队工作地点设在离唐山几十公里的丰润县。当时的想法，就是要确保维护这个地方。时逢六七十年代，我国属于促生产时代，不是抓革命时代，所以大家的精力都放在业务上面。我当时觉得这种事情应该去，对自己也是个锻炼。因为唐山市区的主要任务不是医疗，而是从废墟中救出活人。这项工作主要由解放军担任。

所有被救出的伤员则一律转送到唐山市区外的各临时医疗点救治。为此，我们全体九院医疗队员必须再从机场赶到丰润县，第一时间赶赴救灾最前沿，展开紧急救治工作。

丰润县在唐山市的北面。次日凌晨两点多，我们九院医疗队员与一些被转运的伤员一起随车从市内向市外行进，颠簸、狭窄的公路上车水马龙，三四十公里路程汽车竟开了 6 个小时。至此，从上海出发算起总共用了 48 个小时，我们才到达丰润县。事后，在 1976 年 9 月，我用诗词（注 1）记录了这一段历程的艰辛。

当时，我最深刻的印象就是，整座城市都没有了。医疗队曾组织了部分队员乘着军用卡车进了唐山市区，离目的地还有五公里，就能闻到空气里的尸臭味。那座城市已经没有任何地标了。除了个别电线杆和树还立着外，什么都倒了。空气里都是漂白粉的味道，整座城就是一片巨大的废墟。所有人的记忆中，都有这个共同的画面：马路两边堆放着一排排用黑色塑料袋或布包裹起来的尸体，街面上有许多戴着防毒面具的军人，在尸体被拖走之后，喷洒漂白粉消毒。

唐山大地震伤亡惨重，人类在自然的强蛮面前，微弱得就像顽童手下的蚂蚁。

救援工作

上海九院医疗救治点设在丰润县人民医院旁不远处，因为是独立救治，我们与丰润县人民医院没有联系。这里就是我们拯救生命的战场，三天的时间，已经有许多转移过来的伤员积压了，都等待着救治。伤员们都集中在一个用竹子架起来的大棚中。当我进入大棚时，看到伤员好几百人，都直接躺在地上，伤病者一片呻吟声，夹杂着呼救声，那是个很让人动情的场面……如今，40 年过去，这些声音仍常盘旋在我的耳畔。

医生就我们这些人，我们那时候真是白衣天使。大多数伤员都是从泥土瓦砾中被抢救出来的。我们下车整理了一下东西，就开始包石膏。在地震救援过程中，解放军不但出动了 10 万以上的兵力，还调动了各种抢险器械。因为没有大型起重机、挖掘机等，很难掀开那些倒塌的建筑。一旦发现有人被掩埋在瓦砾下时，解放军战士们不得不用手工操作，以保证伤员在安全、不加重伤情的情况下

九院医疗队在地震灾区合影

被解救出来。这些从瓦砾中被救出的伤员，创口直接与污物接触，几乎 100％的开放性创口都已感染。那时候北方白天很热，但是 7 月底、8 月初晚上还是很凉，白天炎热的气候（通常为 37℃－38℃），由于伤员在现场被发现得迟，加上卫生条件不行，所以创口都感染了。许多伤员送到医疗队时已历经七十多小时，因此发生肢体坏死、坏疽。为了保证他们的生命，我们还不得不进行截肢手术。

由于地震造成绝大多数房屋倒塌，伤员中 90％以上是压伤或挤压伤的骨科患者。其中，约 70％为骨折且主要发生在四肢；还有约 10％伤员为截瘫。头颈、颌面部创伤多伴颅脑创伤或高位截瘫。这种创伤患者高度集中和骨科患者的高构成比例，是“震灾”创伤救治工作的一大特点。首先，伤员的处理是以救命为主，特别是要防治压榨伤的并发症——肾功能衰竭的发生；其次，是处理感染引起的肢体坏死、坏疽和处理好因脊髓损伤而导致截瘫的患者。上海九院医疗队突然收治这么多伤病员是我始料不及的。伤员来的头三天，我和大伙一点觉都没睡，72 小时没合眼。主要是那么多重伤员，都需要手术，需要治疗，还要分出轻重缓急，我们根本没时间休息。三天以后，我开始每天上午查房，下午处理病房里的工作，换药、牵引，床边透视，下达医嘱，夜里做手术。

记得当时有一个大约二十岁的小伙子，他的小腿开放性骨折，由于伤口外露又没有缝合，苍蝇也可飞进去，有时候，蛆就在创口内爬进爬出。由于当地卫生条件差，缺少消毒和缝合的能力，震后三天，许多伤员的伤口都已经溃烂流脓。消毒水是最缺的物资之一。因为消毒水用量大，我们也没有多带，只能用粗盐兑上开水，用棉花蘸着清创。由于条件有限，大家只能这样紧急处理。伤员看到上海九院医疗队到了，非常高兴，其中一个七十多岁的老大爷，当场跪在地上对我说："赶快救救我的儿子！我的儿子是重伤。"所以医疗队员到了以后，没有任何休息时间，大家不顾疲劳，快速展开救治，涌现出许多感人的故事。

当时，医疗条件十分艰苦，没有手术室就支个帐篷，没有手术灯就多打几支手电；没有血浆，我们医疗队的医生们撸起袖管抽自己的血……限于条件，各种手术都只能在局部麻醉下进行。尽管在医疗队里配备有麻醉师，毕竟是杯水车薪，想实施全身麻醉几乎是不可能的。医疗队员背去的包括局部麻醉药在内的药物几乎在半天内即已告罄，手术不得不在动用针刺麻醉的辅助配合下进行。在后期，临时医院筹建起来后，搭建起医疗救护点，安排医务人员进行 24 小时值班，进行救治工作，每天多时可诊治一百多名患者。我还在针刺麻醉和局部麻醉的配合下，为一例颞下颌关节强直病例完成了颞下颌关节成形术。之前，我为了感受针刺麻醉，曾用自身做试验，有过"针麻确具有镇痛作用，但镇痛不全"的初步体验。通过那一次抗震救灾第一线的实践，我感到针刺麻醉在特定条件下还是有很大作用的。

紧急救援阶段持续了四天四夜，截至 8 月 4 日，上海九院医疗队一共接收、救治、转移了五百多人。由于交通拥挤，后勤物资没能及时到位，我不禁想起了电影中反映淮海战役等大战役的后勤工作场景：小车推送，人接人的场面，十分艰辛。好在一周之后，后勤补给工作很快就跟了上来，医疗队很快得到了药品和医疗器材的供应，从而保证了每天换药和日常医疗工作的正常进行。

对一些在医疗点上无法进一步治疗的患者，如截瘫以及还需要进一步手术治疗的伤员，也开始被转入上海等地的定点医院进一步做"阶梯治疗"。医学界都知道，截瘫的完全恢复是很困难的，据后来的资料统计，唐山大地震后侥幸存活的截瘫病员有三千八百多名；至 2006 年，也就是地震 30 年后，只剩下一千六百多名截瘫病员还健在。其中，最大年龄者已 88 岁。他们中有的可能都是在上海医生和全国其他地区医生的“圣手”中转危为安的。

急救的任务完成后，我们完成的第二个任务就是防止暴发疫情，这两点都非常重要。前一阶段是创伤，后一阶段是传染病，饮食、饮水都要注意，那个时候遇难者就埋在旁边不远。随着伤员病情的稳定，医疗队的工作重点逐步转向预防肠道传染病。地震后的天然污物、被摧毁的工厂废弃物、一些被埋在震塌建筑下未被清除的人畜尸体，这些都成了污染源。而这些污染物的清理又不是短期内可以完成的。为此，我到唐山市区指挥部去参加会议，接受抗震救灾总指挥部布置的防病任务。沿途，我看到到处是断垣残壁，空气中还弥留着异味。抢救任务已经基本结束，只看见解放军战士已经开始在喷洒消毒剂，加强后期防病工作。

上海九院医疗队员大多具有上山下乡、防病治病的经验。在搭建临时厕所、定期喷洒消毒、控制饮水的来源和煮沸饮用等环节，做得非常严密仔细。所以，除个别零星发病患者外，医疗队的所在地区没有发生过疫情。第一次发生地震后，紧接着发生了级别相对较低的多次余震，因而我们的一切救治活动，都是在余震中进行的。冒着余震在帐篷中救治伤员，这里就是我们拯救生命的战场。

在唐山的60个日日夜夜里，上海九院医疗救援队16次遇到5级以上的余震，我真真切切地感受到了什么叫地动山摇；遇到过狂风暴雨，帐篷里成了水塘……尽管生活条件十分艰苦，但我没有听到过一声抱怨和叫苦，工作时总是充满激情。因为大家都有共同的信念，都想多为灾区人民做些力所能及的事；因为每个人心里都明白：“这里就是我们的战场，救死扶伤是我们神圣的职责。”突如其来的灾难，让唐山这座城市满目疮痍，一夕之间变成了繁忙混乱的救灾枢纽，空地上挤满了简陋的帐篷，救护车呼啸而过，送来一批又一批从各地刚挖出来的幸存者。生命在突如其来的灾难面前就是如此脆弱，似乎有太多不可承受之重。然而，每当我看到一个个重伤员经抢救成为幸存者时，我感动于这些生命的奇迹，折服于生命的坚韧和厚重。他们有的已经在黑暗的废墟中坚持了超过一百个小时，超越了生命的极限，只因为有求生信念的支撑；有的体征早已极度虚弱，却依旧不可思议地保持着清醒的神智，不断同自己对话，鼓励自己勇敢地活下去。那满面的尘土，分明是他们同命运搏斗留下的印记；那微弱的呼吸，分明是顽强的生命力不屈的呐喊；那热切的眼神，是如此的滚烫，直入人心。生命在灾难面前如此伟大。

在唐山的60个日日夜夜里，我们医疗救援队员都在自己的岗位上超负荷地忙碌着，气氛是那样的紧张、凝重、庄严，但是没有人抱怨，没有人放弃，更没有人退缩。灾难，只会让每个队员的使命感更加灼热、执著，大家不顾自己的安危，把对生命的热爱，凝聚成医者仁心的职业操守，升华成对所有人守望相助的大爱。

1976年8月底，九院抗震救灾医疗救援队来到唐山大约一个月之后，在抗震救灾现场搭起了临时医院。说是医院，其实就是由大棚变成了几个病区，而这些病区也都是由竹篾搭建，依然十分简陋。我们所在的医疗队分为五个病区，仅按内科和外科分类。与此同时，一间简易手术室也随之建成，用来开展一些可操作性的手术。就是在这样的手术室里，我为伤员进行颞下颌关节强直等手术。初到时，在帐篷里面，可同时开展三台手术，从当天早晨到达以后一直持续到第三天中午12点。手术不断，一台接一台，像整形外科的俞守祥医生，他连续做了20台手术，除了患者下手术台这段时间外，他没有任何休息时间。 当他做完第20个患者以后，已经是极度疲劳，就昏倒在岗位上。一位工农兵学员在极度劳累的情况下，就靠在帐篷外面想抽支烟，来驱散一些疲劳，但是烟还没抽几口，叼在嘴上就睡着了。当地患者家属看了以后，含泪把烟拿掉。帐篷外面躺了很多伤员，伤员因为伤痛不停叫唤呻吟，但是一看到救护人员如此疲劳、如此辛苦，他们硬是忍着，把痛苦忍住。见此情景，我也为我们医疗队员感到骄傲，他们为了抢救人民群众的生命不怕疲劳、连续作战。还有我们的护士长潘佩华，三台连着的手术，对她来讲是格外辛苦。在医院正常手术情况下，一般一个手术台，护理人员是2—3个人。但是护士长潘佩华一个人同时管三台手术，当然还有其他同志帮忙，不过主要的护理工作还是她管。到了极度疲倦的时候，她就让其他同志用手拍打她脸部，保持清醒。大家都不忍心下手，于是她就自己用手拍打自己的脸部。手术的医生看到这个情况，是一边手术，一边眼含泪花。所以我们这些医护人员的精神，确实是激励了我们在后方对收治病员的全身心救治。大家都感到心灵受到了震撼。

不久，条件简陋的临时医院开始接纳非震灾受伤的患者，包括内、儿科等各类疾病，这也是出于解决当地群众求医的迫切需要。8 月的一天晚上，突然下起滂沱大雨，而且持续五个多小时，这在北方十分罕见。水漫过临时病房和医疗队员们的临时宿舍，我带领着队员们全体出动，齐心协力开展排水工作，除了加筑遮雨挡雨篷外，更重要的是开渠排水，好在都是泥地，挖掘起来并不吃力。经过一夜苦战，积水开始消退，保证了病员们的安全。我当时也写了一首诗（注 2）反映当时的情景。

我们医疗队中，除在职医务人员外，还有八位当时在上海第二医学院口腔医学系 1976 届毕业的工农兵学员。他们是正在九院各科实习的年轻医生：王华新、刘淑香、步兵红、刘佳华、陈志兴、高寿林、郑如华和盛意和。可不能小看这批医学院毕业的工农兵学员。由于他们都有社会经验，无论是医疗工作还是其他后勤工作都积极肯干，因此他们各项工作都完成得非常出色。为了固定骨折，他们自制夹板；学员步兵红的舅舅在唐山工作，他也顾不得前去打探其安危；不少队员还自己掏钱去资助一些经济有困难的伤员；所有的宣传工作也都由他们包干。我也写了一首小诗（注 3）来描述这批工农兵学员的具体形象。

在上海九院医疗队赴唐山抗震救灾的两个月里，我们无处不在书写大爱的篇章。我看到了全国人民和灾区人民心手相连、守望相助；看到了万众一心、众志成城；看到了无数解放军和武警官兵不顾个人安危奋勇抢救灾民的生命和财产；看到了无数白衣战士争分夺秒地忘我工作，与死神赛跑、抢救伤员……

生活情况

上海九院医疗队到了唐山丰润县以后，没有地方住宿，没有任何地方可以遮风避雨。次日，帐篷到了以后，我们才解决了住宿的问题。我们九院医疗队住的帐篷旁边二三十米处就是一个尸体坑，当时都是在野外露宿，而且余震不断，很不安全。当时电、通讯都遭到破坏而中断了，没有电，手术开展很困难。

当时每个医疗小分队有几顶军用帐篷，每个小分队住在一起，男女分开。没有床，队员们就捡两块砖垫垫，在砖上搁上门板，或是直接铺条芦苇席就睡。如果有块塑料布铺着，就是最好的待遇了。余震在接下来的二十多天中一直不断。

吃饭吃到一半，地面就开始震动，大家也不怕，还笑着调侃：“又震了，又震了。”晚上睡觉，身下就跟开火车一样，轰隆轰隆。

其实，当时唐山灾区情形挺乱的，国家的救援力量不如现在，根本没有瓶装水，只能把池塘的水烧开后来喝，稍有不慎就会拉肚子。震后第七天，北京驶来几辆水车，车上挂着“毛主席送来幸福水”的标语，大家才有干净水喝。吃的东西很少。缺水使得脸没法洗，胡子没法刮，大小便都成问题。

开头一周是最苦的。我记得约一周后，我们吃到了小米粥，领导对我们很照顾，因为知道南方吃面食不习惯，所以经常会给我们一点米。最艰苦是那个时候，后来条件缓和了。医疗队的队员在出发时，带了几箱压缩饼干，这几箱压缩饼干从出发开始一直吃了近一个星期。 一下雨，压缩饼干全都潮湿变烂了，根本就咽不下去。后来我们一见到压缩饼干就受不了。再说，一直吃压缩饼干，造成大便困难，人非常难受。一直到七天之后，当地的老百姓才从废墟中挖出了粮食来支援医疗队。老百姓送过来的吃的用布盖着，我们一看，那布上一片黑，一掀起来才发现，全是苍蝇。大家吃了这些东西，基本上都会闹肚子。长时间的劳累和腹泻，兄弟单位救援队的一些医生发起了高烧。听说当时有一位医生，因为高烧引起并发症，后来就牺牲在了唐山。肠道感染是地震半个月之后最严重的问题。天气炎热，尸体迅速腐烂，加上公厕倒塌，粪便污染河水。许多老百姓舍不得他们的猪烂掉，就烧来吃，结果肠道感染非常严重；还有一些人是因为喝了被污染的河水。

队员们轮休时都睡在帐篷内的芦席上，由于不必担心受伤，加之劳累，哪怕是余震引起滚翻也能酣睡。第一周的高强度工作，睡眠少。吃压缩饼干后也影响了排泄习惯，没有正规的厕所，要方便只能去远离驻地的高粱野地，完全过的是类似战地的紧张生活。

灾区的蚊虫尤其厉害，即使躲在帐篷里也不能幸免。我们常常在早晨醒来时发现自己已经被蚊虫叮得“遍体鳞伤”。大家不由得边赶蚊虫、边戏谑地说：“我们是与天斗、与地斗，还要与蚊子斗。”

1976 年，这一年被人们认为是不祥之年。除唐山地震外，共和国的几位领导人也相继辞世：继周恩来总理、朱德委员长之后，一代伟人毛泽东主席也在 9

月 9 日逝世。电台在播出这一讣告时，我正在唐山临时手术室内做手术，是从广播喇叭中得知这一噩耗的……

与当地联系

当时我们跟当地的县医院也没有任何联系，我们都独立工作。临时医院跟唐山县人民医院也没有具体组织上的联系，业务上有没有交往我记不起了，那个时候全是独立的，我们的领导是地震指挥部。实际上我就去指挥部开过一次会，就是大概两三个礼拜以后，那一次去也是比较后期了，空气污染很厉害，那场景简直是惨不忍睹。

群众开始都是伤员为主，后来登记好了以后，我们要走之前，有不少当地人来找亲属，这个也是让我们非常感动的。当然有的找到了，有的找了很多地方找不到，找不到肯定是不行了。从这里边我感觉可以跟他们聊嘛，父母找子女的，子女找父母的，当时就跟他们交谈了很多。因为不知道有地震，当时有的人出差了，出了唐山市了，有的人，当时我记得有一个剧团嘛，刚刚进入到唐山演出，崩塌了。地震，有的住在楼上的人往下跳，跳下去摔死的也有，存活的也有。有的不跳倒没事，有的跳了以后房子塌下又把他压在下面，所以真的不是人所能预料的，而且这种决策都是几秒钟之内的事情。后面这一点我觉得还是总体来讲，只能讲是没办法预测地震所造成的，如果能够预测总要好得多。

撤离回沪

从 1976 年 7 月 31 日抵达唐山至 9 月 30 日返回上海，我们上海九院抗震救灾医疗队队员在唐山丰润县整整工作和生活了两个月，随即来接班的九院第二批医疗队在当地工作的时间相对更长。

人生影响及感悟

两个月抗震救灾的工作和生活，给我的医学生涯留下了非常深刻的印象。这次医疗救援之行，带给了我太多震撼、感动和对生命的感悟。地震，给国人一种刺心的悲凉，更把人性的光辉真实地展现在国人眼前。只有亲历灾难的现场，才能真实地目睹灾难带给我们的一切。我庆幸自己能成为抗震救灾医疗队的一员并担任队长。上海九院的抗震救灾医疗队队员中，有的是家中稚子嗷嗷待哺、无人照料的母亲；有的是妻子抱恙、需要爱人陪护的丈夫……然而，在国殇时刻，他们都义无反顾地选择奔赴灾区一线。此时，大家只有一个身份，那就是救死扶伤的医生。虽然，从上海出发辗转 48 小时来到灾区，人感到很苦很累。但那时那刻，我更感到责任与光荣，因为我们代表的不仅是医生，不仅是九院、是上海，更代表党和政府派去救灾区伤员的英雄。我做的就是政府的手臂。想到这些，我感到这两个月过得很值。我庆幸当初决定选择做一名医生的光荣与正确。

地震发生后，我邂逅了一位曾经做过十多年医生的朋友，三年前改行当了公务员，生活一直很安逸。直到这次唐山地震发生，他开始后悔。他说："在这样的灾难面前自己显得无能为力。是啊，此时此刻如果能作为一名医生，能在抗震救灾第一线履行医生的职责，心中一定感到无比自豪。"生命在大灾面前是如此脆弱，生命在大灾面前又是如此顽强，因为全民族守望相助。生命在大灾面前又是如此值得反思。大灾面前医者更应思索如何科学有效地救治生命，保持生命的完整，体现生命的价值。大灾面前需要更多的白求恩式的好医生。何谓白求恩式的好医生？如果不是冒着生命危险来体验，也许我们永远无法切身体会何谓舍生忘死的救死扶伤精神。牺牲自己的生命去救更多人的生命，这原本属于解放军战士才能做的事，在白衣战士的身上却一次又一次地体现了。白求恩同志如此，唐山救灾医务人员也是如此。因为一名成熟的医生是需要经历生死考验的，灾区需要更多的白求恩式的好医生……

1976 年，我还没有加入共产党，既不是唯物论者，也不信上帝。作为一个医务工作者，我只相信科学。然而，这一次唐山大地震却给了我以"宿命论"的影响。因为我无法解释为什么有些当地人在地震前一天离开唐山得以幸免于难？为什么有些外地人在地震前一晚进入唐山并死于地震？同样是在大地震时跳楼逃生者，为什么有的人在跳楼后被倒塌物压死，而不跳楼者却能奇迹般地存活？科学的解释：这不叫“宿命”，而叫“机遇”。但是这个“机遇”又是怎样降临，为什么有的人能遇上，有些人却无缘相遇？这一切的一切，都难以解释。看来，在不能圆满解释所有无法解释的问题和现象时，迷信也好，唯心也好，“宿命”的思想是无法完全被消除的。

上海九院医疗救援队员在唐山抗震救灾和救死扶伤的过程，也是每个队员思想不断升华和成熟的过程。许多队员递交了入党申请书。大家在关键时刻不顾个人安危，奔赴抗震救灾第一线的奉献精神，一批队员在生与死的危急关头经受的考验和锻炼，受到上海市卫生局领导的高度赞扬，为上海九院赢得了荣誉。

那次唐山抗震救灾医疗援助的经历，既锻炼了带队的老师，也进一步磨练了工农兵学员。其中，一位工农兵学员陈志兴在医疗队工作表现优异，后来我在担任九院院长时，就推荐他担任副院长，他之后又被提拔为上海第二医科大学副校长、上海市知识产权局局长。其他七位工农兵学员，如今无论在美国，还是在国内其他省市医院，都已成为业务骨干。除上述的工农兵学员外，其他的年轻医师、护士等也得到了“实战”的锻炼。一位 1975 届毕业、当时还是低年资的内科住院医师简光泽，在我任九院院长兼党委副书记时，就推荐他任党委副书记，后来任九院党委书记。护士长潘佩华，后来也担任了九院的护理部主任。抗震救灾的医疗实践，也成为培养、锻炼和考验人才的大学校。让我自豪的是，上海九院医疗队在这次唐山抗震救灾战斗中，是一支拉得出、打得响、能够打胜仗的坚强团队。

一眨眼，40 年过去了。如今，回忆唐山抗震救灾的岁月，一切就像还在眼前……我保留着三张珍贵的老照片，照片背后写着“唐山抗震救灾医疗援助”。在 20 世纪 70 年代，能“玩”照相机的人不多，无法用镜头记录上海九院医疗队的队员在唐山抗震救灾的各种场景。好在灾后一个多月时，中央慰问团来到唐山，随团记者拍摄了几张最珍贵的历史资料照片，被我收藏了起来。救灾第一线是锻炼人才的大学校，援助唐山抗震救灾的医疗卫生事业，对我和上海九院全体医疗救援队员来说，都是人生的考验。它不仅考验着我们的精湛医术，更考验着我们的人文精神和医德情操。而面对每一次考验，上海九院全体医疗救援队员都毫不含糊地递交了一份份出色的答卷。

唐山地震与汶川地震的“异同论”

在唐山地震32年后——2008年5月12日14时28分，四川汶川发生里氏8级的大地震。灾情就是命令！5月14日上午11点，上海首批五支医疗救援队飞赴四川地震灾区。其中，四支医疗救援队分别来自上海交通大学医学院附属仁济医院医疗救援队，附属新华医院、附属第九人民医院联合医疗救援队，附属第一人民医院医疗救援队和附属第六人民医院医疗救援队。

一个汶川大地震，一个唐山大地震，时间相隔32年，空间相距几千里。我虽然未去汶川，但这两次大灾难在我的脑海里总是绞在一起，让我有意无意地做些比较。我总是不由自主地想到32年前唐山大地震的一幕幕情景，因为我作为参与当年上海九院抗震救灾医疗队的队长，曾在那片废墟中度过60个救治伤员的紧张的日日夜夜。

汶川地震对比唐山大地震有不少相似点。2008年5月12日下午约两点半，手机短信和网络上都有了报道，说四川汶川发生7. 8级大地震。我得知消息，当时情不自禁地叫了一声：“又是一个7.8级！”这让我自然而然地想到了唐山大地震，想到那一个个惨不忍睹的场面。5月18日，国家地震局发布消息说，综合国际上多家地震台站测得的数据，将原来发布的震级7.8修正为8.0。这一修正，意味着汶川地震相当于4个唐山地震，实在太可怕了。因为震级增加一级，意味着强度扩大约32倍。一个8级地震释出的能量差不多等于32个7级地震能量的总和。增加0.1个等级，能量扩大1.40倍以上。8.0级比7.8级增加0.2个等级，则意味能量差不多扩大4倍以上。同样都造成了巨大破坏和惨重损失，但唐山地震死亡人数差不多是汶川地震的4倍。据民政部报告，截至5月22日10时，汶川大地震造成死亡51 151人，还有29 328人失踪，看来最终死亡人数可能在6万左右。唐山地震在短短23秒内共夺去24.2万条生命。为什么汶川地震比唐山地震的震级大，而死亡人数却少得多呢？

我认为明显的原因有三个方面：一是与地震发生的时间有关。唐山地震发生在1976年7月28日凌晨3点42分，是人们熟睡的时候，而汶川地震发生在2008年5月12日下午2点28分，有许多人在户外劳作和活动。二是与震中区地形特点和人口密度有关。唐山是华北著名的工业重镇，当时人口近100万，周围是人口稠密的平原地带，而且北方的村庄也都是动辄几千上万人，而汶川处于四川盆地的边缘地带，人口不算最多，震中地区则是高山峡谷，人烟相对稀少，村落分散。三是与地面建筑坚固程度有关。唐山地区在有记载的历史上没有发生过大震，人们防震意识极为薄弱，城市楼房不仅没有整体浇铸，而且许多水泥预制板就搭在墙体上，连固定措施都没有。农村建房更是马虎，而且为了防雨水渗漏，一般房顶都加了沉重的沥青与泥沙混合层。这种建筑当然经不起大震。汶川地区的建筑大都在唐山地震后建的，应该说多少考虑到了抗震因素，而且这三十多年中，地方经济有了很大的发展，城乡房屋都比较结实。据我2006年对四川老家的印象，沿途房屋，即使是村舍，都好过三十多年前的唐山地区。从电视画面看，这次除了北川县城和汶川映秀镇等一些地方外，大多没有发生像当年唐山97%房屋倒塌的情况。汶川灾区救灾工作空前复杂、艰难，有许多新课题、新挑战，将为我国抗灾救灾积累新经验。唐山地震使解放军在人民心中竖起了一个巨大的丰碑；这次汶川地震，军队在人民心中又竖起了一个巨大的丰碑。充分发挥军队的作用，是中国历次抗灾救灾高效和成功的一个重要举措。两次抗震救灾的组织工作都十分出色、成功，堪称一流，但汶川地震抗灾救灾组织工作更高一筹。

我以自己参加1976年的唐山大地震医疗救援工作的亲身经验，分析了汶川地震，发现其与唐山大地震有不少相似点：第一，行路难。第一批唐山地震救灾人员，从上海出发到达救灾医疗点共耗去48个小时。相比唐山地震，汶川震中及波及地区大多为山区，致交通阻塞困难程度远超唐山；第二，次生灾害，特别是因山体垮塌、滑坡、泥石流等所形成的堰塞湖（据悉，四川9个县市就形成了34处）及其隐藏着的水患也是唐山地震所没有的；第三，伤员高度集中，后勤补给难度大。地震均发生在几秒几分钟之间，具有突发性。在人口集中的地方，霎时伤员即高度集中，被认为比战争时的伤员集中数还要多，因而给急救治疗带来了相应的难度。加上后勤补给困难（唐山地震时，上海九院抗震救灾医疗队队员携带的医药用品仅半天之内即已告罄），因而和战伤一样，经紧急处理后应该逐级后送，即“阶梯治疗”；第四，压榨、挤压伤占多数，以骨科患者为主。地震伤主要为房屋倒塌所造成的压榨伤或挤压伤（长时间的挤压，后期多发肾功能或多器官衰竭）。唐山地震伤90％以上为伤骨科患者，仅约10％为其他损伤。在伤骨科患者中，70％为骨折且主要发生在四肢；还有10％伤员为脊柱损伤造成截瘫。口腔颌面部创伤多伴颅脑创伤或高位截瘫，因而在急需救治的伤员中比例不高。

汶川地震与唐山地震迥然不同的方面，我认为，主要表现在下述七个方面：第一，相比唐山地震，汶川地震是落实应对突发事件预警机制的一次成功实践，把抗灾救灾的组织工作提高到了一个新水平。唐山地震时尚没有“应对突发事件预警机制”的概念，可以说，那次抗震救灾是在无准备的情况下仓促上阵的。临时搭班子，现抽调人员，现筹措物资，现组织运力，难免匆忙、混乱，影响效率。而这汶川地震的发生虽然也同唐山地震一样无法预知，但“应对突发事件的预案”（包括地震）从中央到地方政府以及相关部门、机构早就有了，灾害一发生，立即启动预案，从容上阵，各项工作紧张而有序地进行。建立应对和处理重大突发事件的预警机制，是近些年来中国政府努力提高执行力的一项重要内容。这次中国政府在抗震救灾中的反应如此迅速，应对如此自如，与此密不可分。第二，相比唐山地震，汶川地震的强度更大，波及面更广。唐山地震主要破坏、影响京津唐地区，而此次除四川西北部外，还波及陕西、甘肃、重庆、云南、贵州等9个省市。并且，余震发生的强度大（高达6.4级），次数也远较唐山地震更多。第三，相比唐山地震，汶川地震救灾活动中应用了大量的先进科学技术，诸如卫星摄像、卫星通讯、电视直播、手机通讯；废墟中救人的各种生命探测仪；能冲顶上吨的液压、气压工具等，这些限于20世纪70年代的水平，都是在唐山地震时所不完全具备的。第四，相比唐山地震，如今的医疗条件更好，特别是心理专业人员的参与，卫生部甚至派出了国内最大规模心理危机干预专家组去灾区，可以说，这种医疗人性关怀在我国是史无前例的。第五，相比唐山地震，汶川抗震救灾是敞开大门，而唐山抗震救灾则是关起大门。这是这两次抗灾救灾的一个明显区别。唐山地震后，尽管当时的国际大气候对中国并不有利，但仍有许多华侨、华人、友好国家和一些国际机构表示要对中国灾民提供捐助和人道主义援助。但当时领导片面强调“自力更生”，拒绝一切外援。抗击大的自然灾害，主要立足于国内，靠自己的力量克服困难，是对的，但不应把接受外部捐助和支援对立起来。不接受外部支援，还落得人家抱怨，效果并不好。从唐山地震后，我国逐步摒弃了这种偏激态度，开始接受海外对大灾的人道主义援助。汶川地震后，国际友好、关爱的反应特别强烈，各国领导人纷纷给中国领导人致函致电或亲赴中国使领馆表达对中国受灾人民的哀痛和慰问，有的国家还设立了哀悼日。许多国家政府和有关机构纷纷提供钱款和物资捐助，有些国家还派出紧急救援队、医疗队飞赴地震灾区。港澳台同胞和海外华侨、华人，更表现了对受难同胞血浓于水的真情，慷慨解囊相助。中国政府接受捐款 214 亿元人民币，其中有不小一部分来自国际捐助。第六，相比唐山地震，汶川地震新闻报道的充分放开，与唐山地震新闻报道的严格控制形成了鲜明对照。从汶川大地震发生那一刻起，国内从中央到地方各类媒体无不开足马力对地震和抗灾救灾情况进行及时、充分、生动的报道。打开电视，所有频道都紧紧集中地震主题，全天不间断地滚动播放；打开广播，也都是关于地震的声音；打开报纸和网络，关于震情和抗灾救灾的文字和大幅图片，充满着大部分版面。中外记者可以到震区任意采集新闻。信息发布如此开放、公开、透明，是前所未有的。媒体与灾区人民和全国人民的脉搏共同跳动，对凝聚民心、鼓舞斗志、增强政府公信力、增加全国和全世界对地震情况的了解，发挥了巨大作用。唐山地震的报道，实在片面性太大，教训太深。当时，只允许报道军民“公而忘私，患难与共，百折不挠，勇往直前”的抗震精神，而不允许报道国内外人民普遍关心的人员伤亡、房屋倒塌、财产损失等灾情，有关这方面的数字、画面和细节一律不得见报。死亡 24.2 万人的数字，延迟到三年后经新华社记者的努力争取才发出去。汶川地震后，中国人的人性美的一面得到了充分张扬，痛与爱的感情得到了充分表达。这也是唐山地震后难以完全做到的。第七，在 2008 年 5 月 19—21 日这三天，全国下半旗深切哀悼汶川地震遇难同胞。19 日下午 14 时 48 分，也就是地震后的 72 小时，笛声齐鸣，胡锦涛主席率全体政治局常委肃立中南海：全国停止工作，人人肃立默哀三分钟，以寄托哀思，彰显了一个国家、一个政府和全体人民对生命的尊重和以人为本的情怀。这不仅在唐山地震中没有，在中国的历史上也应该说是第一次。这一举止，也得到了国际社会的高度评价和广泛支持。

对灾害医学的思考

从唐山地震及汶川地震中，我深刻体会到灾害医学在我们医学界没有得到很好发展。灾害医学（Disaster Medicine）是医学领域中的一门特殊科学。火灾、水灾、冰雪（冻）灾，以及地震、山体滑坡、泥石流等所有天灾所造成的人员伤亡的现场救治，以及后期继发病的防治等都应属于灾害医学的范畴。各个科都应该总结这方面的经验，从总体来看不同的灾害：水灾、火灾、雪灾。水灾也不得了，我在皖南的时候，工厂建在山坳里面，我见过一次山洪暴发，真的很厉害，跑得慢了来不及，洪水猛兽，快得很。火灾有一个过程慢慢烧过来，山洪来了以后全是水，跑得慢的全死了。灾害医学有特点，骨折病人占绝大多数，有一点我觉得很重要，脊椎损伤的病人搬运有一套方法，不是随便拖着就走了。现在有人统计在搬运过程当中造成瘫痪不能恢复的伤员，这些问题都是需要骨科医生仔细研究。有的时候情况紧急，谁都搬运，没有这种知识，二次骨折很多，二次骨折容易造成瘫痪。瘫痪的人不少的，到现在存活的做过统计也有的，我记得我看过一本书，我查过这个资料。有的时候我们看国外的救援嘛，像救火队员，他们有很多小朋友和年纪轻的人，都经过这样一部分训练，我觉得这个很好。像颈托，以前的人都不注意这个，没概念，没有几个人戴颈托，甚至连医生处理都不注意颈椎的问题，现在这情况就好多了。对外伤病人而言，特别脑创伤与颌面颈部创伤颈托很重要，从业务知识扩张面来讲，也是很重要的。我曾经说过，虽然这类病人不是那么多，但是这一套东西有特点，各个科应该搞自己的灾害医学有关的内容， 而且这个灾害不光是地震的灾害，一般医学知识也需要。后期的传染病的预防，就是卫生学与内科问题了。只管前面不管后面也不行，整个要成系统。每年都有灾害，医学需要进一步发展。在我国，目前还缺乏专门的组织或学术团体专门对灾害医学进行研究；缺乏对执业医师进行有关灾害医学的继续教育；缺乏一支训练有素的灾害医学队伍；当然，也更缺乏口腔颌面灾害医学了。

由于各种原因，我未能去汶川救灾，但我的同行、四川大学华西口腔医院以及第四军医大学口腔医学院口腔颌面外科的同仁们积极参与了这次救灾活动，他们一定会比我学习到更多更新的救灾经验。从报道和信息中，我也学到了更多的有关震灾的知识。我国是一个地震多发的国家，今后对高发区的防震科普教育也是十分重要和必要的。比如：亟须建立口腔颌面地震伤灾难应急专家系统；亟须在医学院教学中设置灾难医学课程；以及亟须在灾难救治系统中普及口腔颌面部创伤的早期处理，等等。

注 1：

其一：出征

电波传噩耗，华北大地震；药材仓促备，寅夜上征程。
心向灾区去，步向唐山行；身负有六十，为救手足亲。
车上誓师会，衷诉人间情；苦死皆不怕，战地炼红心。
列车飞向前，犹恨转不勤；黎明东方晓，车停是杨村。
烈日当空照，仰首望雄鹰；夕阳已西下，才得登机门。
念四*窗虽小，俯见大地清；阡陌尚完好，颓墙断垣存。
夜宿机场边，子夜再前进；历过唐山市，满目尽酸辛。
来车如流水，去车如蚁行；历时四十八，始得到丰润。

*指 安-24 飞机

其二：卜算子　露营（于唐山机场）

月晕众星沉，地湿野草青；已是酉时人未静，充耳满机声。
就地卧郊野，雨露喜滋润；到处但闻酣睡音，梦惊催登程。

其三：沁园春　抗震

八级地震，唐山土崩，丰南地裂。及市内近郊，屋塌壁断，瓦砾尚存。
子伤女残，夫失妻散，不幸人作古天国。恨天公，竟生灵涂炭，毁我大业。
国人咸信马列，不从天命不信鬼邪。动全国人民，人定胜天，八方支援，龙江风格。
自力更生，家园重建，看灾区辈出英杰。与灾斗，重建新唐山，战火正热。

其四：救治

遍地尽闻大夫声，人民受灾吾心疼；腰折肢断彼彼是，休克感染恨迟临。
固定换药是中心，剖腹截肢救生命；洗面擦身送温暖，送水赠金阶级情。

注2：

十六字令　战雨

雨，瓢泼殃及席棚里，等须臾，水深盈胫齐。
雨，狂风助虐水更急，与天斗，堵漏抗洪齐努力。
雨，滂沱已至芦席底，惊呼叫，干群同心筑水渠。
雨，困难面前何所惧？齐围坐，且听英雄欢笑语。

注3：

工农兵学员赞

冀东抗灾是先锋，缘尽来自军工农；
炉火纯青把钢炼，医疗队中数英雄。
请看：

小陈（志兴）宣传打头阵，毛泽东思想送春风。

小刘（家华）号称老黄牛，鞠躬尽瘁力无穷。

小步（兵红）置私于度外，不问娘舅问工农。

小刘（淑香）赠金又问暖，阶级情深手足同。

小盛（意和）人皆呼“老表”，医疗工作称先锋。

小王（华新）处处挑重担，热情洋溢火样红。

小郑（如华）事事来争先，任务从来不放松。

还有小高（寿林）个虽小，螺钉事儿见心胸。

正是：

震区九院战鼓隆，陋习旧貌一扫空。

喜看今日接班人，莺歌燕舞拂东风。

第一人民医院救援唐山大地震综述

1976年7月28日，河北省唐山、丰南一带发生了里氏7.8级地震。地震持续约12秒，强震产生的能量相当于400颗广岛原子弹爆炸，整个唐山市顷刻间被夷为平地，地震造成24万余人死亡，重伤16.4万人。

大地震发生后，伤病员的抢救工作是抗震救灾的首要任务，作为医疗条件最为先进的城市之一，上海市第一时间组织医疗队赶赴灾区进行医疗救护。第一人民医院作为一家大型综合性三甲医院，积极响应中央和市委号召，在1976年7月至1977年8月期间，共组织了三批七十余人次的医疗队员奔赴唐山灾区进行医疗救援。

7月28日，接到市卫生局紧急组织抗震救灾医疗队的通知后，医院立即组织各科室骨干36人组成第一批医疗队，由王道民带队，于7月29日凌晨乘专列去唐山灾区抢救伤员，历时29天。该批医疗队驻唐山机场工作，任务包括应急处理伤员、到居民区巡回医疗及开展预防工作。

8月，第一批医疗队返沪后，为了保障灾区伤员的继续治疗，在河北省抗震救灾指挥部的要求下，上海市紧急组建医疗队支援唐山市抗震医院的建设。在市卫生局的安排下，我院于同年8月派出由唐孝均带队的第二批医疗队共18人，与其他卫生局系统医院一起，在河北省抗震救灾指挥部的统一指挥下，筹建和主办了唐山市第一抗震医院。在第二批医疗队员不能满足实际工作需要的情况下，医院又于9月派出了由王荣庆带队的第三批医疗队援建抗震医院，共计42人。

在抗震救灾的过程中，医疗队员展现了不畏艰险、团结一致的精神，如第一批医疗队第一天夜晚到达唐山机场，就露天睡在机场跑道上，唐山的夜晚很冷，后来虽然有帐篷，但因来时匆忙，没带被子，晚上只得用帐篷边角或婴儿襁褓裹在身上。不少人腹泻、发烧，还有同志急性心肌炎发作，发烧到四十多度，心跳下降到40跳，生命垂危。队员们喝的是冷水，吃的是压缩饼干，生活条件非常艰苦，但是没有人叫苦叫累，大家都以抢救伤病员为第一要务，自觉克服困难，带病工作，积极投身到伤员救治中。在一次地震余震中，医疗队员不顾自身安危，首先想到的就是关心患者安危，确定患者安全后，才顾得上自己。唐山市第一抗震医院是用草棚临时搭建的，虽然条件简陋，但是需要手术的患者很多，外科潘主任有时一天要进行三四台手术，常常在简陋的手术室里连续工作五六个小时，下了手术台，湿透的衣服上都能拧出汗水。虽然医疗条件简陋，物资匮乏，但是在医疗队员高度的责任心和精心的护理下，没有一例术后伤口感染的病例发生。在抢救中，由于伤员多，药品、医疗器械少，许多医疗队员打破分工界限，千方百计就地取材，因陋就简，进行抢救，如用胃管代替导尿管，用万金油替代液体石蜡。口腔科医生自制口腔椅子，麻醉师担当护士，医生护士轮流翻班照顾病人，医疗队员们克服困难，互帮互助，团结一致，和灾区人民共同战斗，战胜地震灾难，发扬了艰苦奋斗、勇于担当的崇高精神。

（高颖　供稿）

在唐山的日日夜夜

——何联珠等口述

口 述 者：何联珠　盛　勤　唐孝军　王道民　庄心良

采 访 者：高　颖（上海市第一人民医院党办科员）

　　　　　陶　然（上海市第一人民医院护理部科员）

时　　间：2016 年 5 月 24 日

地　　点：上海市第一人民医院北部行政楼 308 会议室

何联珠，1951年生，主任护师，曾任上海市第一人民医院护理部主任。唐山大地震时，曾作为第二批医疗队员赶赴唐山救援。唐山大地震后，曾作为上海医疗队员赶赴唐山参与救援工作。

盛 勤，1954年生，政工师，曾任上海市第一人民医院工会常务副主席。唐山大地震时，曾作为第三批医疗队员赶赴唐山救援。

唐孝均，1923年生，主任医师，教授，神经内科专业组创建人，享受国务院特殊津贴。1948年参加工作，曾任内科住院医师、主治医师、副主任医师、主任医师、上海医科大学教授。1976年参加第二批唐山抗震救灾医疗队。

王道民，主任医师，教授，著名医院管理专家、神经外科专家，上海医科大学兼职教授。曾任上海市卫生局局长、中共十二大代表、政协上海市第七届委员会委员、中华医学会上海分会会长等职。唐山大地震后，曾作为第一批医疗队员赶赴唐山救援。

庄心良，1934年生，主任医师，教授，博士生导师，上海市劳动楷模。曾任上海市麻醉质控中心主任、中华医学会麻醉学分会副主委、上海市麻醉学会主委、《中华麻醉学》杂志副主编等职。1976年7至8月赴唐山机场参加医疗救援工作。

何联珠：

时间过得真快！唐山发生地震那年，我只有26岁，参加工作只有四年。当时我住在医院宿舍，护理部领导让我去通知谁谁谁，让她们晚上都不能回家，要住在外宾病房。被通知的这些人都是我同学，后来我一想，不对，为什么我住在医院宿舍，不通知我，反而要通知那些住在家里的同事赶过来？想想觉得老不开心，就去问领导，为什么不让我去，是不是我不符合要求。我不是一个爱哭的人，但那时候激动得眼泪都出来了。哭了倒也好，后来领导叫我过去，说："你还哭伐，不哭你就去。"就决定让我去了。那时候好多人都是这样，不让去要吵的，硬要去。我记得那时有人混到火车上去，后来点名时被发现，让下车，还哭了，那个人让同事把他的听诊器带去灾区了，说虽然人不能去，但心意要到。

让我印象比较深刻的有：大家都不怕危险，争着去灾区；第二，灾区的经历真的蛮锻炼人的。特别像我们年纪轻的，身体是蛮好，但毕竟技术经验不足，好在整个队伍的领导，比如唐院长，给了我们很大支撑。我们那时四名护士，事情来不及做，吃饭常常很晚，但每次去食堂的时候，唐院长也还没吃，我们看到院长都还坚守岗位，也就觉得自己应该在岗位上。另外，他样样事情都做，连充氧气之类都会亲自动手，这种工作精神让我们很感动，很受教育。

还有些同志，像高志兴，他是麻醉师，但同时也承担护理工作，也要翻班，会到我病房来帮忙；像严福美，是洗手护士，但也会到病房来帮忙。因为四个人翻班翻不过来，所以大家一起来帮忙。

包括医生，有时候看到我们护士实在忙不过来，就会帮忙处理一些污纱布之类的医疗废弃物。那时大家真的是为了一个目标，团结一致，克服困难。现在想想都觉得有点不大可能，四个人怎么翻班啊？！那么多病人，但没出过任何差错，确实很锻炼人。所以后来我们回到上海，再做病房工作，包括搬场什么的，也一点都不怕了，因为在唐山得到了充分锻炼。还有像林惠明医生，为了方便大家用水，砌了一个蓄水池。

饮食方面，我记得那时候我们把冬瓜当红烧肉吃，真的，有块冬瓜就已经算改善伙食了。还有让我感动的事是，当时有的男同志带了剪头发的剪刀，当他们看到我们手术室的纱布需要剪裁而没有合适的剪刀时，就把自己崭新的剪刀拿给我们用，剪了纱布之后，刀口就钝了，没法用了。总之，那时候不管是医生、护士，还是领导，大家就是这样互相帮助，不计较个人得失。情愿自己头发不能剪，也要把剪刀贡献出来。那时候还有医生腹泻，我是管病房的，病房里有些奶粉，我就把奶粉拿去给腹泻的医生吃，结果被领导批评，说我怎么能把婴儿奶粉给医务人员，我还和他吵，说医务人员付出这么多，身体也很要紧，需要营养。

我们刚到唐山的时候吃过一顿饭，菜蛮好的，番茄炒蛋，很好吃。我们想到当地人民受了那么大灾，还要招待好我们，心里很感动。另外，我们睡在帐篷里的时候，门口放哨的都是附近居民，我们也很感动，觉得灾区人民对医务人员非常关心。

盛勤：

我参加的是第三批医疗队，去得时间比较长，唐山的经历对我一生的影响是很大。我是1971年进医院的，1976年4月份刚刚进机关，7月份唐山就地震了。刚开始动员的时候只要医务人员，不要机关人员，后来说要成立宣传处。我那时候刚刚到宣传处，机关很多像我一样的小青年都报名了，后来医院选择了我，我感到非常荣幸。但真要去的时候，我心里想法还是很多的：想到我们家只有我一个小孩，万一出点事怎么办；还想到毛主席已经去了，到了唐山没人管我怎么办。这想法很幼稚，现在想想觉得很好笑。准备出发的时候，我心里很纠结，记得在火车上我没和任何人说过一句话，一直在想，万一地震震死了，我父母怎么办。但最后真的到了唐山，看到那一片土地的时候，我所有的顾虑都没了。

那时候虽然尸体已经没有了，但到处都是倒塌的建筑，看到那种悲惨场面，我心里很震撼，就觉得我们医护人员在这种时候是应该冲上去的，整个身心都要投入医疗队的工作。我记得临走的时候，办公室的张贞跟我说：你从小养尊处优，到了震区要学会艰苦工作。准备东西的时候，我还想带刻字的玻璃板，他们说你不要想得这么细，那边条件是很艰苦的，我当时实在无法想象是如何个艰苦法。到了那边，所经历的事情真的对我一生产生了很大影响。

我们这一批医疗队在第二批造的抗震医院里工作，来自七个医院，包括市一、六院、儿童、胸科、传总（上海市传染病总院）、肺科等。抗震医院条件比较简陋，为了防止余震，我们每家医院的人员是分开住的，护士和护士住在一起，我们和医技人员、财务人员住在一起。印象很深的是那时候大家很团结，我不会支帐篷，其他人就帮我支。

那个时候因为有余震，所以每天晚上都排两个总值班。记得有一次，我和一名外科护士一起值班，刚刚巡逻到田埂上的时候，看到远处红色的地震光，我一下懵了，那个护士跟我说是余震，让我双脚分开站立。那次余震震得很厉害，还好时间不长。

地震一停，我们就赶紧跑去看病房和手术室的情况。跑在路上的时候，不断地看到有医护人员从宿舍楼向病房奔去，大家都很急切地想去看看病人和手术室的情况，这一点让我记忆非常深刻。到了手术室，我们发现手术器械都被震倒在地上，还好病人没什么事情。回到宿舍，我们发现一个队员倒是被震倒了，大家正帮他把床搭好。在危险的时候，大家第一时间想到病人，然后再互相帮助，给我留下了很深的印象。

我那时候做宣传工作，写了很多好人好事，刻了很多字，这些材料我都带回了上海，可是后来由于科室变动，都没能留存下来。记得那时候有一个神经科医生从上海带去两大瓶肉糜，但是看到病房里病人非常虚弱，他就把肉糜都送给病人了。当时有病人因为手术要理发，他都义务帮忙理了，完全是出自内心地帮病人解决问题。

因为我们是第三批医疗队，生活条件比之前有所改善，特别是到了后期，有人给我们送茄子、苹果之类。一日三餐，两顿饭，一顿压缩饼干。当时医院里有一个做总务的唐山本地人。我问她家里还有什么人，她说地震的时候她正好去天津，家里的父母兄弟姐妹，一大家人全部都没了。我觉得她非常坚强，还能坚持工作。她回答说，他们留下来的每个人都只能选择坚强。后来她还到天津去买了两个十字绣的枕套，绣好送给我，我很感动。离开唐山后，我还和她保持了几年联系，可是后来由于她工作调动，最终断了联系。

唐孝军：

唐山地震是7月28日，当时我被落实政策没多长时间，在医院里还靠边站。28日地震，29日第一批医疗队就走了。当时医院里也有任务，专门开了个病房，接收唐山地震送来的伤员。当时我也参加了工作，干了一周左右，我们第二批就出发了。

第二批我们医院有三十多人，还有卫生局下面的其他医院，包括一院、六院、第一妇婴保健院等。当时乘火车去的时候，唐山还不能进去，同事因为住宿条件有限，大家要错峰进入灾区。我们当时先到唐山旁边的遵化，待了三四天。到唐山后，唐山市区一个中学的操场上搭了许多草棚，它们就是我们医院抗震救灾点，我们就住在这些草棚里。当时一院、六院、第一妇婴保健院的医疗队都住在这里，他们把这个临时医院办起来了。我们去的时候什么都没有，当地的房子都塌光了，他们的医院也都震没了，所以我们建立起了震后当地第一家医院。

当时一医、二医的也去了，但他们没有进唐山，是在唐山附近的县城开展工作，我们直接进入唐山市中心。当时市中心还有余震，厉害的时候有六七级。我们三个医疗队进入草棚医院后抢救了很多病人，包括产妇。当地居民很多都拥到草棚医院来，虽然条件很简陋，但我们也开了好多刀。手术器械都是我们自己带去的。口腔科医生还自己制作工具，解决口腔病人的相关问题。唐山地震后办了个展览会，还展出了他做的工具。

我们医院的医生当时也很忙，也不管值不值班，有病人了就去。我当时是管业务工作的，那时有一个烧伤病人，烫伤面积达百分之二三十，我们考虑抗震医院没条件救治，容易导致伤口感染，所以把病人转到天津去了。领导知道后，还召开了批判会，说我们没有发挥自力更生精神，未经上报就把病人转走了。我属于被批判的对象，因为当时我负责业务组，这个病人转出去是通过我的，不过我仍然认为这个病人应该转，因为当地消毒条件不够，敷料等换药的材料都不全，病人无法得到较好的救治。

我们在唐山待了两个月左右，具体时间我记不清了。后来第三批来接班，我们才回到上海。我们在当地开了第一家医院，手术室、产房等都建在草棚里。当时虽然条件差，但我们医院开的刀没有一例伤口感染。我们还在当地参加了毛主席逝世的大型追悼会，医疗队员都去参加了。当时卫生局不管碰到什么事情，第一个想到的都是第一人民医院，所以我们医院是医疗队的主要力量。

王道民：

当时地震这种事可能有点保密性，不像现在，一有地震，大家马上就知道了，所以我们接到通知是在地震后第二天凌晨。一般紧急情况都是早上通知，下午就出发，但那时是到第二天才出发。其实照现在的情况来看，也没什么好保密的，哪里发生地震，大家马上就知道了。当时还听说唐山地震以后，有人从唐山开车去北京报告，所以时间应该说是晚了一些。我们是一接到通知马上就准备，等待出发，具体什么时候出发是上面决定的。当时全市组织了好多医疗队，都是乘一列专车去的。

我们上海一医队当时找了好多科室的骨干，都是一级骨干，配置也比较全面，包括内科、外科、护理、麻醉、抢救室等科室。从准备来讲，按照现在的要求，肯定是不完整的，那时候也没有那么好的设施，就这样出去了。

我印象中到天津后还要再换乘飞机，下飞机后一片漆黑，没有灯光，没有帐篷，也没有人管，因为联系不上。不像现在，每人都有手机，那时候没有通讯工具，每个人都是独立自主地作战。当天晚上就睡在水泥跑道上，在那种情况下，医务人员没有埋怨的，没有觉得艰苦。

我们当时的首要工作是应急。当时机场离居民集中区还有三公里，人口不算密集，我们处理的都是周围居民送来的一些小毛小病的伤员，因为大的毛病他们也送不到这里，后来有个决定，重危病人都要转送外地。因为尽管当地医疗队很多，但条件有限，不允许开展什么手术，所以重病人都送往全国各地的大医院了，上海也曾接收患者。我们在当地将病人处理好后，就通过飞机往外送。第二是到居民区巡回医疗，到帐篷里去看病、发药。第三是做一些预防工作，比如喷药水、消毒剂什么的，因为尸体在高温下腐烂很快。我记得我们巡回医疗时，在路边倒塌的房子下看到的手的颜色都变绿了。我在灾区待了一个月左右，没有做过手术。

当时条件很艰苦，是解放军来帮我们搭的帐篷。我去过两次地震救援，还有一次是云南。那次也很艰苦，下午通知，晚上出发，飞机到了昆明后再乘卡车，我在盘山公路上吓得要命。也和唐山一样，到了没地方睡，我们睡在田旁边的沟里，还好带了棉大衣，下面垫着稻草。

第一点体会：作为医务人员，那时候没觉得苦，也没觉得要提什么条件，就想着服从需要，说走就走，没有什么讨价还价的。以前也没有说过去了之后还有什么补贴，大家都不计较，精神境界非常高，有时连家人都不知道我们去哪了。

第二点体会：现在的医务人员出去都要别人接待，那时候都没有，特别是唐山地震，到了之后都没见到领导，完全是独立自主地开展工作。生活条件是非常艰苦的，现在来说可能是不可想象的，但那时也就这样过来了。

我印象深刻的是：第一，睡帐篷，很简单的帐篷；第二，饮水没有自来水，也没有纯净水，是解放军的车子运来的，后面接了根管子放水，喝了好长时间这样的水；第三，吃饭，我现在印象最深的就是压缩饼干，头两天味道蛮好，后来——包括现在——一看到压缩饼干都害怕。

后来解放军发掘了一个倒塌的冷库，找到了一些冷冻猪肉，指挥部给每个单位发了一块冻猪肉改善生活。我们用南瓜和冷猪肉做了一顿饺子。平时还是相当艰苦的。我们在那边待了一个月，后来第二批人来了，慢慢接班，造医院。

我总的体会是：第一，服从组织安排，没二话；第二，生活艰苦，但不埋怨；第三，在这种情况下，大家非常团结，互相关心。这一点，除了唐山之外，我对在柬埔寨的经历印象更加深刻。

在柬埔寨的时候，我们医院当时也组织了医疗队，撤退回边疆又回去，回去后那边又打过来，我们住在旅馆里，上面说让医疗队留下来去森林里打游击。我们开了个医疗小组会，让女同志先回国，男同志留下。女同志表态说，她们不回去，要回一起回。生死关头，团结一致的精神非常不容易。后来大使馆人员让医疗队一起撤回国了。

我觉得医务人员这样的精神境界，这样对待工作和生活的态度，是应该积极发扬的。现在老是讲医务人员拿红包什么的，这都不是主流。我的感触是，只要有需要，医务人员绝对是挺身而出的，无论什么地方，医务人员都是第一个到。

唐山地震后的现场，一是解放军多，二是穿白大褂的。甚至有点过度医疗，一个帐篷，一个医疗队刚出来，另一个医疗队又进去了。大家都是主动找工作做，这也说明医务人员能够在艰苦条件下很快适应需要，这对我们来说是很正常的事。唐山地震既是发挥医务人员作用的时候，也是考验人、锻炼人的时候。

唐山之后又发生了几次大型地震，比如汶川地震，我虽然没机会去，但作为经历了两次大型地震的人，我总结了一下：第一，我们的科技发达了，什么地方发生了几级地震，很清楚；第二，虽然当时大家积极性都很高，但现在比过去组织有序得多，有一个总体安排。唐山地震实际上有点医疗队过度、重复、过剩，到处都是医疗队。这个就是统一指挥的问题；第三是通讯，就像刚刚说的，我们刚到唐山时什么通讯设备都没有，很盲目；第四是装备，当时医院有备灾备荒物品，但和震区的需要相比还是有很大差距，帐篷之类的都没有。现在的物资配备比过去要好得多，包括医疗的、抢救的、药品的、生活的；第五是对医务人员必要的关心比过去要好得多。那时都是临时组织，医务人员必要的生活物品都没带，只带了件白大衣。这个问题到当地都没办法解决，当时冷得要命，后来碰到解放军，拿到了短的棉被。裤子破了怎么办呢，用橡皮膏贴一贴。所以当时人家看到医疗队员，很多都是裤子后面两道白的；第六，上海的传统很好，一直都是哪里需要到哪里去，一方有难八方支援，这一点在医务界表现得更突出。

我觉得应该坚持这一优良传统。第一医院可能这种紧急任务更多一点：第一，它是局里直属医院；第二，它是综合性医院；第三，医疗水平较高。所以，一院派出去的医疗队有个特点，就是除了在专科上发挥作用之外，还什么都能干。

比如说我搞脑外科的，普外科的毛病也能看，在柬埔寨回国的船上还给政委开过阑尾穿孔，地震后还在车上给人家开过甲状腺，在黑龙江开脑子——是医院锻炼、培养了我们这种综合能力。我们跑出去和其他医院的医生的确不大一样。很多其他医院的医生分科太细，碰到其他科的毛病都看不来，我们出去，什么毛病都能看。

庄心良：

我是唐山地震后第二天早上接到卫生局的通知的，上海组织医疗队，当天住在医院里，第二天出发。当时上海市所有医院救援人员乘一列专车前往唐山，中途车子坏了，等了两个小时。后来到了天津，因为铁轨变形，我们改乘军用飞机进入灾区。

下飞机时天已经黑了，当地条件非常简陋，没有灯光，只有探照灯，基本看不清东西，也没人接待安置医疗用品。救援队只好自力更生，临时住在机场跑道上。当时已经是7月份，上海医疗队员穿的都是短衣短裤，唐山晚上很冷，还有很多蚊子，第二天有人送来了帐子，大家就把帐子的下摆裹在身上取暖，但夜里还是冷。后来有人送来了婴儿襁褓，我们只能用小小的襁褓盖在肚子上。我们当时一直住在机场里，机场往城里方向的路边都是黑色的装尸体的塑

“人定胜天”徽章

料袋，机场边上也都是这种黑色塑料袋。那时物资很匮乏，携带的一些体积较大的物资在转乘飞机时都丢弃了。没有别的东西，每人发了两斤压缩饼干、一碗水、半斤盐，压缩饼干是当饭吃的。

到唐山后，我发现当地的指挥一塌糊涂，机场指挥塔倒了，钢筋荡在外面，直升机到处都是。7月份的跑道，太阳很厉害，白天很热，晚上很冷。附近居民送来的伤病员很多，都是重病人。我们这个队在机场负责对伤病员进行初步处理后，将他们转运上飞机。

白天非常热，血浆露天放置，我们赶紧把它们藏到自己住的帐篷里，因为麻醉经常要用到，太阳一晒会变质，就不能用了。抗震救灾指挥部是医疗队到了之后才成立的，所以初期条件非常艰苦，特别是没水喝，食品也很紧缺。那时候吃大蒜，那里的大蒜很辣，吃不惯，有人说放火里烤烤会好一点，结果一烤变得像鼻涕一样，更加难吃。

当时有同事生病，急性心肌炎，发烧到四十多度，心跳到40跳，差点死掉。那天下雨，大家把他抬到帐篷里面，结果因为是沙土，地面渗水，他睡的垫子下面全部是水，整个帐篷都被淹了，大家只好把他抬到女士住的帐篷里。尽管如此，当时也没觉得苦，大家都觉得是天经地义的。

我接到任务的时候，已经买好去常州的车票了，家里有点事情。老院长打电话给我，说有紧急任务，唐山发生大地震，要组织医疗队，我没有迟疑就答应了。我之前还去过其他很多地方救援，都是不谈条件、二话不说就去了。当时的医疗队也是这样，第一批医疗队员都是拿了件白大褂就赶到灾区，衣服也没带，所以晚上睡在水泥跑道上，真的是冷。开始时帐篷都没有，就睡在露天的跑道上，看到天上的卫星，大家还在说那就是“东方红”。

当时的救援工作都在机场开展。我们把生病的同志送到中央卫生部，卫生部检查后让他返回上海。另外还有几个人也得了心肌炎，因为有柯萨奇病毒，一个是送伤病员的解放军，病人送来后他就趴在方向盘上不动了；一个是当地的老百姓。

当时送来好多病人，都是膀胱涨得很，要导尿，但是医用耗材非常匮乏，导尿管没有，我们就用胃管代替，液体石蜡没有，就用万金油。我们当时主要任务是初步处理和转运患者，都是重伤员，大腿骨折等创伤的病人太多了。当时国家根本没有应对大规模突发事件的经验，大家都在救援工作中不断学习。

第六人民医院救援唐山大地震综述

从1976年7月29日医院派出第一批救灾医疗队到1978年3月医疗队全部撤回上海，近二十个月，医院先后派出四批医疗队，共计184人。其中，医生74人，护士56人，医技26人，后勤17人，行政11人。前两批主要在路南区等街道开展巡诊、急救和转送危重伤员；后两批主要在临时抗震医院接受唐山各地伤病员来院的诊治业务。

上海市第六人民医院赴唐山医疗队批次及人数统计表

	第一批（1976年7月29日—8月23日）	第二批（1976年7月30日—9月24日）	第三批（1976年9月25日—1977年7月1日）	第四批（1977年7月1日—1978年3月）	合计
医生	15	21	14	24	74
护士	9	10	14	23	56
医技	6	5	7	8	26
后勤	1	7	5	5	17
行政		3	3	4	11
总计	31	46	43	64	184

（史料来源1：上海市档案馆馆藏档案《上海市卫生局赴唐山抗灾医院名单》，档案号：B242—2—376、377。）

7月29日上午，第一批医疗队由医院党委副书记陈高义带队前往唐山，共计31名队员，于7月30日上午到达天津杨村，转乘飞机进入唐山。紧接着，第二批赴唐山抗震救灾医疗队共25名队员，于8月2日下午赶到遵化郊区一个医疗救治点，为伤员清创、换药，并等待进入唐山。

与此同时，六院还和上海其他兄弟医院混合组建三支医疗队，它们也属上海赴唐山第二批医疗队，于7月30日至8月2日奔赴唐山救灾第一线：由周永昌等十位医护人员与上海遵义医院组建医疗队，先后赴河北省遵化县郊区和唐山市胜利路救援；由骨科姜佩珠等六位医护人员与上海精神病分院组建医疗队赴唐山市丰润县救援；由外科周文申等五位医护人员与上海传染病分院组建的一支医疗队，赴河北省遵化郊区，后转战唐山市西缸窑开展救援工作。

医疗点建立之后，医疗队员兵分二路，一路就地处理伤员，把危重伤员转送出去；另一路下街道挨家挨户去巡诊，为受伤的居民清创包扎、配药、作心理安抚。为了更好地开展救援工作，医疗队在唐山地委党校一块空地上，建立起了简易病房，处理了不少急诊病人，主要是骨折等严重创伤病人，也曾开过急性阑尾炎、急性剖腹产。

第一阶段抢救任务完成后，1976年8月22日，六院第一批医疗队返回上海。另外，六院与其他兄弟医院组建的三支医疗队，也胜利完成各自的抗灾任务，陆续返回上海。

六院驻扎在路南区的第二批医疗队，按照指挥部要求，从唐山地委党校处乘火车转场到河北省遵化县西龙虎峪人民公社因为山区偏远，交通不便，龙虎峪一带的伤员送不出来。医疗队到达龙虎峪后，不顾休息，马上搭建帐篷，建立医疗救治点，队员们分组，背着药箱，冒着烈日，沿着崎岖山路，到各村进行巡诊，为伤者清创、包扎，送医送药。1976年8月底，在山区奋战十天左右，六院第二批医疗队又急赴唐山西缸窑，参与筹建临时抗震医院，它们以保障灾区伤员的继续治疗为目的，建在玉田、丰润县、唐山市缸窑、东矿区林西四个地方。其中西缸窑地区为第一抗震医院，由市卫生局局属单位负责筹建，于是六院第二批医疗队员一行25人，作为留守队伍又转战西缸窑，开始筹建第一抗震医院。抗震医院坐落在唐山市西缸窑第六中学的操场上，交通比较便利。医疗队进驻后，一部分人首先整治院内卫生环境，清理碎砖石块和杂草，开挖排水沟，搭建临时厕所等，并调试一台上海送来的汽油发电机，开始供电；另一部分人着手规划门诊部、住院部，并按照一般综合性医院的要求，设立各个临床、医技科室，甚至启用了新建立的手术室。经过近一个月的筹建，抗震医院初具规模。根据指挥部安排，9月24日，第二批医疗队在完成交接班后返回上海。

9月25日，唐山西缸窑第一抗震医院开始收治病人。医院的临床护理及医技人员全部来自上海医疗队，行政管理和后勤人员主要由唐山市人民医院抽调来。从1976年9月至1978年3月，上海根据抗震医院临床业务需要，先后派出第三、第四批医疗队。

第三批以市一与市六为主，共11个单位参加，有173人；六院由院党委委员、工宣队员李杏才为领队，有43人，其中医生14人、护士14人、医技7人、后勤5人、行政3人。第四批以市六和胸科医院为主，有13个单位参加，共有186人；六院由副院长江光胜为领队，有64人，其中医生24人、护士23人、医技8人、后勤5人、行政4人。各医院选派的基本上都是原医院业务骨干，包括在各学科领域有所建树的专家。两批医疗队在18个月中，共完成门急诊201 896人次，收治了5 858例住院病人、抢救了230例危重病人，完成大小手术11 861人次，派出小分队外出普查4 214人次。另外，医疗队还为地震灾区培训医务人员和进修医生、下厂下乡提供防疫注射服务等。

抗震医院每天的手术工作量很大，许多医务人员发扬了不怕苦不怕累的精神，积极开展了晚期癌肿巨大前列腺肿瘤、二尖瓣、PDA、肺切、食道Ca、纵

上海第一抗震医院医疗队业务统计表

	第三批1976年9月25日—1977年7月1日	第四批 1977年7月1日—1978年2月20日	合计
门诊人次数	136 508	65 388	201 896
住院人次数	3 796	2 062	5 858
抢救危重病人次数	-	230	230
门诊手术人次	4 555	2 349	6 904
手术住院人次	3 604	1 357	4 961
人流手术人次	1 965	790	2 755
分娩手术人次	1 043	497	1 540
培训医务人员 赤脚医生人次	197	184	381
派出小分队下乡人次	3 161	1 053	4 214
预防注射人次			700

（史料来源3：上海市档案馆馆藏档案《上海市卫生局关于赴唐山抗震救灾医疗队的工作汇报》，档案号：B242—2—376。）

膈肿瘤、脾肾吻合、直肠Ca根治、肠梗阻、胃Ca、胆囊炎、巨大甲状腺肿瘤、肾切除、脑外伤等一些难度较大的手术。

1978年3月，第四批医疗队返回上海了。

（方秉华 盛玉金 供稿）

抗震精神，世代相传

——周荫梅、唐彩虹、董社口述

口 述 者：周荫梅　唐彩虹　董　社

采 访 者：盛玉金（上海市第六人民医院院史编纂办公室主任）

殷　俊（上海市第六人民医院党委办公室老师）

江荣坤（上海市第六人民医院院史编纂办公室老师）

屠一平（上海市第六人民医院院史编纂办公室老师）

时　　间：2016 年 5 月 10 日、5 月 16 日、5 月 17 日

地　　点：上海市第六人民医院教学楼 502 会议室

周荫梅，1955年生，1973年进入上海市第六人民医院内科，历任护士、护师、心功能室技师、主管技师、内科党支部书记、院工会副主席、妇委主任、退管会副主任、高级政工师。1976年参加第一批唐山抗震救灾医疗队。

唐彩虹，1951年生，主治医师。2006年退休前一直从事儿科临床和儿科智力测定工作。1976年7月至1977年7月曾参加唐山抗震救灾医疗队工作。

董　社，1955年生，在第六人民医院先后从事普外科、急诊科工作，任第六人民医院接待办副主任。1976年唐山大地震发生后，作为第二批连第三批上海医疗队队员，赶赴唐山，参与抗震救灾。

1976年秋，部分第三批赴唐山抗震救灾医疗队员在废墟上合影

周荫梅：

1976年7月28日下午，内科党支部书记找我谈话，说医院要成立救灾医疗队，由陈高义院长带队，共31人，当天晚上到医院待命。下午三时我回到家与母亲说了一下，拿了几件替换衣服，一个很小的随身包，身边带了五元钱。下午五时，来到医院，领导简短地动员了一下，没有说去哪里。用完餐后，我们在医院北楼小礼堂待命，每人发了一个军用水壶、一条床单、两盒压缩饼干。当时根本不知道哪里有灾情。据老同事们说，医院这种情况是常有的，第二天不去的可能性也很大。当时21岁的我还是第一次碰到这事，非常兴奋，疯了大半夜，集体睡在礼堂地铺。

凌晨四点，一声哨令把我们叫醒，我们乘车到火车北站，乘火车出发，还不知道方向在哪里。直到7月29日早晨六点半，新闻广播说唐山发生了特大地震，大家才明白是去抗震救灾。火车开到天津，我们再乘车前往天津机场已经是晚上了，机场有很多抗灾人员。据说汽车无法进入唐山灾区，晚上七点多钟，我们乘坐45人座的军用飞机，到达唐山机场，并在机场待命。由于是首次坐飞机，加之飞行中颠簸，我们都呕吐得稀里哗啦。当天我们在唐山机场露宿，用水壶当枕头，一个队女同志睡中间，男同志睡两边，又迷迷糊糊地睡了一夜。

天一亮，大家醒了，没水洗漱。大家拿着毛巾在机场地势比较高的草上，用毛巾甩一甩露水，湿润一下毛巾，擦一擦脸。有人提供一些水和盐，制成淡盐水，就着压缩饼干一起吃。刚开始感觉挺好吃的，但是吃了好几天压缩饼干，看到就要吐。将近中午，一辆军用卡车把我们送到灾区，车子一路开过去，难闻的尸臭扑鼻而来。到处都是倒塌的房屋、尸体，那种惨烈就像刚发生了一场战役。远远看过去，死亡人数比广播报道的还要多，尸体发酵了，头变得很大，还有些悬在半空。我们拿着毛巾捂着鼻子，继续前进，有的同事拿出花露水到处洒，想冲淡味道，其实根本冲不掉臭味，香、臭交杂，更难闻。

到了目的地，必须搬掉尸体才能腾出地方，这些都靠我们自己。男同志搬尸体，女同志将坍塌的垃圾处理掉，然后找了一块相对空旷的地方搭帐篷。男女各一间帐篷搭好，铺上席子，摊开床单，就这样睡下了。但大热天，地面温度高，外面又下着雨，我们生怕血水流到帐篷里面，根本无法入睡。我和小姐妹王妙娣睡不着，坐在帐篷口，打着手电筒，被领导发现后骂回去了，因为第二天有许多工作，一定要回去睡觉。于是又回到帐篷，迷迷糊糊又是一夜。余震不断，当时心里相当怕。那个年代，哪怕有再多的想法，只能在心里默默地悲伤，不能多讲，有想法自己消化。好在有老同事的坚定，男同事的幽默，肩负的任务还是要完成的。

第二天早上起来，我们在废墟里找东西吃，有的找到了一口锅，有的到很远的地方挑来水。不知在哪里找到青番茄、面粉、盐，同事们支起架子烧了青番茄面疙瘩，盛了几碗吃起来。开始还是蛮兴奋的，其实吃下去又涩又苦，但是有蔬菜、面粉充饥已经是蛮好的了。记得从第三天起，我们的伙食全部由解放军炊事班提供，有蔬菜、米饭、馒头。每天都吃茄子，没有吃过一点荤腥，整整吃了26天。

救援工作第二天展开了。我们成立两个组，一个医疗组，一个巡回医疗组。我在巡回医疗组，我和泌尿科金三宝、药剂科徐柏兰三人一组。重病员被送到北京、天津等医院，留在这里的病人不是很重，伤风感冒的，小伤口需要处理的等。我们每天挨家挨户询问百姓有些什么不舒服，送些药，兼做心理医生。当地灾区人民是很坚强的，很相信政府，他们激动焦虑的情绪慢慢平复下来了。

我们经常站在废墟上看着直升机空投物资，食品投下后，不能自己去取，有人登记后才能分发。我们在灾区还碰到了用水的问题。水是何等宝贵，队员发现流动的水后，自己跑过去取，被治安人员鸣枪警告。女同志卫生问题怎么办呢？比如例假，开始几天妇产科主任每人发一小块纱布擦擦；洗澡，每人只有一桶水，水太凉在太阳下晒热，再带回到芦苇建的纯天然厕所里，匆匆擦洗。灾区人民怎么过，我们就怎么过，入乡随俗。中午可以休息一会，但是休息的时候，周围到处都是苍蝇，只能拿衣服包着头，打一会盹。晚上睡觉的时候，蚊子太多了，我们怕极了，因为蚊子是死人身上叮叮，活人身上咬咬。还好我们队里有人讲些故事，来排解心里的不舒服。

十多天以后，我们还是无法与亲人写信，也不知道何时回上海。天气逐步转凉，衣服、被子都成问题。队里给每人发了一套军装，被子则是上海职工到每位医疗队员家里拿了再运送过来的。我打开家里送来的被子，发现里面有一包肉松，顿时闻到了妈妈的味道,解决了十几天没有肉吃的问题。

二十天了，由于防疫工作可能没跟上，灾后腹泻大流行起来。我们的工作由医疗队转到医疗站，给每个腹泻病人补液是我们主要工作。病人大多躺在地上、担架上，我们也是跪地给病人输液。医疗队的队员也开始发烧、腹泻，老同事家有老人、小孩，加上自己生病、思念，怕得瘟疫回不去了，都哭了。几乎每个医疗队的队员都有过这样的经历。但大家抱团取暖，只有一个信念，必须要完成任务。

医疗队每天要学习，汇报工作。大家不怕苦，不怕死，余震来了就跑到空旷地，拍拍自己的心脏。大家完全是把生死置于脑后。我是队里最小的队员，许多经历都是第一次。

过了整整26天，医院派来第二批医疗队接替我们的工作。

唐彩虹：

唐山发生了毁灭性地震的时候，我还是一名即将毕业的1976届市六医院医大班医疗系学生。我和班里的周松青、蒋长雄、高炎和、龚前进、张友信、余国英六位同学接到要去唐山参加救援的通知后，马上准备了简单的行装，带上药品，等待出发。我们的小组是由六院八名医生（包括周永昌主任）和两名后勤人员与遵义医院的医务人员组建而成，共25人，编为三大队六中队。

7月30日早晨，我们从六院出发后，乘坐火车直奔唐山。由于往唐山的道路中断不通，我们只能在天津火车站下车。到达天津站已是晚上，只看见担架上抬着大批伤员被送往天津火车站，送到全国各大医院去救治，这种场景就好像在电影里看到的战争年代输送伤员时的镜头，它们竟然在现实生活中重现。

下车后，大卡车把我们送到了河北遵化县的一个工厂，我们继续等待进唐山的命令。待命的第二天，我们便到当地群众家里巡回医疗。第三天，解放军部队派军车接我们进唐山了，一路上看到的全是废墟，桥是断的，路是高高低低的，看不到完整的房子，路边还有挖出来的尸体，真的好惨啊！当时没有路牌，我们也不知道去什么地方，好像开到郊区属于陆军部队管辖的地方，车停下了。我们在废墟堆稍高的地方整平瓦砾，搭建了三顶帐篷，一顶用来烧饭，里面放了炉子，还有两个大水缸；另一顶是放药品和就诊的帐篷，里面只有一张桌子和几个凳子；还有一顶是我们居住的帐篷。我们25人居住在同一顶帐篷内，男女之间用一块布隔开，稍远的地方挖了个坑，做个简单的厕所。当时没有电灯，我们只能在帐篷上挂一个煤油灯，每人还发了一个手电筒和一只军用水壶。我们这一批真正进入唐山的时候，已经距离地震一个星期了。我们自己烧饭，但是吃的水、米和蔬菜等食品，都由解放军同志送来给我们，每天下午有车子送水过来。当地的老百姓和我们一样，全靠解放军同志供给物资。

1976年8月，第六人民医院与上海遵义医院组建的
赴唐山抗震救灾医疗队合影，前排右一为唐彩虹

我们当中年龄稍大的医生留在住处接诊病人，晚上派两位医生值班。唐山的天气早晚温差很大，晚上很冷，我们来时没多带衣服，后来解放军给我们每人发了一套军装，晚上值班就有军大衣穿了。有一天我们接生了一位产妇，她生下一个小男孩，母子平安，我们大家都很高兴。这位小男孩如今也应该有40岁啦！

抗震救灾的前一阶段，我们年轻的医生每天背着药箱到郊区或到路边老百姓搭建的帐篷处送医送药，诊治病人，如伤口换药、发热感冒、腹泻呕吐，都由我们给他们治疗。到了后阶段，为了防止灾后疫情暴发，我们的主要任务是做好防疫工作。每天到公共场所或到埋葬尸体的地方去喷洒药水，控制疫情。

天气闷热，又下了几场大雨，尸体开始腐烂。尽管喷了大量的消毒剂，但还是有很多红头苍蝇，黑压压的一片停在我们的食物上、帐篷里。那时，我们队里的张友新、小王等几位同事患上了痢疾，发高烧，腹泻不止。我们发扬了团结友爱、互相帮助的精神，每天留一位同事给他们输液治疗，悉心照顾，直至他们恢复健康继续战斗。当时的条件确实相当艰苦，但我们大家还是很乐观，积极地工作着。

记得那时晚上偶尔还能听到枪声，解放军同志为了我们的安全，要求我们晚上八点后不能外出，因为当时有些不法分子趁灾后混乱发横财，抢银行、抢商品。不过，有了解放军同志的辛苦工作，混乱的局面很快就被制止了。

当地的老百姓虽然很多失去了亲人，但他们还是很坚强、很乐观。他们说："有党和政府的关爱，我们一定会重建家园。"他们的这种精神深深地打动了我们。医疗队曾组织一次参观唐山市育红院的活动，育红院也就是孤儿院，那里收养了一批在地震中丧失亲人的小孩，也有同胞兄弟姐妹的，他们中小的三四岁，大的十几岁的。他们的一切费用都由政府承担，党和政府让这批孩子在这温暖的大家庭里生活、学习，接受教育，使他们没有后顾之忧。当我们看到这群活泼可爱、健康快乐的小孩时，我深深地体会到中国共产党的伟大，党是人民群众的顶梁柱。

当灾情基本稳定后，我们抗震救援队于8月24日就撤回了上海。当时上海市革委会的领导还来火车站迎接了我们。

回上海后我参加了学校的毕业典礼。因为我对当地的情况比较了解，所以再次申请参加了由我院45名医务人员组成的第三批赴唐山抗震救灾医疗队。我们的工作地点是在唐山西缸窑的唐山市第一抗震医院，这次的主要任务是防病治病。初到那里看到一排排整齐简易的房子、平坦的路面时，我觉得环境比在第一次救援时好很多。儿科由六院、一院、传染病医院的医生护士组成，门诊病房轮换值班。

儿科门诊患儿很多，重症患儿也不少。有一次病房收进一个只有三个多月的婴儿，面色苍白，神志不清，四肢阵发性抽搐，开始我们考虑可能是病毒性脑炎，但患儿又太小，经脑脊液检查追问病史，发现是一个患有结核性脑膜炎的婴儿。母亲患有开放性肺结核，我们马上对症处理，降低颅内压，控制抽搐及抗结核治疗，婴儿神志逐渐清醒，经过一段时间的治疗护理后，病情稳定出院。患儿家长非常感激地说："上海医生真好！谢谢你们！"

还有一次，我们收治了一位患有肾病综合征的五岁男孩，他全身浮肿，尿少，尿液中含有大量的蛋白尿，血液中的白蛋白很低，胆固醇又增高。诊断明确后，我们立即按照肾病综合症的治疗方案进行治疗，加用激素药，患儿病情恢复得很快。小儿最怕的是医生，因此在医疗过程中，我常利用空余时间和他们一起游戏、交流，消除小儿对医生的恐惧心理。这位患儿出院时，双手抱着我的脖子说："谢谢唐阿姨。"我那时的心情无比激动。这是我们辛勤劳动的成果，也是医生应有的责任。

我们儿科虽然来自各个医院，但在工作中互相学习，互相帮助，共同提高业务水平。我在高年资医生的指导下，掌握了腰椎穿刺、骨髓穿刺等操作技术。

第二年春天，由于重灾后难免有水质污染，再加上生活条件差，我们门诊中陆续发现有皮肤黄、巩膜黄、胃纳差的甲型肝炎小儿。当时没有隔离病房，我们只能开点保肝药，让小儿在家里隔离休息，两周后复诊。后来也没有出现甲肝流行的情况。

在抗震救灾的日子里，余震是常有的事。我们走在路上，脚下突然会摇晃几下。强度最大的一次余震发生在夜里，我们都睡着了，突然感觉人像坐在船上似的摇动，床边的瓶瓶罐罐"叮铃哐啷"地响着，我们第一反应又是地震了，赶紧往外跑，还好一两分钟就停止了。房屋没倒塌，我们继续进去睡觉，那时确实也有点恐惧。其实生活条件还是蛮艰苦的。我们第一次去食堂吃饭，炊事员打出黄澄澄的米饭，大家还以为是蛋炒饭，结果是小米和大米混在一起煮出来的饭。菜以蔬菜为主，很少有荤菜，过年时大家一块聚餐。我们没有浴室，夏天、秋天自己擦擦身。天冷了，只能隔几天跑到较远的窑厂浴室去洗澡。为此，好多同事的头发里、身上都长了跳蚤。

无论是工作还是生活条件，都无法与上海比，但抗震救灾一年的工作锻炼了我，我在医疗实践中提高了业务水平，收获不少。回上海工作后，遇上重症患儿，我就能从容应对，也得到了当时科室主任的好评。

1977年7月1日，我们完成了上海市领导和六院领导交给的抗震救灾医疗任务后凯旋，又有下一批医务人员接替我们的工作，继续为灾区人民服务。

40年过去了，当年的情景仿佛还历历在目，我们期待着有机会能够回到已经重生的美丽的新唐山！

董社：

1976年7月底唐山发生地震，在首批医疗队员到达唐山后，第二批上海医疗队队员已整装待发。8月2日，在地震后第四天，我接到上级通知，下午随即有车子将我们送到老北站。当时的我仅仅带了席子、军用水壶、军用书包、两件短袖白大褂。在火车上睡了一夜后，大家的脸都变得黑黑的，因为我们当时乘坐的是烧煤的火车。第二天到了遵化（具体地方记不清了）的一个小镇上，医疗队住在一个毛竹搭出的简易棚里，地上铺着稻草，当中用布帘隔开，一边是女同志睡，一边是男同志睡，旁边挖了一个坑，铺了两块板，权当临时厕所。到达当天，我们就马不停蹄地开始医疗抢救工作，当时，数十号病人在一个废弃的空地上进行抢救后，等待进一步转出治疗。病人多为开放性骨折，比较危重。病情最重的一个患者，由于下肢已坏死，不得已做了截肢手术。记忆最为深刻的是一位下肢开放性骨折的病人，伤口里面都是蠕动的蛆，臭味很重。我们将蛆一条条挖出来，把伤口冲洗干净后，不久病员的伤情得以慢慢恢复了。我在遵化县待了一个礼拜，然后去了地委党校，那是解放军38军338团38连驻地，我们在那儿搭建了帐篷，设了一个简易医疗点。没有地方洗澡，生活条件相当艰苦。当时我们的工作主要为：一部分医生出去巡诊，一部分医生

1976年秋，董社（左）、徐佑璋在第一抗震医院前合影

1976年秋，董社在第一抗震医院门前留念

1977年春，第三批医疗队员受山海关人民医院邀请成功完成小儿麻痹症手术后与家属留念
左起：家属、唐仁忠、董社

为当地病人治疗。两周后进入市区，到达第一抗震医院，当时，以六院医生为主，上海市其他兄弟医院如市一、胸科、传染病医院的医生也在抗震医院。

第一抗震医院条件相当简陋，医疗队没有什么吃的，通常都是大白菜，水也很紧张。房子都是毛竹搭建的，上面铺油毛毡，再涂了一层泥，以防余震再次带来破坏。记得有个膝关节感染的病人，局部肿胀，伴高热，需要手术，在那样恶劣的条件下，我们依然顺利完成了手术。当时第一抗震医院是边筹建边接收病人，初期收的都是骨折后并发症病人，后来也收了其他病人。有一病人急性阑尾炎，需要立刻手术，打腰麻，由于木板钉的手术床既没有坡度，又重，术中需要调整平面时，要有两人抬高床头，找到废弃的砖头垫好后，继续手术，手术风险可想而知。我们当时收治了很多骨盆骨折、尿道断裂等病人，我常常与周永昌医生共同手术，手术时间常达十几个小时。就在这样的条件下，第一抗震医院的医护人员因地制宜，克服困难，依然完成了诸如断肢再植、食道癌等大手术。《唐山日报》当时有过报道，附近病人因此慕名而来，我们的工作量也大大增加。

一个月后，我跟随第二批医疗队员回上海后，稍作调整，带上换季服装，毅然加入第三批医疗队，与其他队友一起，再次前往唐山抗震救灾，一去就是一年。

第三批医疗队到达第一抗震医院后，开始了一系列常规诊疗及灾后重建工作。期间，驻山海关部队邀请我们到山海关，为他们部队家属患儿做了多例小儿麻痹症矫正手术。

我在那边工作了一年多，偶尔看电影，是在摄氏零下二十几度的露天，脚踏坟墩，身穿军大衣，头戴呢帽子，没有其他的娱乐生活——但当时大家都坚持下来了，也没觉得太辛苦。

唐山抗震救灾的经历虽然艰苦，但也是很宝贵的，对我后来的生活、工作产生了巨大影响。在面对困难时，只要回忆起唐山的经历，我会毅然坚持，努力克服。我愿把这段经历与大家一同分享，特别是年轻一代，希望他们能跟我一样，有所感悟。抗震精神，世代相传！

难忘的记忆

——姜佩珠口述

口 述 者：姜佩珠
采 访 者：盛玉金（上海市第六人民医院院史编撰办公室主任）
　　　　　殷　俊（上海市第六人民医院党委办公室老师）
　　　　　江荣坤（上海市第六人民医院院史编撰办公室老师）
时　　间：2016年5月16日
地　　点：上海市第六人民医院教学楼502会议室

姜佩珠，1948 年生。1970 至 2008 年在上海市第六人民医院骨科工作，主任医师。曾任中华医学会上海分会显微外科学会委员兼秘书，上海市创伤骨科临床医学中心、上海市第六人民医院骨科修复重建外科主任。1976 年 8 月参加第二批唐山抗震救灾医疗队，1976 年 9 月至 1977 年 6 月参加唐山第一抗震医院工作。

1976年唐山大地震时，我28岁，那是从上海第一医学院（现复旦大学医学院）毕业后到上海第六人民医院骨科工作的第六个年头，我和全国各个行业的许多人一样，参加了唐山的抗震救灾工作，在唐山度过了一年时间。虽然40年过去了，有许多记忆已变得模糊不清（因本人没有写日记的习惯，没有留下有关当时情况的资料），但一些情景和经历深深地印在了我的脑海里……唐山的经历，是我一生中很宝贵的财富。

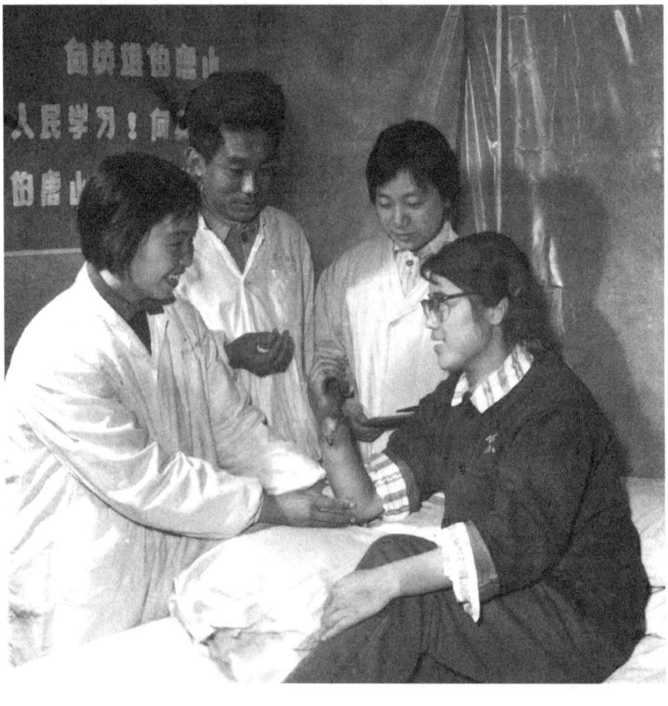

1976年年底，医护人员与断腕再植患者在第一抗震医院病房内，左起姜佩珠、唐仁忠、朱仁芳、患者小王

唐山大地震发生后，当地人民伤亡惨重，经济损失也巨大，在《唐山大地震》的电影里，我们能够真切感受到。地震过后，人民子弟兵冲在最前线，全国各地组织了医疗队，分期分批参加抗震救灾。

我参加的第二批上海医疗队，工作地点在唐山丰润县。医疗队中还有我院的泌尿科乔勇和麻醉科程敏两位医师，其余大部分是精神病分院的医生和护士。丰润县在唐山市以北，由于当地大部分是平房，人员又分散，所以伤亡情况比市中心要好许多，仅仅是一部分房屋倒塌。我们每天的任务，是在所管的范围内巡诊、给药、换药，为当地伤病员提供医疗服务。大约三周后任务结束了，我们回到上海。

因有几天假，当时我爱人又在苏州工作，所以我去了苏州。假期还未结束，我收到医院给我的电报，大意是：因唐山要筹建抗震医院，希望我能参加组建抗震医院工作。虽然当时我儿子才 22 个月大，夫妻双方的老人又都不在身边，如我长期离家，确实有很多困难，但是我爱人很支持我，我们在认识上达成了一致。想到唐山发生大地震，“一方有难，八方支援”，全国人民向唐山人民伸出了援手；我们都是党员，又是医务工作者，更应该为灾区人民服务。能够参加抗震医院工作，这是医院和科室领导对我的信任，非常光荣。我们抓紧将儿子安排进了我爱人单位的托儿所，白天放托儿所，晚上则由他带着住单位的宿舍（因为在苏州自己没有房子）。

我回到上海后收拾好行李，加入了我们六院的医疗队。当时我们骨科有三位医护人员参加——唐仁忠医生、朱仁芳护士和我。我们所在的唐山第一抗震医院位于唐山缸窑，人员主要由市一、市六、胸科、一妇婴等医院的医务人员及后勤人员组成，我们外科片的工宣队张师傅、李师傅作为领导也一起参加了，当时负责我院医疗队的是周永昌主任。

在抗震医院将近一年中，无论工作条件还是生活条件都比较艰苦。一排排由泥墙、油毛毡屋顶搭建的平房就是我们的手术室、病房、门急诊室、宿舍。睡的床大部分是在长条凳上搁木板而成，沿墙放置。每间 5—6 人，房间的中央砌了一个取暖的炉子，冬天就靠这个取暖了。吃的菜也很简单，品种很少，最多的是大白菜。

1976 年 8 月，上海市第六人民医院与原上海市精神病分院混合组建的上海市第二批赴唐山医疗队返沪后合影留念

由于唐山的医院大部分在地震中被损毁，当地医务人员基本每家都有伤亡，所以难以很快开展正常医疗工作，医疗任务便落在了抗震医院身上。我们不仅要接收外地转来的地震中的伤病员，还要处理门、急诊病人，每天的工作量不小。当时余震频繁，发生余震时先是听到远处传来像汽车发动的声音，接着地面就晃动了。因为住的是抗震房，每天又忙于工作，所以对这些余震，时间一长就习以为常了。

一年中，唐山人民热爱生活、乐观坚强的精神给我留下了深刻印象，影响了我以后的人生。每当我生活、工作中遇到困难、挫折时，我学会了用坚强和努力去应对。

地震几个月后，转到外地治疗的病人陆续回来了。怎样让这些病人尽快康复？我希望能为这些病人做点工作。但是条件有限，没有理疗科，也没有功能康复设备。我除了根据每个病人的具体病情，向他们传授锻炼的方法和要点，并用手法帮他们锻炼外，自己又学了“练功十八法”，将那些可以做操的病人组织起来，每天一起做“练功十八法”，医患之间一起聊天交流、互相关心、互相帮助。

1976 年底，18 岁女工小王右腕因机器割伤完全断离，送至第一抗震医院急诊救治。虽然那时我参加工作时间不长，但是骨科主任陈中伟对我们要求严格，我们刚进医院不久，他就安排我们那一批刚参加工作的住院医生进行三周显微镜下大白鼠血管吻合训练，在能熟练使用显微镜及血管吻合通畅率高的情况下，才允许进入临床断肢（指）再植工作。所以，我在上海工作时就接过断肢（指），

1976 年秋，第一抗震医院部分医疗队员参观沙石峪

1976 年秋，第一抗震医院部分医疗队员参观沙石峪

有一定的基础。当时抗震医院的手术条件与上海的条件不能相比。虽然缝合血管的线从上海带去了，但没有手术显微镜，这意味着手术最关键的血管吻合只能在肉眼下进行了，这就增加了手术的难度与风险。记得和我一起去的唐仁忠医生是我的上级医生，虽然他主要是搞创伤骨科，不搞显微外科，但是他非常支持我。我当时考虑最多的是：这位 18 岁的姑娘如果没有了右手，她今后该怎么生活？怎么工作？所以我一定要努力将她的右手接上！唐医生和我一起参加了手术，手术很顺利，吻合血管的过程也没有反复。手术后，虽没有专门的断肢病房供她恢复，庆幸的是在那个严寒的冬天，在以朱仁芳为首的护士们的精心护理下，病人平稳地度过了术后吻合血管最容易发生变化的痉挛、栓塞的两周。伤口拆线、断肢再植存活，我们和病人一起在病房里留影庆祝。这张珍贵的照片，我一直保存着，看到照片，我总想：作为医生，通过自己的努力工作给病人带去温暖，这样的人生是有意义的。在以后的几十年工作中，尽管自己能力有限，但我时刻提醒

1976 年冬，骨科医生姜佩珠在凤凰亭前留念

自己要将病人的利益和需要放在首位，成为一名受病人欢迎的医生。一年后，我们完成了任务，在和另一批医疗队交接班后回到了上海。

在后来的岁月里，只要是与唐山相关的消息，我们都格外地关注。庆幸的是，在党中央和政府的关怀下，在全国人民，特别是英雄的唐山人民的努力下，一个美丽的新的唐山已经拔地而起。

抗震救灾：难忘的记忆

——金三宝口述

口 述 者：金三宝

采 访 者：盛玉金（上海市第六人民医院院史编纂办公室主任）

殷 俊（上海市第六人民医院党委办公室老师）

江荣坤（上海市第六人民医院院史编纂办公室老师）

屠一平（上海市第六人民医院院史编纂办公室老师）

时 间：2016 年 5 月 17 日

地 点：上海市第六人民医院教学楼 502 会议室

金三宝，1945 年生，泌尿外科医师，2006 年退休。退休前为泌尿外科主任医师的、科主任、教授。唐山地震发生后，作为第一批上海医疗队队员赴唐山参加抗震救灾。

我是上海市第六人民医院泌尿外科的金三宝，1976年参加唐山大地震救援队。当时的情况是这样的：1976年7月28日中午，我正在医院的9号宿舍休息，刚躺下不久，有人在走廊叫我去医务科集中，说有紧急任务。

当天中午酷热难当。收到通知的有唐仁忠、眭述平、杨正朝等医务科的同事，具体到什么地方去执行任务我们不知道。上级要求不能回家，当夜没有动静。

29日清晨接到命令，我们一行31人迅速集中，立即出发，由党委副书记陈高义带领到老北站。火车开动时天已放亮，但是我们还不知道去什么地方。早上八点广播说唐山发生了大地震，我们才明白救灾的目的地是唐山。

由于地震的破坏，铁轨成了绞链棒，火车不能直接进入唐山，所以我们改道乘坐军车进入天津军用机场——杨村机场。一直到傍晚，我们才乘坐苏制小飞机赶赴唐山，分坐两排。飞机在空中比较颠簸,有几位队员呕吐不止，我们直到天黑时才到达唐山。在中央抗震救灾指挥部安排下，我们就地休息。大家简单用了干粮后，在机场露宿。女同志在中间休息，男同志在两旁。

第二天清晨，我们乘坐卡车进入唐山市区小上岗。唐山市区的房屋几乎全部倒塌，只有少数树木烟囱树立着。空气中弥漫着的尸臭，令人窒息，无法回避。有人准备了口罩、毛巾、香水等，但不能驱散臭味。我看到远处倒塌的楼房里有一只手臂垂露在空中， 肿胀呈酱油色， 看了真叫人揪心。

卡车停在小上岗，街道两侧的房屋全部倒塌，到处是瓦砾。十字路口摆放着用床单遮盖着的尸体，死者中还有同时罹难的新婚夫妇。几位男同志将尸体抬到附近学校操场掩埋。我们在马路中央搭建帐篷，这样可以防止余震造成更大的灾害，又方便当地伤员就医。

记得当时我们兵分两路，一路就地处理伤员；另一路巡诊，三人为一小分队，挨家挨户看望受伤居民，为他们清创、包扎、配药，安抚他们的心理。被诊治的伤员十分感激。不知不觉一天一夜过去了，我们可以说是夜以继日地工作。

巡诊期间，我们受到过一次惊吓。我们打手电筒行进，在瓦砾之中,有一庞然大物，突然站起来了，吓了我们一大跳，走近一看，是一头毛驴；也看到过几个人被绑在树干上，旁边点着蜡烛，可能是干坏事的家伙，趁机偷窃抢劫，被当地人抓了起来。大震之后，余震不断，我们一直驻扎在马路中央。每天不断

1976年11月17日，解放军孔令华（后排左八）来上海市第六人民医院看望部分抗震救灾医疗队员

地处理附近的伤员。吃的东西就地解决，柴草到处都是。干粮吃完了，附近有粮店。根据街道要求，当地人要分配取粮，我们医疗队随到随取，数量品种没有限制，伙食可以保障。但用水紧张，要到很远的地方去挑水。这个挑水任务由男队员负责。听说取水的时候也有惊险的故事发生。因为伤者多，上海带去的药品很快用完了，我和小杨去唐山市一个医药仓库取药，药房已经倒塌，顶棚一部分已经触地了，在解放军同志的守护下，我们快速、安全地取出了药物。

到唐山一周后，当地伤员中，小伤已经愈合了，大伤还在处理和换药当中。为了更好地开展救援工作，医疗队搬到了唐山地委党校，建立起了简易病房和手术室，处理一些急症病人，开展了急性阑尾炎、剖腹产、骨折复位固定等手术，并取得成功。

不知道是谁送过来一麻袋恒大牌香烟和苹果，我们都分享了。原来不抽烟的我，因空气气味难闻，也抽了几支，以作对冲，但是流泪不止，因此没有再

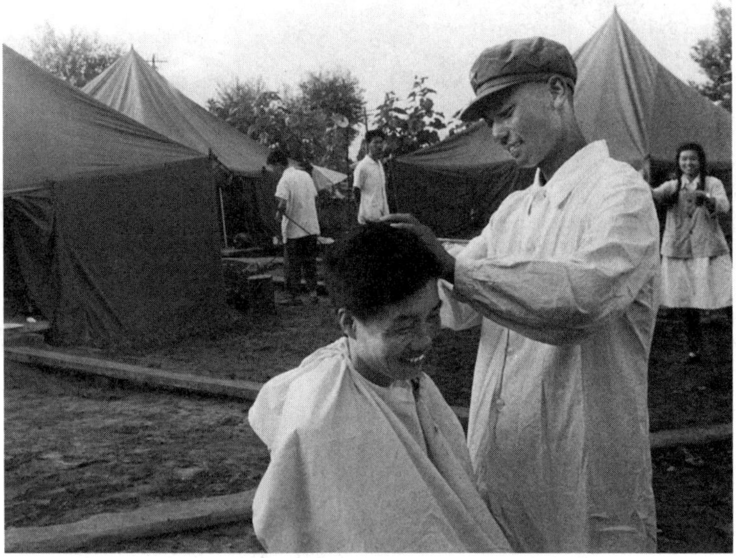

1976年8月，在唐山地委党校医疗救治点帐篷旁，解放军为医疗队员理发，左一即上海市第六人民医院泌尿外科医生金三宝

1976年8月，上海市第六人民医院第一批抗震救灾医疗队在唐山地委党校医疗救治点前合影留念

抽了。

时值8月份，北方早晨凉气袭人，我们只带了单衣，难以抵挡寒意，部队首长给我们送来了军装。要回上海了，部队首长要把这批军装送给我们，在解放军部队首长的坚持下，再加上当时天气太冷了，我们每个人都接受了一套军装，虽然很宽大，但是很实用。

8月22日，市里的第一阶段救灾任务完成，根据统一安排，我们乘火车回到上海，受到上海市政府和各界人士的热烈欢迎。当我们到达医院时，医院的职工夹道欢迎。抗震救灾的队员成了救灾英雄，受到了特殊的礼遇。我们终生以此为荣！

1976年：永久的记忆

——杨正朝口述

口 述 者：杨正朝

采 访 者：盛玉金（上海市第六人民医院院史编纂办公室主任）

殷 俊（上海市第六人民医院党委办公室老师）

江荣坤（上海市第六人民医院院史编纂办公室老师）

屠一平（上海市第六人民医院院史编纂办公室老师）

时 间：2016年5月17日

地 点：上海市第六人民医院教学楼502会议室

杨正朝，1951 年生，高级政工师。曾先后担任第六人民医院麻醉师、人事处副处长、监察审计室主任、党支部书记等职务。1976 年曾作为首批上海医疗救援队队员，赶赴唐山参与抗震救灾。

接到出征命令

记得1976年7月28日那天上午，我们接到医院医务科的通知，说有紧急任务，上级要求马上组织救援医疗队。医疗队由党委常务副书记陈高义带队，共31人。当时由于消息比较闭塞，医院领导层也不知道发生了什么，只是说可能在北京附近发生了地震。医院为我们每位队员准备了一个被套、一条床单、一个军用水壶、两斤压缩饼干等，每人还要携带一些药品、医疗器械等。医院规定我们那天不能回家，在医院待命。在医院吃完晚饭后，我们还没有接到上级要求出发的通知。医院就组织我们进行“实战”练习，像解放军行军拉练那样，每人背着沉重的行李，在南大楼前的草坪练习跑步。当天晚上我们全体队员睡在老医院行政楼地板上，随时准备出发。

第二天凌晨五点左右，急促的电话铃声把我们惊醒，我们意识到那是要出发的铃声了，大家一骨碌爬起来，早饭都没吃就排着队出发了。乘车到了当时的上海火车站北站后，大家都低着头急匆匆地上了火车。不一会儿，火车就开了，大概到了早晨六点半，火车上的广播报道了唐山、丰南一带发生地震的消息，这时我们确定参加救援的目的地是唐山了。

赶赴唐山途中

在火车上，大家情绪高涨，医疗队员们都纷纷表决心，要在关键时刻经受住考验。当时我入党还不到一年，也向党组织表示要在抗震救灾中经受党组织的考验，为灾区人民多作贡献。火车开到天津附近的时候，受余震的影响，只能开开停停。到天津后，我们又转车到天津的杨村军用飞机场，这时已经是7月29日上午十点钟左右。机场周围的山坡上已经坐满了全国各地参与抗震救灾的医疗队员。一路上乘车、候机确实也很疲劳，好不容易等到傍晚七点钟左右，我们医疗队才上飞机。由于跑得比较急促，我们带的一些碘酒瓶、酒精瓶不小心给打碎了，大家都很心痛，因为那是好不容易从上海带来的救灾药品啊！

由于那是我第一次乘飞机，我感到很新奇，所以看上去比其他队员精神状态要好。上飞机后，我和手术室的护士宗武兵换了个位子，坐到了靠近飞机窗口一侧（因宗武兵父亲原来是上海警备区副司令员，她乘飞机的机会很多）。往窗外看去，唐山已经是一片废墟，太惨了。飞机飞行了半小时左右，就降落在唐山机场了。这时天也渐渐地暗下来了。一路上，我们感到又累又饿，吃了点干粮、喝了点水后，就在机场的水泥地上露天而睡了。当时有一个内科年长的女医生觉得很不习惯，想找一个舒服一点的位置，怎么也找不到，还说她怎么找来找去都睡在男人堆里，引起了大家一片笑声。

第二天清晨，大家被较强烈的余震震醒，引得女同胞阵阵尖叫，余震时大家觉得自己好像睡在筛子里，被筛了几下。飞机场由于没有自来水，很多队员只能在机场旁的长草上用毛巾甩几下，沾草上的露水来洗洗脸。大队部发给我们医疗队半斤食盐，由于汗水流得多，要补充些盐分，因此队里给我们每个队员的军用水壶里放了少许盐。有时倒盐的时候一不小心把盐撒在地上，我们有些队员还在手指上蘸了些唾液，把掉在地上的食盐粘在手指上，放到嘴里。领导说，进了唐山后可能更没有水了，要求大家做好思想准备。后来大家在机场找到了一口井，把队里带来的塑料盆、塑料桶、锅子等容器都装上备用井水。领导还说，实在没有水的时候，大家只能把小便也留着，还要求我们压缩饼干也要省着点吃。

初见唐山景象

7月30日上午，我们离开唐山机场，乘大卡车前往我们的目的地，一路上看到的景象真是惨不忍睹，马路两旁堆满了尸体，马路上都是一堆堆的瓦砾，高低不平，有塌陷的，还有开裂的，大卡车只能颠簸着慢慢行进。马路周边的房屋几乎全部倒塌，部分未完全倒塌的房屋上甚至悬吊了尸体。一路上，路面不好，卡车颠簸，我们在机场上装满的井水除了喝掉的那一些，已经所剩无几。好不容易我们到了目的地。所谓的工作场所，实际上也是一片废墟，也就是说我们要在这片废墟堆上建立一个诊所，救治伤病员，而我们都是赤手空拳，因此工作难度可想而知。一路上，我们看到的唐山灾民都很坚强，没有一个哭哭啼啼的，他们都勇敢地面对地震这个严酷的事实，甚至相互之间见面时还有开玩笑说“你还活着啊”等等。我们听当地的灾民说，唐山地震太惨了，死的人比淮海战役还多，解放军是吹着冲锋号进唐山救援的。由于唐山地震后天气炎热，雨水又多，尸体腐烂了，我们亲眼目睹过解放军挖出来的很多尸体都不是完整的，真是惨不忍睹。

参与医疗救援

在唐山参与救援遇到的危险和面临的困难，说实话，只有经历过的人才知道，这简直是常人所难以想象的。真不敢相信，那里竟是我们将要开展救援工作的地方——明明是一堆高低不平的废墟呀。遍地是腐烂发臭的尸体，我们根本没办法给伤病员治疗。但是，我们没有被这特大的困难吓倒，大家动脑筋，想办法，有条件要上，没有条件创造条件也要上。队里决定要在那里建一个“露天诊所”。要建诊所，必须改变一片废墟的现状。大家说干就干，有的清理场地，有的搬运尸体。我自告奋勇参加了搬运尸体的队伍。

当然说说容易，做起来可不容易了。由于地震后经常下雨，我们四个人抬一具尸体，非常沉重。有时把尸体搬放到一个地方，但离当地老百姓临时居住的地方近了，老百姓有意见。经过商榷，我们选中了附近一所尚未完全倒塌的中学内的一个篮球场，准备将尸体搬运至学校，放在篮球场上。在搬运尸体的过程中，由于要翻过一个较高的废墟堆，抬尸体时前高后低，一不小心，在后面抬尸体的两人身上搞得满是污水。期间，我们搬了无数具尸体，身上也沾满了无数脏水，好不容易才把尸体搬运到远离“诊室”的地方。

尸体是搬走了，但是诊室没有桌子、椅子也不行，怎么办？这时，我们又想到了这所中学。这所中学地震时虽然没有完全倒塌，但也已经是摇摇晃晃了，稍有余震，随时都有倒塌的可能。怎么办？大家感觉到考验我们的时候到了，纷纷表示要发扬不怕苦、不怕累、不怕牺牲的精神。我们看着教室里的那些桌子、椅子，进行了精心的安排、布置和分工，明确了每个队员的职责，哪个队员搬哪张椅子，哪两个队员搬哪张桌子等。当每个人的任务明确后，

“一二三”一声令下，队员们几乎同时以最快的速度冲进教室，把桌子、椅子以最快的速度搬了出来。看着这些桌子、椅子，队员们都露出了胜利的微笑。

记得后来队里给医院写过一封信，医院将其发表在上海的报纸上（具体哪个报纸记不得了，可能是《解放日报》或者是《文汇报》），标题是《给医院党委的一封信》，报道中还表扬了我。信中汇报了我队参加抗震救灾的情况，其中有一段大概的意思是：共产党员小杨，虽然个子小，但干的活比大人还多（因为当时我的体重仅83斤）。我想我能干这些重体力活，得益于我曾经插队落户得到过磨炼。就这样，我们搭建起了一个“露天”诊所；后来又想方设法搭建了一个棚，以防日晒雨淋，以便更好地为灾民服务。

开诊后，来看伤病的灾民络绎不绝，由于队里当时携带的药品有限，我们只能对很多伤病员改用中医针灸治疗。但是一部分有伤口的伤病员还是必须用药物来治疗，为此，大家群策群力，出主意，想办法。当时有人提出唐山震倒了这么多房屋，一定也会有倒塌的药房。队里决定由金三宝和我，还有黄雪珍医师（当时是我院的五官科医师，后离开我院在华师大校医院任五官科医师）想方设法去寻找药品，在当地群众的帮助下，我们终于在驻地附近找到了一所已经倒塌的药铺，走到那里一看，房屋基本倒塌，很难进去。沉重的屋顶、房梁压着药品，但如果把里面的药品抽掉，会进一步加剧房屋的倒塌。

想到灾民们急着要用药，我们不能空手而归呀？！为此，我们商量决定，必须进去，这也是对我们的考验。要想进这倒塌的药铺确实也不是件容易的事，药铺里面人是无法站的，只能是像猫一样弓着腰进去，有的地方还得爬进去的。到了里面一看，液体类的如500cc的葡萄糖、生理盐水等药品都已经没有了，听说是因没水喝被老百姓拿走了。在找药的过程中，我们每抽掉一箱药，上面就有一些碎片掉下来。好不容易我们找到了一些急需药品，走出药铺时，我们已经腰都直不起来了，头上、身上沾满了灰尘及垃圾碎片。虽然很苦、很累，确实也是冒着生命危险去干的，但我们心里还是甜滋滋的，至少这些药也能解决一些燃眉之急，为灾民多作些贡献。我们这些苦和累也算不了什么！

克服各种困难

在唐山，要说救援时的艰苦生活，我可以说衣食住行、吃喝拉撒等都是摆在我们面前的严峻问题，但都被我们一一克服了。

艰苦生活之一：住宿。

第一天到唐山的所谓工作场所，我们31个队员，大队部只分配给我队两顶帐篷，由于队员中女性多，男性少，因此一部分女队员只能睡在男队员的帐篷里。队里后来将一部分年纪大的、结过婚的队员安排在男队员的帐篷里，毕竟是酷暑天，带来了诸多不便，但被我们一一克服了。由于当时华国锋总理和陈永贵副总理在唐山飞机场指挥抗震救灾，要求将重伤员转送到北京或河北省医院治疗，我们队到工作场所的第一天晚上，我被安排跟着两位解放军外出巡视病人，发现重病人就发转院通知。实际上我不是一个临床医生，不过凭着自己在医院721大学提高班实习学到的一些知识，我也开了三张转院单（在一张纸上写上：伤重，转院。——上海医疗队）。我们回到居住地已经深夜，队员们都睡了。可能是累了的关系，我倒头便睡，一觉醒来竟找不到我的海绵拖鞋了，一看帐篷搁板下面已是一片汪洋，原来昨晚下了一场暴雨，我都不知道。

艰苦生活之二：用厕。

在唐山，最大的困难还要数上厕所。当时的唐山已是一片废墟，根本没有厕所。女队员就更不方便了。就是晚上露天上厕所也得小心翼翼，因为经常会碰到当地民兵巡逻，他们手电筒一照，吓得人够呛。后来我们的领队陈书记搞了一个粪桶当马桶。第二天，他带着男队员沈金德带头倒马桶，这事感动了大家，黄雪珍等女队员都纷纷争着倒马桶。好在后来我们的亲人解放军来了，搭建了临时厕所，我们总算也“解放”了。

艰苦生活之三：用水。

在唐山用水很紧张，大热天没有水怎么行？有一个当地的老先生自称曾是“老红军”，说可以带我们去找水源。我因个子小没有被选上。后来队里派了几个相对“人高马大”的男队员，拿着塑料桶等容器去运水。到了目的地一看，原来是一个水库，队员们见了欣喜若狂。由于几天没有洗脸、洗澡、洗头，看到这么多水，大家都想洗洗头，于是一个队员低着头，另一个队员提着水往他头上浇，就这样洗头。当地有个民兵用枪指着我们的队员说，不许这样洗头，吓得他直发抖。这时那位“老红军”马上过去打招呼说：他们是上海医疗队的，已经几天没用水了。那个民兵说，医疗队也不行，现在水这么紧张，不允许这么用。当时水确实很紧张，有时候消防车装来了一车水，当地老百姓马上排着长队去盛水，而我们的队员也不好意思和老百姓一起去“抢水”。

后来我们又打听到离我们住所两三条马路的地方有地下水。当时，我也加入了取水的队伍。说是相隔两三条马路，实际上也都是在高低不平的废墟堆上走。到了那里，我看到马路上面裂开了一条大口子，只能容一人那里钻下去，下面可以看到像小溪一样流动的水，听说这原来是唐山煤矿洗煤用的水。在下面用水的人很多，有洗衣服的，有取水的，实际上这水是很脏的，上游洗东西流下来的水是脏水，可下游的人又取回去吃了。由于这里的水流很浅，不能用水桶、脸盆直接舀上来，只能用小茶杯一小杯一小杯舀了倒入水桶或脸盆内。好不容易把水都舀满了，但在严重高低不平的废墟上摇摇晃晃地走到目的地，最多也只剩一半水了。

几天后，我们正在那里取水，突然一个余震，上面的砖块往下掉，下面取水的人马上站起来往洞口钻，我也往那个洞里钻，由于洞口小，结果没有一个人能钻出来。从安全考虑，我们总领队陈书记决定不去那儿取水了。后来我们在较远的地方又找到了一口深井，每天排着队到那里取水。

艰苦生活之四：煮饭。

要是在平时，烧饭并不算一件很难的事。但是在地震现场，31人一日三餐，在露天作业、整个城市处于瘫痪的情况下，却并非一件容易的事，真如俗话所说的“巧妇难为无米之炊”啊！地震后，那里是要水没水，要米没米，要菜没菜，要电没电，要火没火。一次，我们的队员走过一片番茄地，奔过去想摘几个番茄带回来炒菜吃，执勤民兵就向天鸣枪了，吓得他马上退回来。说真的，现在回忆起来，也感到后怕，想象不出我们当时是怎么挺过来的。好在我们的总领队陈书记后来联系上了部队炊事班，在那里搭伙，总算解决了吃饭难的大问题。

艰苦生活之五：更衣（无更换的衣服）。

由于我们接到组建医疗队的通知的时候，连院方都不知道去哪里救援，而且接到通知后又不能回家，所以大部分队员都没带更换的衣服。唐山地震后，天气异常炎热，雨水又多，加上洗晒都成问题，有时我们一件衣服要穿好几天。所以我们只能整天穿医院带来的工作制服——白大褂，如天气下雨，衣服还换不过来。

好在来唐山参加抗震救灾的解放军38军338团的领导知道我们的情况后，给我们每一个队员发了一套军装，这真让我们喜出望外，大家非常喜欢穿军装，都高兴极了。事后我们才知道38军338团的副政委是毛主席的女婿孔令华（李敏的丈夫）。我记得当时发给女队员的军装也是男式的，晚上女队员们都把裤子的前门襟给缝上了。

当我们快要离开唐山的时候，陈高义书记要求我们把军装洗洗干净，晒干后用纸写上名字，统一还给部队。说实话，大家都很喜欢这套军装，很想留下来作个纪念。但队里已做了规定，最后，大家都只能依依不舍地把军装还了。听部队里的人说，总后勤部都有规定的，给老百姓的东西是不准收回的。1976年8月23日，我们告别了唐山人民、告别了亲人解放军，回到了家乡上海，回到了六院；过了一周多，部队又将这批军装托运到了六院，发给了我们——真是让我们感动万分！

难忘抗震救灾经历

我所在的救援队是上海首批赴唐山抗震救灾医疗队，第二批救援队到唐山后，我们于1976年8月23日离开唐山回上海。赴唐山抗震救灾之前，我是六院721大学提高班的学生，当时正在心电图室实习，回沪后继续实习。

对我们这些曾经参与过救援唐山大地震的人来说，唐山经历真是让人感慨万千，虽然伤痛无法被磨平，但人类面对灾难时所展现的公而忘私、患难与共、百折不挠、勇往直前的精神得到了永恒的传承。参与救援唐山大地震时，我只有25岁。虽然26天的经历是短暂的，却让我一生都难以忘记，至今很多细节都记忆犹新。说实在的，我一直为一生中能有这段经历而感到自豪与骄傲！我们是唐山地震后的首批抗震救灾医疗队！

儿童医院
救援唐山大地震综述

大地震发生后，上海市儿童医院根据上海市卫生局的紧急部署，当天紧急组建医疗队赶赴灾区。上海市儿童医院首批医疗队九人，在那一批医疗队员中，年龄最小的只有20岁，参加工作不到一年。他们于1976年7月29日上午出发，30日上午到达天津杨村车站，下午开始分批上飞机，晚上十点左右到达唐山机场。医疗队员发扬“一不怕苦，二不怕死”的工作精神，全身心投入救治伤病员的工作。

医疗队队员亲眼见到在党和国家的关怀下，在解放军的支援下，灾区人民在战胜灾难、重建家园中凝结成的抗震精神，其团结、坚韧、勇于克服一切困难的精神内核，是唐山人民宝贵的精神财富。医疗队员和灾区人民一起克服困难，战胜灾害。因为破坏严重，交通阻塞，粮、水供应困难，医疗队员好几天都没有洗澡，只能吃压缩饼干、喝河里的水，不少人发烧、腹泻，但没有人叫苦，都带病坚持。儿童医院的医生工作之后都没接触过成人患者，但他们打破界限，在烈日高温下尽力抢救每一位伤员。在抗震救灾的过程中，医疗队员待灾民如亲人般，有的医生连夜守护病患直到康复，有的坚持将市委慰劳医疗队的苹果让给伤员，当地的居民十分感谢来自上海的医疗队。曾有一位灾民为医疗队员送上一杯茶水，在当时的条件下，一杯茶都弥足珍贵，让医疗队员们备受感动。

面对众多的伤员，药品非常短缺，医疗队员到市郊采集血见愁、蒲公英等止血消炎的中草药，还有解放军曾从倒塌的医院废墟内挖出药品，它们也被用于灾民的救治工作。从7月31日上海医疗队到达灾区，到8月22日抢救任务基本完成，经初步统计，上海医疗队共治疗伤员181 768人次，做大小手术781例，接生37名婴儿（死亡1名）。

在医疗队大部分撤出后，为保障灾区伤员的继续治疗，河北省抗震救灾指挥部筹建和主办了唐山市第一、第二抗震医院和玉田、丰润县抗震医院，上海市儿童医院医疗队根据市卫生局的整体指示，继续派遣队员参加后续两批医疗队。儿童医院派往唐山的第二批医务人员共计11位（医师2位、护士8位、技师1位），第三批8位（医师3位、护士4位、技师1位）。儿童医院派出的后续两批工作人员以女性为主体，女性工作人员为16位，约占总人数84.2%；分工中，医护人员占到绝大多数。护士配置比较多，符合震中被救援人员更需要后期护理的实际需要。

1976年唐山地震发生之后，上海市儿童医院在医院医务人员并不充足的情况下，按照上海市卫生局的统一部署，筛选各方面最适合前往灾区的医务人员参与救援；在后续的援建中，也发挥了应有的作用。

（罗华 供稿）

亲历唐山大地震救灾

——何威逊口述

口 述 者：何威逊

采 访 者：周 炯（上海市儿童医院退管会主任）

罗 华（上海市儿童医院党办科员）

时 间：2016年5月20日

地 点：上海市儿童医院北京西路院区2号行政楼310室

何威逊，1934年生，主任医师，上海市儿童医院终身教授，博士生导师，享受国务院特殊津贴。历任第9至11届中华儿科学会委员、上海中华儿科学会副主任，肾脏专业组长、顾问等职，现任交通大学医学院儿科系临床教学督导主任委员等职。唐山大地震后，曾作为第一批医疗队员赶赴唐山救援。

1976年唐山地震的时候，我是第二次参加国家自然灾害医疗救援工作。1963年河南省发大水，我那个时候只有30岁，作为队长带队去了三个月，那是我第一次参加自然灾害医疗救援。

1976年，我任儿科系带教教师，带原上海第二医学院1976届的工农兵学员，正在岳阳路（现在的教育会堂）参加教学会议，突然接到医院的紧急通知，让我回院（康定路院址）在图书馆内集中。当时是李存仁书记及工宣队召集我们开会，没有讲地震，只说是紧急任务，“你们回家拿衣服，两小时后回医院报到”。

7月28日当天晚上，我们就坐火车出发了。我们当时是服从命令，党指向哪里就走向哪里。火车开到天津就进不去了，因为路不通，交通阻塞，所以转车到了郊区的杨村机场。天气炎热，大家在树荫下躲避暴晒，等待进入灾区。等到进去之后，指挥部公布了几个纪律，第一，只出不进；第二，军事化管理；第三，解放军开道。从这件事我进一步认识到解放军的威力、威信和解放军在抗震救灾中坚强的不可磨灭的形象，亲眼见到解放军的功劳，我对此印象非常深刻。解放军将尸体都消毒好后放进塑料袋里，开好路，我们才进得去。当时我们就是在这种环境下实施救援的。

到了之后，我们分小组进行活动，与我分在一个组的有护士陆霞群和药房的同志。我们主要的任务是找病人，发现病人之后进行抢救，这是第一阶段的任务。我是儿内科医师，毕业之后未接触过成人患者，但任务紧急，所有的内科病人均要救援。患者多为急性感染性疾病，如菌痢、肺炎等。

遇到一件事情令我印象非常的深刻。我到的第二天，部队里通知我，有一个肾功能衰竭的病人，当时年纪26岁，是一名田径运动员，地震时受到严重挤压伤，肾功能衰竭，经检查，出现高钾症心律紊乱。他眼睛看着我，那个场景，我40年来都没有忘记。送来的时候，病人多日无尿，当时导尿的器具也没有，应该做的治疗，就是血液透析。由于交通阻塞送不出去，当地又无透析条件，病员特别痛苦。他对我期望很高，期望医生救死扶伤，可惜由于条件限制，我未能挽救病员的生命。这件事对我一生从事医疗工作影响很大。每当我遇到肾脏科疑难重症病人时，总想起这件事——是患者推动我，地震加强、教育了我作为医生的职业道德观。儿童医院在80年代的时候引进了血液透析，是上海市第一台。这件事情激励我后来建立儿童肾脏专科、血液净化室。

生活上，唐山当时的天气非常热，上午烈日当空，夜间就下起了瓢泼大雨。不断有余震，晚上睡觉也不能安宁。当时去的时候原来说两周，实则近一个月，到后来唐山天气转冷，已经没有衣服可以穿了。当时的生活非常艰苦，吃的是军用压缩饼干、榨菜和少量的水。几天之后，解放军将一些东西运进来才改善了生活条件。

工作主要分几个阶段，第一个阶段主要是随解放军战士搜查、抢救病人；第二阶段，检查看病；第三阶段是防疫工作，以防止传染病扩散。

当时的医疗条件非常艰苦，没有化验，没有设备，只有一个医药箱及听筒，要诊治很多疑难杂症。除儿科外，另有很多病人，有些病人高热40度以上，腹泻，很多实际上是急性的菌痢患者，我晚上就守着病人直到他们恢复。当时因此还有规定，不可以下河洗澡，怕污染。

当地的居民给我很深印象。唐山是瓷都，瓷器很多，很少有人抢东西。居民哭的非常少。几家人并在一起吃大锅饭。当地的居民非常坚强，他们相信政府，相信共产党。在艰苦的环境下，人民群众相互安慰，相互鼓励，使我很受教育。

我当时是以一名教师和一名医生的身份去唐山的。整个抗震救援工作给我的磨练，对我以后医疗教学工作理念的培养，起了很大的作用。回想起整个过程，我有几点体会：一是当时不知道是何任务，完全是服从党组织的安排，党指向哪里就走向哪里，组织观念很强；第二是体现了医生的职业道德，为人民服务，救死扶伤；第三是进一步认识到我们国家有坚强的解放军，在救援工作中起了主要作用；第四就是当地的老百姓在那样艰苦的环境下，相互支援，团结一致，相信政府——这些对我教育很大。

我们是在唐山待了四周之后撤离的，那天天下大雨，回来之后，我就再也没有和唐山有过联系。“文革”后，我担任上海高级职称评委，曾两次写信给有关单位，希望回访唐山，但都没有收到回复。唐山地震救援磨练了一个人的意志，我终生难忘。

回忆唐山大地震救援

——徐展远口述

口 述 者：徐展远

采 访 者：周　炯（上海市儿童医院退管会主任）

　　　　　罗　华（上海市儿童医院党办科员）

时　　间：2016年5月20日

地　　点：上海市儿童医院北京西路院区2号行政楼310室

徐展远，1956 年生，中共党员，上海市儿童医院泌尿外科主治医师。1976 年唐山大地震发生后，作为第一批上海医疗队员，赶赴唐山参与抗震救灾。

时间过得很快，唐山地震已经过去40年了。唐山是很有特色的城市，有很多特产，有全国最大的煤矿，也是北方的陶都，还有电厂。但是我们去的时候看到的唐山，已经是一片废墟。那个年代信息传递比较慢。我清楚地记得7月28日下午我还在进行政治学习，在集体读报。突然，支部书记接到通知说有政治任务，但大家都不知道是什么样的政治任务。支部书记回来给我们布置，有政治任务要组队，但大家都不知道去哪里。书记让我们三小时后到大礼堂集中，期间，我们可以回一次家带一些换洗衣物及准备简要的手术器械、绑带之类的。当时我以为是有战争发生。名单出来后，点到名的那一部分人就回去准备了，不知道发生了什么，所以准备工作也没有方向。

儿童医院当时医生比较少，主要还是进修医生。当时要选择政治条件相对过硬、家庭关系简单一些的同志，因为大家都觉得是非常重要的政治任务。我接到通知后就马上赶回家，当时家里人都在上班，我带了一些随身衣物，在家里挂的小黑板上给家里人留了言，说有政治任务要出去一段时间，但去什么地方不知道，什么时候回来也不知道，然后就回到了医院。当时我感觉很兴奋，没有一丝恐惧，对于这样重要的任务很期待。我当时是骨科医生，准备了绷带、夹板等相关的手术用品，之后就在办公室里待命。当天晚上我们就睡在医院大厅里，因为是政治任务，非常光荣，所以大家都争着要去。我们紧张是怕不让我们去，有的人没有争取到还不太高兴。

到了晚上九十点钟，医院的领导去卫生局开会，我们当时还有两三个人搭着医院的小吉普一起跟了过去。领导开会我们在外面等消息。在卫生局开完会之后，我们睡了一觉，那个晚上也是辗转难眠。第二天早上五六点钟，公交车送我们到火车站北站。当时出发的有两列火车，卫生局组织了一列车，各个区的卫生系统都有医疗队参加。我们出发的时候并不清楚是发生了大地震。火车开一段时间之后，才从列车的广播上听说唐山发生了大地震。大家感觉到这个任务非常光荣。条件很差，火车开得很慢，开了二十四五个小时。当时从天津到唐山的那段火车轨道已经损坏，火车到天津后，我们转车到了郊区的杨村机场。大家集中起来待命。因为当时交通不行，通讯也断了，飞机起飞的时候靠对讲机和陆面通讯。杨村机场是一个军用机场，起飞得很快，几分钟起飞一架。不光是我们，还有全国各地的医疗队、部队，抢救的物资也源源不断地往唐山运送。

我们都在机场待命，当时的天气非常热，三十八九度的高温，根本没有地方能避开阳光，帐篷里比外面还要热。我们只能在飞机机翼下面避开阳光直晒。大家还在一起政治学习，读毛泽东语录、读文件、读报等。

我们一起去的人员中，除了领导，还有各个科室的工作人员，有内外科、麻醉科、药房、化验室、党办、工宣队，军宣队当时已经没有了，大家组成一个团队。工宣队对我们帮助非常大，除了政治领导，还做后勤保障、烧水烧饭等工作。

我们30日到达机场，31日早晨才进入唐山，进去主要靠飞机，公路都坏掉了，铁路都变形断掉了。我们坐的那种运输机，从屁股后面打开的，里面两排长板凳。我们从机场带了一些水果，还带了一些水。

唐山当时已经是一片废墟，飞机降落到300—500米高度的时候，我们就闻到很严重的恶臭味，从来没有想象过的臭味，主要是尸体腐烂的味道。因为发生地震的时候唐山下大雨，大雨之后接着又是连日的高温，整个城市已经被污染了，尸体腐败得很厉害。路上很多人都戴着防毒面具。经过一两天的适应，我也就不想那么多了，将全部的精力投入抢救之中。

唐山完全是战争状态，一片废墟，车子一路开过去，能看到的全是瓦砾、废墟，几根电线杆和几棵大树，没有一幢好房子。我们车子前面由解放军部队开道，有的地方部队都还没进去。唐山是一个中等城市，当时一百多万人口，后来报道说死亡人口二十四万多，重伤十六万多，非常惨烈。当时没有思想上的准备，这个情景超过我们的想象。我们在进唐山市之前，每个人都写了决心书，虽然对里面的情况也不了解，但做好了一切准备，包括牺牲生命的思想准备。

真正进入唐山之后，惨烈的景象让人震撼，毕竟我们生活在大城市，在和平环境中成长，一时之间是非常难以接受那样惨烈的景象的。唐山钢筋结构的建筑很少，两三层的房屋坍塌得非常厉害，而且人口密度很大。我所去的小山街道，就像我们上海的城隍庙，非常拥挤，所以被压死、压伤的人很多。

解放军部队在前面开道，我们医疗队卡车跟在后面。到后来车开不进去了，我们就下车走进去。医务人员虽然死亡见得不算少，但是当时场景之惨烈是完全超过我想象的，眼睛所到之处，只要有空地的地方全部堆满了死尸，马路上横着的一具接一具的死尸，房顶上、墙上挂着胳膊或人腿。

我们到达目的地之后，当地的街道工作人员及部队的同志接待了我们，部队的同志都随身携带枪。我们先找一块空地驻扎下来，毕竟，要抢救病人的话，首先得有个地方。我们只能将尸体暂时推到旁边，空出来一块地搭一个大帐篷。我们二十多个人，先用消毒水喷洒。当时消毒水及塑料布居多，解放军帮忙将一个帐篷支起来。天气非常热，帐篷里面也非常热，我们男男女女晚上都住在那个帐篷里。

当时条件非常艰苦，没有东西可以吃，只有压缩饼干，非常难吃，也没有水可以喝，河里的水散发着一股恶臭味。好几个人都生病发烧了，也就是有中暑的情况，所以再热我们都只能在屋外。重伤病人用担架抬着送了一些出去，但不像现在转运得很快。

我们主要诊治那种搬不动的病人，或是继发病人。当时尸体实在是太多了，走在外面一不小心就会碰到尸体。很多尸体家属认领取回了，他们在自己家房屋的废墟上面挖坑掩埋尸体。部队在挖，老百姓也在挖，每家搭了一个塑料棚。

我们去巡回医疗，在瓦砾堆屋顶上找帐篷。我们分成了几个小组，分工分片区地跟着解放军去找还活着的人。我们遇到最多的是拉肚子的病人，外伤患者也特别的多。找到伤员以后，我们就地包扎、止痛、消炎处理。

我们在救治病人的时候，一个家属跑来跟我们说，有一个病人，三天多了，一直没有医生去看过。一听，外科、麻醉科的医生都赶紧赶过去了。那是一个四十多岁的女同志，非常胖，二百多斤重，三天就一直趴着翻不动身，腿受伤了，伤口在腹股沟，稍微一动就疼痛难忍。麻醉师给她打了一针杜冷丁，不行，还是止不住痛，只能再打一针，然后我们几个人齐喊“一二三”才合力把她翻了过来。她大腿根部有一个二十多厘米长的伤口，肉都翻在外面了，翻过来之后，我们外科医生马上对伤口进行了清创、缝合、包扎。家属当时非常感谢我们上海的医疗队。这件事给我的印象也是非常深。

还有一个非常可惜的病人，是一个二十六七岁的体育学院的青年教师，个子很高，地震的时候他被压时间超过了24小时。他爬出来之后就马上去挖别的人，被他挖出来了十几个人，这个人真的是个英雄。但是过了几天，他自己不行了，我们去的时候，发现他是挤压伤综合征，人来得比较晚，已经没有小便了，当时没有条件血透，用了大量的药也没有抢救过来。他救了十几个人的命，是一个英雄。小青年力气很大，将人一个一个挖出来，当时他没有感觉到自己的身体不行，四五天后就过世了，非常可惜。

当地的老百姓也非常让人感动，非常坚强，我们在唐山几乎没有听到哭声。几乎每家都会有人死亡，但是唐山人民很乐观地去面对这样的天灾。人们见面相互说："呀！你还活着！"乐观地面对生活。唐山的老百姓真好。

然而，当我第二年过春节时再去唐山的时候，很多人因为非常想念家人，摒不住，就哭了。唐山大地震是在短时间里有大量的人死去，大量的房屋倒塌，这对人的心理冲击是非常厉害的。唐山人民承受住了这种冲击，他们非常伟大。

当时条件确实太差，非常艰苦。地震之后下了非常大的雨，无电、无煤气、无灯，一般的小手术用矿灯，三个矿灯扎在一起使用。我们晚上出去都非常害怕踏到尸体，晚上去巡回医疗也都是集体出去的。医疗队的工作人员都住在帐篷里面，帐篷四周都是尸体，里面都是苍蝇，苍蝇都是从尸体上来的。我们用消毒剂在帐篷里喷，再用簸箕把苍蝇铲出去，每天如此。我们当时只有压缩饼干吃，喝河里发臭的水，吃一口呕一口，军队的压缩饼干太难吃。当时工宣队就给我们打气，一起喊口号："下定决心，不怕牺牲，排除万难，争取胜利。"毕竟吃了才有体力支援灾民。

当时解放军让医疗队将苹果带给灾民，规定医疗队的不可以吃，所以没有一位医生吃这个苹果。出去巡回医疗，苹果都是带给灾民。因为没有水，几天都不能洗澡，不能刷牙，在天气38℃~39℃的情况下，衣服上都是白花花的盐。有一天晚上两三点，天下起了雨，我们都非常高兴地起来接水，洗衣服，把所有能装水的东西都装满。

当时也没有地方上厕所，男同志就在墙角边方便。有一次我去上厕所，找一个墙边，翻过墙去，突然出现一具尸体，“哎哟”，真是吓人一大跳，主要是没有思想准备。我们经常遇到这样的情况。女同志就只能用塑料布围起来，晚上要去上厕所的话都要集体去，非常害怕踏到尸体。

还记得有一次，从死人堆里突然跳出来一只鸡，当时一点思想准备也没有，只看到尸体突然间动了，吓得人魂都要丢掉了。

解放军38军帮我们改善了很多条件，他们挖到的东西给我们派上了用场：挖到商店里的白酒，我们用于消毒，我们还将白酒倒到口罩上面，这样味道稍微好点儿，因为外面实在是太臭了；还曾挖到医院，我们就用医院里的葡萄糖或是药来救助灾民；挖出来其他有用的东西也送到医疗队。

有件事印象非常深，是我这一辈子都不会忘记的，那就是解放军给我们送过两小锅的白米粥，我们三十多个人，虽然每人只分吃到一点，但是那却是我这辈子吃到过的最美味的食物。

解放军纪律严明，处于战争状态。有一次一名士兵在挖的过程中不小心将尸体的头部铲了下来，毕竟当时尸体实在是太多了。当时的解放军领导将这个小兵痛骂了一顿，说：“要把每一具尸体当成自己的亲人那样去对待，要用手去捧上来。”这个小兵年纪很小。军人都是用手把土扒开的，我真的是很感动。部队和医务人员都很重要。

我们在灾区待了大概15天，相对稳定之后，第二批医疗队过来接班，我们就撤了出来，到机场待命。人的身体也吃不消了，瘦得没个人形了。15天以后撤到机场休整，报社、杂志社来采访，我们写总结。

当时我们收到了三样东西：面粉、糖、油，柏油桶很大一桶油，还有一些盐。二十多人轮流烧饭，条件有限，就用石头搭一个锅，煮面疙瘩吃，每人吃了太大一碗下去，都要扶着才能走得动，因为两周多都没有好好吃过东西了，实在饿得不行。上海从来没遇到过这么长时间没有好好吃东西的情况，以后再也没有遇到过。工宣队带着我们写总结，还帮我们稍微调养，在机场待了十来天后，我们回到了上海。

回顾往昔，当地的老百姓对我们医疗队非常好。我还记得有一个人，他说他知道我们什么都没有，但是他给我们喝了一杯茶。在那样的条件下，能喝到一杯茶，我们非常开心，也都非常感动，给我们一种和当地老百姓亲如兄弟姐妹的感觉。回到上海之后，我们就再也没有和唐山有过联系。我今年退休了要坐高铁去唐山一趟，去看一看唐山的新貌。

回忆唐山大地震

——朱葆伦口述

（正值纪念唐山抗震40周年之际，朱葆伦将其在唐山抗震救灾期间的所见、所闻、所感，书写成文，用以纪念在唐山的岁月。）

朱葆伦，1931年生，主任医师，教授，中国致公党，原上海第二医科大学兼职教授，享受国务院特殊津贴。从事小儿外科和矫形外科临床工作和科研近五十年，先后发表论文数十篇，并参加《医学百科全书·小儿外科分册》《髋关节外科学》等九部著作部分章节的编写。上海市儿童医院骨科创建人，曾任中华小儿外科学会委员，《中华小儿外科杂志》编委，中华小儿外科学会矫形外科学组委员，中国小儿麻痹症研究会理事，上海市小儿外科学会委员，上海科学育儿基地专家委员会委员。1976年，作为第一批医疗队员赴唐山救援。

唐山发生地震那天上午，我在医院上班，然后知道了这一消息，甚为震惊。当天下午院长李存仁召开全院工作人员大会，告知灾情，并立即成立抗震救灾医疗队，抽调院内主要业务骨干15人，包括我在内，外科徐世明，内科何威逊、钱晋卿等各科室工作人员接到通知后立刻回家，简单收拾些衣服、牙刷、毛巾等日用品后，立即赶回医院，当晚就住在医院里，睡在地板上待命。

第二天，我们接到出发通知，坐火车至天津后，转车至郊区的杨村机场，转乘飞机进入灾区边缘。唐山的街道已消失，只能看见破碎一地的瓦砾和沿途堆积着的尸体。我们每人背一个药品箱及一些医用器材，还有一个饼干包与日用衣物，便徒步进入指挥部分派的地区。我们几个被安排在市中心小山丘的灾民区，到达后立即开展救护工作。安营扎寨时因无法找到一块空地，我们只能将道路上的砖瓦清除后铺上两条席子，再支起帐篷，那就是我们的居处了。男女挤在一个帐篷内，像沙丁鱼一样地睡觉。帐篷四周都有尸体。女同志上厕所，几个人拿了席子在瓦砾上围成一圈，即在那里方便了。我们每天只能吃一点压缩饼干，喝的水很少，难以下咽；要跑几里路到工厂水井打水，那里有不少人取水，井已近枯竭，带回的水有泥浆，沉淀后每人只能喝一点。

每天工作伊始，我们留一人看守帐篷，另一人找水供大家喝，其他人员三三两两分成小组，外出救护伤员，有骨折、软组织挫伤、内出血、神经损伤等各种疾病，尽量在当地解决，严重的转往机场，送至外地医院治疗。

每天余震数十次，气温高达35℃，晚上更因为臭气熏天而无法入睡，酷暑天汗流浃背，衣服湿了干，干了湿，很快出现了斑斑驳驳的盐花。有时候下大雨，队员就会将帐篷内的积水收集起来用于冲浴和洗衣服。帐篷顶上的苍蝇多如星星，吃饭时，热气一熏，苍蝇掉在碗内，不少人出现发热、腹泻等不适症状，但都坚持到底，完成任务。

我们每天外出巡回医疗，救治病人不计其数。当时我们带的药物已经用完，好在上苍有好生之德，我们在住处附近意外发现了一个药库，当即挖出药物救治病人。

地震发生的时候，据说先有一道青光，继之是震耳欲聋的响声，之后不少房子被毁了。唐山盛产水泥，他们的屋顶即用水泥浇灌而成，整块屋顶压下来，被困人员无法逃生，也给抢救带来不少困难，当地很少有木结构的房子，所以损失惨重。

当地一家百货公司，地震后无人看管，留存货物被灾民拿去使用；也有人被压在地下，伸手求救，却有不法分子趁机将其手表取下，扬长而去；有的家已毁，家具尚在，有人前去偷取财物。大灾之际，秩序混乱，犯罪案例不少，针对情节恶劣的犯罪分子，指挥部当即采取刑事处罚措施，据说被执行严厉刑事处罚的有四十多人。

最辛苦的要数解放军，他们在开始的几天开辟道路，继之送水送粮，同时在酷暑天挖地救人，将尸体装入塑料袋内，运出埋葬。高温下强体力劳动，无水喝，亦无营养补充，经常坚持数十小时连续工作，导致不少战士晕倒。解放军曾救出被埋长达14天的一人。那人是去医院探望病人并陪夜的，地震后刚好被一根梁柱斜向搁起，有空间可活动，他找到护士工作站，喝盐水维持生命，这样才在被困14天后救起。

我们全队15人，经历各种艰难，团结奋斗，完成党交给我们的任务，在唐山一个月后回院，由第二批人员接替，那时条件已有好转。

地震四五个月后，院长找我谈话，请我再次去唐山支援一年，与市内各大医院合作，培训当地医务人员并创建抗震医院，让我主要负责骨科方面的工作。当时我无暇顾及即将中学毕业被分配去农村的次子，接到支援任务后，做了棉衣裤，带了一箱方便面以及一些日用物品，便奔赴唐山了。

我们住在竹架与稻草搭建的宿舍内，床边是煤炉墙，因唐山生产煤炭，能大量供应，所以睡觉不冷，但床单及蚊帐被熏得漆黑。院内每天供应大白菜等食物，一年内没多大变化，吃方便面算是改善生活了。平时余震不断，我们习以为常，不觉害怕。

抗震医院也用毛竹与稻草搭建，设施简单，妇、儿、内、外各科齐全，由上海各大医院选派各科医生负责，带领当地医生开展门、急诊以及手术等工作。在地震中受伤的人后遗症不计其数，加上当时未解决的各种疑难杂症，还有震后余生的人前来就诊，我们每天忙得不可开交，除不少截肢病人转往疗养院外，大多病人在当地接受治疗。

抗震医院刚好建在地震后恢复生产的炭素厂旁边。一天早上六七点钟，我们收到一个被机器绞断上肢的病人，断端位于肩关节附近，肋骨粉碎，断端软组织面参差不齐，肌肉模糊不清，难以处理。在其他队员的协助下，我们即刻进行手术，将软组织清理修正，碎骨清除短缩，钢板固定，缝合动脉血管，由于静脉萎缩，我们花了不少时间才找到。手术在竹草棚内进行，苍蝇到处乱飞，没有输血，历时12小时结束。术后情况良好，但三四天后患肢肿胀，循环不佳，我曾与上海陈中伟医师电话联系，按照陈医师的方法处理后，患者转危为安，患肢存活。

40年过去了，往事仍历历在目，抚今追昔，感慨良多。经历了这次史无前例的大灾难，我见到了很多，学到了很多。最让我动情的是一种精神，一种宁折不弯、直面困难的唐山精神，这是中华民族宝贵的精神财富，也是全人类的宝贵财富，我为曾亲历其中而感到骄傲和自豪。

胸科医院救援唐山大地震综述

1976年7月28日唐山发生地震后，胸科医院接到市卫生局紧急通知，要求医院立即组建医疗队赴唐山进行抗震救灾。院领导高度重视这项指示，精挑细选优秀骨干医师组成医疗队，并调配了相应医疗器材和一定数量的医疗药品，先后派遣了三批共计56人奔赴震区一线，参与当地抗震救灾和医院援建工作，工作业绩得到了当地灾民和领导的肯定。

第一批医疗队由肺内科医师杨新法同志带队，共17人，于7月29日上午出发，30日上午9时30分到达天津杨村机场，下午一时开始分批上飞机，晚上10点30分陆续到达唐山机场。指挥部安排胸科医疗队负责机场附近的伤员抢救、治疗以及飞机转运工作。

队员们发扬“一不怕苦，二不怕死”和连续作战的工作精神，积极投入救治伤病员的工作，很多队员一进现场背包来不及放下，就立即开始紧张地抢救治疗伤员。在抢救中，由于伤员多，药品、医疗器械少，许多医疗队员打破分工界限，千方百计就地取材，因陋就简，进行抢救。8月22日，第一批医疗队完成阶段性救治工作后告别唐山，乘专车回沪。

由于伤病员的后续治疗和恢复还需要更多的医疗投入，胸科医院又积极响应上级号召，分别于1976年9月派出由工宣队许国胜同志带队的第二批医疗队共17人、1977年7月派出由院办沈晓军同志带队的第三批医疗队共22人，参与了援建抗震医院。

（唐修威 供稿）

一个叫“震生”的孩子

——陈群口述

口 述 者：陈　群
采 访 者：唐修威（上海市胸科医院党委办公室科员）
时　　间：2016年4月22日
地　　点：上海市胸科医院2号楼

陈群，主任医师，教授。主持小儿心外科工作 30 年，荣获 1990−1992 年上海市十佳中青年医师称号，享受国务院特殊津贴。曾任《国外医学》《中华胸心血管外科》杂志编委，现为美国胸心外科医师学会、美国外科女医师学会会员，上海女医师学会理事。1976 年，唐山大地震发生后，作为第一批上海医疗队队员，赶赴唐山参与抗震救灾。

唐山发生地震那天，我一上班，院部就通知我，说有紧急任务，让我与其他十多名医务人员一起待命，参加由市卫生局组成的上海赴唐山抗震救灾医疗队。听说由于震级达7级，震区伤亡惨重，断水断电断粮，而且余震还在继续。我们听到后，心里很害怕，但因为长期受毛泽东思想教育，我们毫不犹豫地接受任务，“一不怕苦，二不怕死”，这是异口同声的响亮口号。

我迅速赶回家整理行李，去附近食品商店买了一些压缩饼干，向爸爸妈妈交代了若干事项，也来不及顾及他们的顾虑，还叮嘱了幼儿园的儿子要听话。我爱人就职于报社，当然知道的新闻比我还多，节骨眼上，记者比什么人都忙，深夜回来，只是对我讲了声：“那里形势危急，要多加小心。”

7月29日清晨6点45分，我们踏上北上列车，经过20多个小时的旅程，于30日到达天津杨村机场，等候飞机前往唐山震区。

在一天一夜的旅程里，随着列车向唐山方向越来越近，队员们心情越来越不平静。车厢里来自各医院的医疗队纷纷开了誓师会、战前动员会，广播里向党表决心的声音此起彼伏，大家表示要向白求恩学习，发扬不怕苦、不怕死的精神，把党中央、毛主席对灾区人民的关怀，把上海人民的深情厚谊，带到灾区人民心坎上。飞驰的列车载着医疗队880颗激动的心——它们都希望早一分钟到唐山，这样人民的生命就多一份保证。

杨村机场烈日当空，上海医疗队员在机场热灼的水泥地上休息，等候上飞机。受地震影响，机场已停水电，断粮食，解放军给我们送来了水，大家轮着分享。汗水湿透了衣服，晒干后又湿透了，发出难闻的气味，但我们个个精神饱满，斗志昂扬，就地开起了战地动员会。领导要我们做好连续作战的准备，准备几天不吃饭、不喝水、不睡觉。医疗队中的共产党员、共青团员首先表决心：为了唐山人民，牺牲生命也在所不惜。

一架架小型飞机一次次来回于杨村机场，将一批批医疗队员送往唐山震区。终于在夜幕降临时，轮到我院医疗队上机，飞机小小的机舱仅能容纳30人。我坐在小座位上，通过侧面小窗往下看，只见唐山周边区域一片漆黑，没有灯光，偶见解放军救援的汽车灯光，点缀着一片废墟。我们大多数人第一次坐飞机，又是在这种危急情况下乘坐小飞机夜航，心中不免十分害怕。我紧张得两手紧紧握

医疗队在唐山合影，后排左五为陈群

住坐椅把手，全身肌肉绷紧，两眼不停环顾四周，见同事一个个紧闭眼睛，沉默无言，有的还在不停地淌汗。可是，想到唐山人民急待我们救援，前面就是刀山火海我也要上。

飞机徐徐降落在唐山机场，那里真可谓笼罩在黑色恐怖中，周围不停地响着飞机起降的隆隆声，解放军汽车来回奔驰声，再交织着各医疗队的口哨声，以及不时的余震引起的大地震动声。我们秩序井然，镇定、沉着地服从命令，按上级指示在机场过夜。经历了两天一夜的长途旅程，大家在“天当被，地作床”的唐山机场水泥地上酣睡一夜。醒来后，露水湿透了身上的盖单，北方夜晚的凉气使不少人关节酸痛，但没有一人埋怨叫苦。为了节约用水，我们用露水洗脸，嚼着带来的压缩饼干，还觉得味道不错，毕竟量少易充饥。不久，大队部来指令，一部分医疗队要奔赴唐山市区，任务是就地救护，这些医疗队来自第六人民医院、第一妇婴保健院、传染病总院；另一部分医疗队留驻唐山机场，任务是接收市区转来的伤员，急救处理后再转运到外省市医院进一步治疗，我院医疗队和新华医院、第一人民医院、肿瘤医院医疗队负责这部分工作。几天后，我们也奉命转到唐山市区。

震后的唐山令人不忍目睹，破坏严重，伤亡惨重，人民生命财产遭受很大损失。由于市区大楼多，人口密集，绝大多数大楼倒塌，有的整幢下陷，屋顶盖在地面上，最好的房屋也有裂缝和倾斜，因此，市区居民基本上每家都有伤亡，郊区平房多，居住分散，受灾相对较轻。看着一辆辆来回奔跑的解放军收尸车和路边一堆堆简陋的坟岗，我们每一个人都悲恸万分，为唐山人、唐山这座城市伤心流泪。回帐篷驻扎地后，我就在随身日记本上写了一段文字：唐山丰南遭天灾，昔日欣荣一旦摧，堆堆废墟压亲人，即有幸者亦心碎，抗震救灾献吾力，身受目睹情难静，再问人生何所需，生命乃是无价宝，世上万般无所念，只求亲人聚身边。

根据当地群众反映，7 月 28 日凌晨 3 点 42 分大地震降临时，许多人是在睡梦中被震醒的，有的从床上被弹起来，接着“哗”的一声巨响，房屋倒塌，大地摇晃，脚无法站稳，门难以打开，反应快的人从地上滚出去，慢的人就遭劫难了。有目击者讲，地震时先是房屋左右摇摆 30 度，之后上下跳动，使众多房屋结构松动、倒塌。129 次列车司机当时看到地面上闪出一道白光，三股蘑菇浓雾冲上天。我在唐山一个多月里，大小余震一百多次，睡在帐篷里，不时地感到身下大地在摇晃；坐着开会，臀部下似乎有人捅拳头；直立时两脚分开才能站稳；往往拿在手里的玻璃针药管会落在地上。

在抗震救灾的一个月里，我亲眼目睹了人们在不是战争酷似战争的生与死的搏斗中，迸发出来巨大的精神力量和“与天斗，与地斗”的钢铁意志，涌现出许多动人事迹，令人难以置信、刻骨铭心。

最令人感动的是中国人民解放军的表现。据不完全统计，四面八方奔赴唐山的解放军有 11 个师达 11 万人之多。在市区到处看到解放军在抢救受伤老百姓，抢救国家物资，清理废墟，收拾遗体，并将许多无家可归、家破人亡的孩子集中起来，给他们穿衣、吃饭，组织人员照看、安抚，涌现无数可歌可泣的事迹。有一连队指战员连续 85 小时抢救伤员，手磨破、肩压肿，但绝不下火线。有一个排的解放军，恐怕工具误伤砖瓦堆下的人，个个用手扒，手指都磨破出血了，还不停歇地挖人。被挖出脱险的老百姓也加入抢险行列，四十多人的一个排霎时发展到一百多人。有一位解放军晚上在废墟旁用耳细听动静，发现一个孩子被压在成堆的砖瓦及水泥板下，要搬去那么多石头、水泥块，得花一天多时间，孩子生命将难以预测。于是解放军齐力挖出一个洞，给里面的孩子送水、送饭，安抚他坚持下去，苦战九小时后，终于救出孩子。

还有三位解放军在营救一个儿童时，因余震使原先已裂开的房墙又塌陷下来，三人不幸牺牲，留下的解放军在小孩手腕上贴了一块胶布，写着“医疗队同志，这孩子的生命是三个解放军战士用生命换来的，请你们积极救活他”。我们医疗队同志看到后，眼泪禁不住淌下来。

有一位解放军排长，因妻子分娩准备回家探亲，地震发生后，他坚决要求留下，参加送水队。当他发现一名丈夫在外地的孕妇时，马上帮她搭席棚、送衣服，还联系医疗队让她安全分娩，并将原来准备带给妻子的五斤红糖送给产妇。

唐山人民在这次城破人亡的突发事件中显示出无比的英勇、悲壮。开滦煤矿的万名工人，冲破千难万险，在几个小时内胜利脱险。刘家庄女矿工、共产党员刘士英一家六口被压在废墟下，她脱险后直奔矿井，说危急关头她不能离开矿井，说家中事是小事，矿山事是大事，连续作战三天。第四天，解放军在倒塌的

医疗队在灾区，前排左二为陈群

废墟中挖出她的几个孩子，全都遇难了。另一名共产党员吴显东，地震后坚守岗位，光荣牺牲，当人们救出他时，他双手还紧紧抓住闸门。越河公社王家石大队党支部书记王庭新，脱险后身负重伤，艰难地爬到知识青年集体户，组织群众救出全部青年，自己却不幸牺牲了。

曾有一个奇迹流传着，5 个矿工在井下 15 天，他们所在巷道塌方，道路堵塞，5 个人不停地用安全帽挖煤，饿了吃煤渣，渴了喝积水，困了睡在矿车上，第 15 天井上去察看情况，准备恢复生产时发现了他们，经抢救后 5 人均脱险。

脱险后的唐山人民发出豪言壮语："地大震，人大干"，"天崩地裂何所惧，双手描绘新天地"。唐山邮电局郊外站 7 个员工苦战几昼夜，将郊区至市区的电话线路接通。长途汽车站经过七天七夜奋战，开出通往北京和四郊县的客运班车，唐山人民印刷厂从瓦砾中扒出印刷机，捡出一个个铅字，8 月 3 日印出"唐山地区抗震救灾指挥部紧急通知"。唐山综合食品厂工人奋战昼夜，在废墟中挖出发电机、和面机，生产出第一炉"抗震面包"，分送到医疗队，我们每人吃到半个。还有唐山民兵在社会治安一度混乱时，自发组织起来，日夜在商店、银行、仓库周围巡逻，守卫国家财产，打击坏人破坏活动，唐山人民银行一个营业部、五个办事处、八个分理处的全部现金和储户账目，都未受任何损失。

当地赤脚医生在抢险救难中发挥了不可忽略的作用。他们用简易有效的急救措施，及时抢救动脉出血、呼吸窒息的重危病人，用小茶壶里装肥皂水，给截瘫病人疏通大便，把抽去导芯的电线替代导尿管，给病人放尿，还以土草方治疗病人。有个名叫吴玉茹的赤脚医生，不顾自己母亲被压在楼板下，首先想到生产队长出差在外，一家五口在家，急奔到他家里，救出一家老小；刚转身，又发现两个受压的孩子呼吸困难，赶紧为他们做口对口人工呼吸，前后救了七条命，但自己的母亲终因抢救过迟而身亡。她擦干眼泪没有停留，背起药箱，又投入抢险救灾工作。

我们医疗队主要负责转运伤员。有的伤员来不及抢救转送，就要在我们手里观察处理，比如给截瘫病人放小便，为骨折病人注射止痛针。由于医疗药品、器械的供应还来不及跟上，我们只能就地取材救治。

7 月 31 日，地震发生后第三天，有一个孕妇来到我们医疗队驻地帐篷前，说她要临产了，要求我们帮帮她。我们是专做胸腔手术的，接生孩子是妇产科医生的事，再听说她有过产后大出血病史，我们就犹豫了，但到哪里去找妇产科医生？产妇已阵阵腹痛，显然情况已很紧急了，我们医疗队几个医生商量后，决定克服困难，尽最大努力，让灾区新一代安全出生。我苦苦回想起做实习医生时接生的经历，给产妇做了产前检查，包括子宫收缩状况和胎心、胎动、胎位等情况，还安慰产妇，做好分娩心理准备。8 月 1 日上午，在唐山帐篷里，在我们大家的努力下，我顺利地为这个女工分娩接生了。孩子一落地，脚下大地又强烈地震动了一下，孩子“哇”的一声，哭声穿透了帐篷内紧张、阴霾的空气，一扫几天来笼罩在唐山大地的悲恸。每个人脸上浮现出久违的喜悦，遭受撕心裂肺阵痛的母亲流出了幸福的泪水。

我们给孩子取名“震生”。产妇没奶，队员们用注射器抽满高渗葡萄糖液，白天每隔两小时喂一次，晚间每隔三小时喂一次。几个年长的护士用大的纱布垫上棉花，做了一个“蜡烛包”，紧紧地裹住婴儿。为了给产妇找营养品，我们的队长到河北省抗震救灾指挥部去申请食品，得到他们的帮助，带回了鸡蛋、卷子面、奶粉。吃了几天压缩饼干的我们多么羡慕这些食品，但没有一个人动用，全部给产妇补充营养，还为她做饭熬粥，递水送汤。分娩三天后，这位产妇的丈夫赶到，看见安全无恙的母女俩，激动得嘴角颤抖，说不出一句话，热泪满面。记得当时闻讯而来的河北电视台、中央新闻纪录电影厂还在现场采访，拍摄了不少镜头。后来我得知，上海的家人和同事在电视里看到了这个灾区接生的场景。

据了解，当时救灾医疗队共接生了 37 个孩子，有的医生跪在地上接生，羊水、血水溅了一身，这些孩子的名字大同小异：震生、抗震、震红、海生、海唐等，一个个名字记载着中国唐山那惊天动地的历史性时刻。

之后，我们还救治了一个腹痛的抗灾解放军，他患的是急性阑尾炎，有即将穿孔的危险。刻不容缓，我们一接到这个病人就在帐篷里搭起手术台，打开从上海带来的消毒手术包，为他做了阑尾切除手术。出乎意料的是，在这样脏、乱、差的环境下，竟然没有出现术后感染。手术成功后，我们医疗队员烧饭、蒸蛋，照护那位解放军。三天后，他就返回连队，他所在的部队送来了感谢信，写道“天大地大不如党的恩情大，河深海深不如阶级情意深”。

听说闸北区中心医院医疗队收留过一位消化道出血的老干部，医生们担心他转运途中会发生危险，就在帐篷里做了胃切除手术。为了防止照明的汽油灯在帐篷内引发氧气筒爆炸的危险，几个医疗队员冒着雨在帐篷外手提着灯照明，一直坚持到手术结束。术后病员需要输血，队员们撩起衣袖争着要献自己的血。

医疗队在唐山的日日夜夜，生活十分艰苦，向唐山人民学习、向解放军学习成了我们的行动准则。由于缺水，在市区时我们一周未洗脸刷牙，在机场时吃河井水，十多个人使用一盆水，揩身洗脚，还不舍得倒掉，用来稀释杀虫剂、敌敌畏、来苏尔等消毒药水。带去的压缩饼干当饭吃，有水喝时味道还真美，无水时可真干，难以咽下，连续吃几天让人倒胃口。我们从上海带去的榨菜吃完了，就吃大蒜，以预防肠道传染病。大蒜的辛辣冲得涕泪俱下，其特殊的气味也熏得人够呛。幸运的是，我院 16 人没有一人生病拉肚子。在之后几天，河北省革委会给上海医疗队每个小分队送去 10 斤猪肉，我们烧了一顿红烧肉，16 个人狼吞虎咽，一顿就吃个精光。

唐山气候多变，白天炎热时，帐篷内达到摄氏三十七八度，晚上盖上棉毯还感到凉，还常有暴风雨袭击。记得 8 月 7 日晚上，在一天的紧张救护之后，我们一队 16 人，不分男女，一排排并头躺在帐篷内休息。不久老天下起了倾盆大雨，狂风呼啸，好像天也要塌下来。睡在地上的我们又感到身下的大地不时地左右摇晃，上下抖动，当时的感觉真可以用“天崩地裂”四个字来形容。我心里一阵阵恐慌，似乎有临危的预兆，不由得想念起上海的家，想起慈爱的父母、可爱的儿子，还有忙碌的丈夫……为驱散这令人不安的情景带给人的恐惧，我们在帐篷里开起了联欢会，大唱革命歌曲，男生组与女生组互相挑战对唱，一共唱了 48 首，我兴致顿起，在众人哄捧声中唱了一个又一个越剧、沪剧的戏曲唱段。帐篷内的欢乐气氛暂时让人忘却了“天崩地裂”的威胁。

但是，不多时，雨水漏进了帐篷，并有不可收拾之势。眼看大家的“家”将被淹没，我们个个钻出被窝，卷起裤管，披上雨衣，掀起铁锹，在帐篷外沿四周挖出几条小沟，引流积水。忙了一夜，看到堆积的药品、器械并未受潮，我们惊恐之余尚觉欣慰。第二天，我们重新选择了场地，搬迁帐篷。

唐山地震震惊了全国，党中央和毛主席高度重视。地震一发生时，中央就调动全国各地力量支援唐山，大批的解放军接到命令，连夜冒雨强行军赶到灾区。来自四面八方的解放军约有十一个师十一万多人。紧接着，各矿山救护队以最快的速度抵达开滦煤矿，抢救井下一万多工人；辽宁省派出全国第一批医疗队，北京、上海、天津、山东等地两万多名医务人员相继赶到。大量的救灾物资、食品、药品一批批到达唐山。7 月 28 日至 8 月 1 日，共有 1 044 架飞机起落唐山机场，平均每隔 25 分钟一架，只见机场银翼此起彼落，地勤人员忙碌地搬运。北京的药品、上海的服装、辽宁的食品、沈阳的器材、广东的香肠，还有建筑材料等，应有尽有。

以华国锋总理为首的中央慰问团来到唐山，去开滦煤矿和唐山钢铁公司察看灾情，走进帐篷探望伤员，还与当地领导研究抗震计划，给灾区人民战胜严重灾难增添了无穷力量和巨大鼓舞。中央慰问团每到一处，当地人民就会含泪高呼“毛主席万岁”，唐山煤矿工人还表示“我们工人阶段要用一双手，挖出争气煤”来表达中国人民的志气。

地震后的唐山面临传染病暴发的可能，医疗队继救护任务之后，肩负起卫生宣传、防病治病的任务。当时房屋倒塌，污水横流，加上众多遇难者遗体来不及处理，环境、空气污染不堪，到处飞着苍蝇、蚊子，如不加强公共卫生，势必引发传染病的流行和蔓延。我们亲自动手，带动群众大搞环境卫生、饮食卫生，管理粪便、垃圾，有效地预防了震后疫情的发生。

上海医疗队在唐山一个月里共治疗病员 135 343 人次，预防接种 86 143 人次，接生 37 人次，培训赤脚医生 170 人次，恢复合作医疗卫生室 88 家。8 月 18 日，河北省委领导接见上海和其他省市医疗队，表扬上海医疗队“来得快、干得好”，还送了奖旗，上面写着“无私支援情谊深，龙江风格放光辉”。8 月 21 日，北京军区战友文工团在露天剧场慰问演出。上海医疗队被安排坐在最前面，那天还放映了电影《雁鸣河畔》。那几天，我们选出了出席北京庆功大会的代表，在 1 200 名代表中，上海医疗队占 10 名。

8 月 22 日，我们告别唐山，乘专车回沪。在唐山车站，欢送人群拥挤不堪，有手挥三角小红旗的老百姓，有吹送管乐的学生，打着腰鼓的姑娘队，不少人流了泪水，唐山市领导和部队首长与我们一一握别。我们带着一个月难忘的经历，怀着归家的兴奋，经历 32 小时的旅程，安全返回上海火车站，在那里，我们又受到了上海市革命委员会领导的接见。次日，中国上海艺术团为上海赴唐山医疗队组织了一次专场慰问演出，我们受到了前所未有的“震地英雄”的待遇。

唐山地震牵动着每一个上海人的心。回沪后，我们在医院内向全院职工做了“唐山抗震救灾所见所闻”的报告，让同志们一起与唐山人民分担灾难，共同学习地震中涌现的可歌可泣的事迹。我还受院外许多单位邀请，连续在市卫生局、市革委会机关写作班、海军部队等十多个单位进行了长达两周的巡回演讲。每次演讲现场的情景都令人感动不已，人们为唐山人民的灾难悲伤流泪，为大难之中解放军和许多无私无畏的英雄行动折服，为党中央领导下全国人民万众一心战胜灾难的坚强力量自豪。我自己也为一次次重复演讲的内容和现场情景所打动，每当演讲结束，我总向在场听众表达自己的感受：医务人员只有投身到火热的斗争中，与工农兵一起，不断接受再教育，才能把立足点转过来，才能使思想感情起根本改变，把毛主席的革命卫生路线的温暖送到广大群众心坎上。

尽管当时处在“文革”的政治年代，直至今天，我还是认为作为一名年轻医生，能有一次这样不同寻常的经历是有幸的、珍贵的，对我个人的人生观、价值观，尤其是职业素质、性格锻练起了很大影响——人，是需要有一种精神的。

经历了地震劫难的唐山留下许多许多残余问题，也留给人们太多太多思考。人们在极度悲痛中醒来，收拾废墟，寻找家人，重建家园，恢复生产，在时间的长河中修复心灵的创伤。我们深信在英雄的唐山人民手里，会出现一个新唐山。2006 年 7 月，正值唐山地震 30 周年，我从中央电视台的纪录片里，看到了一个现代化的唐山，我激动得在电视机面前流下了眼泪，30 年前的情景又再浮现。

时隔四十载春秋，我多想有一天去那里走走看看，更想找到我亲手接生的孩子，她的名字叫“震生”。

灾难无情 爱满唐山

——沈晓军口述

口 述 者：沈晓军

采 访 者：唐修威（上海市胸科医院党委办公室科员）

时　　间：2016年5月10日

地　　点：上海市胸科医院3号楼

沈晓军，1950 年生，心电图主管技师。曾任上海市胸科医院党委委员、医院办公室主任、胸外科部门工会主席等职。1976 年起参加第一、第三批上海市卫生局系统赴唐山抗震救灾医疗队，并担任指导员、领队。

1976年7月28日，那是一个炎热而普通的夏天，我早早地来到医院，开始了一天繁忙而有序的工作。但是一声急促的电话铃声打破了宁静，原来是卫生局来电，说有紧急任务，要求医院马上组织医疗队。当时，我也没有多想那次委派任务为什么如此急匆匆，因为那些年，医院总会应上级要求定期派遣医疗队前往偏远地区进行医疗救助活动。过了很久我才知道那次救援的目的地是唐山，那对我来说可是一个新地名。作为当时医院党委的女委员，我没考虑太多，毅然决然地报名参加了医疗队。好在家里离医院比较近，我迅速回家收拾了几件衣物和洗漱用品后，就待命了，随时准备出发。当时卫生局怕大家临时准备有所疏漏，还下发了准备物品的清单。我记得其中有大锅、榨菜、压缩饼干等物品，于是医疗队员就进行了细致地查漏补缺，很快备齐了所需物品。

我们这批医疗队一共是15人，领导要求派医疗水平强、业务能力高的成员，鉴于我们的专科特色，所以派出了以胸外科为主的医疗团队，还有来自其他相关或辅助科室的队员。大家平时都是各自科室的骨干成员，同时医院也为医疗队配备了各种医疗器械和仪器，特别是手术包和基本药物等。

一切准备就绪后，我们承载着上海人民的殷切希望，登上了驶往天津的火车，同行的还有其他医院派出的医疗队，大家众志成城，无所畏惧。火车中途未停靠，很快就到达了天津。下车后我们仍然不知道灾区的情况如何，只得原地坐下，等待上级安排。带队的卫生局局长在车站广场进行了总动员，他说地震的伤亡人数超过了两次淮海战役伤亡总人数，并要求医疗队员一切工作听指挥。

不久，有联络员来通知说运送医疗队的飞机到了，于是我们陆续登上了往唐山的飞机。到达唐山机场后，我发现周围仍是一片漆黑，原来机场的照明系统已经损坏，只能凭借停靠的飞机灯进行照明，地勤工作人员用手势在夜间指挥一架架飞机的起落，很快机场就陆陆续续停满了各式各样的飞机。我们一行人就地在机场待命。那天特别地闷热，不少同志因为舟车劳顿已经汗流浃背了，大家只能用干毛巾蘸着机场草坪的露水来擦脸。机场周围不时还有余震，但大家的士气都很高涨，没有丝毫的恐惧。

上级安排我院医疗队在机场附近救援，于是救助工作很快如火如荼地展开了。我们迅速架起了帐篷，在地上铺好了芦苇做的席子。帐篷总共架了两顶，一顶作医疗救护使用，一顶作休息用。因为条件有限，休息用的帐篷只有一顶，所以大家晚上休息只能男女头对头睡。白天各种病患被源源不断地送来。因为缺少担架，很多伤员都是用门板抬来的。对于受伤不严重的，我们马上组织力量就地进行医治；遇到重伤员，则先进行基础治疗，稳定病情，然后送上运输补给的飞机，送出灾区救治。

我们的驻地离解放军的野战医院较近，他们有时会送来些大米慰问医疗队，大家用这些大米熬了一锅粥，与茄子、大蒜头拌着吃，还真别有一番风味。正是每餐都拌着大蒜吃，我们医疗队才从未出现腹泻，事后得知其他医院的救援队都有成员出现不同程度的腹泻。再后来，野战医院发电机修好了，我们终于能洗澡了。

一周后铁路通了，救援物资被源源不断地从各地运送而来，救援条件逐步转好。两周后我们顺利完成救援任务，坐上火车凯旋了，我记得在火车上吃上了那阵子的唯一一顿面食。

后来作为第三批医疗队的队长，我又一次奔赴唐山，那次的主要工作是帮助当地建立医院，在机关宣传科工作。这两次救援的工作经历，深深地影响了我的一生。

精神卫生中心救援唐山大地震综述

1976年唐山发生大地震后，上海市精神卫生中心领导高度重视，按照上海市卫生局的统一部署和安排，立即组织成立了抗震救灾医疗队，全院共59人参加了第一批的抗震救灾工作。

在首批医疗队进入唐山后，根据当地受灾情况，上海抗震救灾指挥部又立即组织了1 108人赴丰润、玉田、迁西、遵化四地建立临时医院，就地救治伤员。8月3日，上海派出25人先遣队赴丰润、玉田、迁西、遵化组建临时医院，精中心共有3人参加。时任精神病防治总院党总支副书记的林镇祥担任遵化临时医院院长，精神病防治分院党总支副书记顾友灿兼副院长。按照当地伤亡情况，遵化临时医院共需九个中队，相当于一个师级战备医院，每个中队由若干小队组成，每中队至少收治350名病人。每个小队人员配备为25人，医生7人，护士5人，医技人员3人，卫生辅助人员5人，学生5人。8月4日上午10时50分，精中两支抗震救灾医疗队共59人携带医疗药品，从上海北站出发赴唐山遵化县，加入临时医院，进行医疗救援。59名队员分三组，组成三个医疗小队。其中，以张明园医生为队长、郑连胜为指导员的25名队员（张明园、郑连胜、顾牛范、张明岛、俞家祥、朱卫兵、唐慧琴、娄慧琴、李永新、包金良、陈招娣、冯国勤、张根荣、朱华英、胡美琴、陈红卫、闵春生、龚青、缪姣云、张美娟、陆文英、王征宇、龚长桥、毛长林、刘鹤鸣）组成遵化临时医院三大队第八中队第二小队；以顾友灿为指导员，郑锡基为队长的21名队员（顾友灿、郑锡基、张长明、刘君贯、姚光达、孙宝贤、沈侠明、朱顺兴、陆桃英、吴桂英、何仪敖、王宝根、沈毓敏、张炳泉、罗建龙、滕月丽、王金和、沈丽卿、姚刚、康为民、刁镇海）连同六院6人组成临时医院二大队第五中队第三小队；张佩华、郑德昌、黄鸿芬、瞿光亚、吴育林、许建平、荣敏敏、邬松泉、王炜群、顾文琴、章惠明、李长青、黄壁琨等13人和一妇婴12人组成临时医院第三大队第七中队第三小队，在遵化当地开展巡回医疗和收治伤员。在三个星期的医疗救援中，精中心队员以高度的责任感和奉献精神，不怕疲劳、不怕辛苦、不怕危险，圆满完成了各项灾区救援任务，于8月23日返沪。

1977年6月26日，黄宗玫、黄凤娣同志参加了第三批第一抗震医院（卫生系统）工作。

在唐山大地震的救援工作中，精中心不仅积极组织医疗一线和骨干人员参加抗震救灾工作，同时为每位医疗队员配备毛毯、被子、雨衣、背包、电筒等十多件日用品，还配备了抗震医疗急救包，有四十多种常用药品和十多件器械，每3—4人一个急救包，供医疗队巡回医疗用。

（周伟 供稿）

抗震救灾：无悔的选择

——唐慧琴、张明园口述

口 述 者：唐慧琴　张明园

采 访 者：姜雅莲（上海市精神卫生中心党办主任）

周　伟（上海市精神卫生中心党办副主任）

巫善勤（上海市精神卫生中心党办科员）

时　　间：2016年4月28日

地　　点：上海市精神卫生中心门诊5楼贵宾室

唐慧琴，1946年生，主治医师。从事过成人精神科临床工作，1985年起专职从事儿童精神科临床、科研和教学工作。1991至1998年任全国儿童心理卫生专业委员会秘书长。1976年唐山大地震发生后，作为第一批上海医疗队队员，赶赴唐山参与抗震救灾。

张明园，1940年生。精神医学教授，博士生导师，上海市精神卫生中心主任医师。第十一届全国政协委员，中国残联第四、第五届主席团副主席。1976年唐山大地震发生后，作为第一批上海医疗队队员，赶赴唐山参与抗震救灾。

唐慧琴：

记得1976年6月底7月初，我刚忙完南汇医疗工作，7月底又急忙投入唐山抗震救灾医疗工作。那是7月的一天，我接到医院的电话，通知我马上回医院，说唐山发生地震了，要组建医疗队。

那一年，我女儿四岁半，住在幼儿园，由于我之前在南汇医疗队工作，每月回家一次，所以我每次要回医疗队时，女儿总要哭着拉着我不让我走，我心里有种愧疚感，本想医疗队工作结束了，弄点好吃的给女儿，以弥补一下对女儿照顾不周的歉意。可当我接到要组建医疗队去唐山的通知后，虽然心里也很舍不得女儿，但我还是没有丝毫的犹豫，那时想到的是组织的需要，是领导对我的信任，所以我义无反顾地到医院集结待命了。

一开始，我们都不知道地震破坏到什么程度了，看了报纸之后，我才知道，那次地震很严重，去那里也有风险，有的队员父母很担心。我们在医院待命了大概一周之后，就从上海北站出发了，那天，市领导、医院领导都到火车站去为我们送行。

出发那天天特别热，火车到了北京旁的丰台就停下来了。因为一路上听说唐山十分缺水，所以大家一下火车看到有水都拼命喝，女同志都去洗头。到了遵化，条件十分艰苦，我们住在自己搭的帐篷里，还遇上两次5级以上的余震，小地震则不断。

我们的工作主要是给病人包扎伤口，查房，和六院的医生一起照料几十个在地震中骨折的病人。因为我们是精神科专科医院来的，内科还是有点生疏的，但我们运用急救知识，边做边学，大家把每一个病人都当成自己的家人，尽心尽责地做好伤员的照料工作。我们的队员配备蛮好的，有医院药房、供应室的人员，医院的张美娟专门负责消毒换药，护理部去的就负责打针，我们每天都帮助伤员做康复锻炼等。饭是和大队部一起吃的，也吃过一段时间的压缩饼干。

在那里，水是很稀缺的，有一次看到有个自来水龙头，大家很高兴，便去冲手脚，有些同事还开玩笑将水泼到顾牛范医生身上，边泼边叫他：“水牛，水牛！”大家哄堂大笑。偶有机会玩一下水，却给人留下深刻的记忆。条件虽然苦了点，但相比一起去的张明园医生所在的一组，我们的工作环境还算好的，他们每天都要在外面奔波，我们就把送到病房的病人照顾好、管理好就可以了。那里的病人也很配合，很感激我们对他们的救助。大概三周后，病房里几十个病人外伤好得差不多了，天气也逐渐转凉，病人就被转到南方去了。

后来我们去了唐山市里，那里一片废墟，没有一幢楼是完整的，还有尸体被挖出来。我们看到解放军在维持秩序，建造病房。

临走时，当地人都敲锣打鼓欢送我们，但很多人的脸上都是没有表情的。他们中很多人都失去了亲人，有的失去了整个家庭。那一段时间相处下来，我们大家彼此都很有感情了，分别时，我们也感到十分难过。

回上海后我才知道，在我参加唐山救援的那段日子里，老公不小心因工受伤，右手中指两节骨折，女儿的衣食起居都落在他一个人身上，那时上海还是大热天，他也没法给女儿洗澡。为了让我在唐山安心工作，他没有告诉我工伤的事，也没向组织提起过，都是一个人默默地带伤照顾年幼的女儿。作为丈夫的妻子、孩子的母亲，也许我没有做好我应该做的，但是作为一名参加救援唐山大地震的队员，我至今都觉得无怨无悔！因为，医疗队每多救助一个生命，就能多一个幸福的家庭，或许正是这样的想法，才使大家能在40年前这样兢兢业业、毫无怨言地加入那场大救援。

张明园：

1976年唐山大地震的时候，上海电视还没普及，我家也还没电话，所以地震的消息我们第一时间都还不知道。7月28日那天，上海天气特别热，傍晚我吃好晚饭正在乘凉，突然一位任派出所所长的邻居急匆匆跑到我家说：“你们医院打电话说要成立医疗队，让你赶快过去。”那时我家住七浦路，骑自行车到医院花费三刻钟左右。等我到了医院，已经有好几个人赶到了。医院领导告诉我们：“我国发生了最严重的地震，你们是代表上海去支援唐山，大家回去准备一下，明天搬到医院来住，就地待命。”

那一年，我父亲75岁，不久前发过脑梗，也是需要人照顾的时候，但那时大家的心都很齐，国家有需要的时候，一接到通知，没有一个说不去的。在那之前上海也没搞过那么大的救援行动，我们也不知道到那里去做什么。因为我们是精神专科医院，平时抢救案例很少，所以大家一边忙着准备药品，一边还要复习抢救知识。那时由于倡导“备战、备荒、为人民”的口号，我们学过点急救，也正好复习一下。

在医院等了七八天，我们就接到出发的通知，上海对于那次救援十分重视，离开那天，市革委会的领导亲自到北站给我们送行。

我们坐的是硬卧，由于地震给铁路造成了影响，火车开得很慢，在天津停了一段时间，之后一路把我们送到了遵化，那里是唐山郊外，不是震中地区，我们和同行的第六人民医院的几个医生混合组成一个有骨科和内科的医疗队，在当地进行救援。听当地人讲，那次地震就是在二十几秒钟内发生的，他们那有个小孩半夜到屋外小便，小便回来家里的房子就没了，墙都倒了，家里的家具却还在。

考虑到地震后的次生灾害，那里搭的都是临时帐篷，棚里面有几十个病人。我们所在的地区因为是农村，牲畜被压死的很多，人员伤亡倒不是很大，这也算是值得庆幸的地方了。我和张明岛、冯国勤、俞家祥等六个人组成一个队，外出做巡回医疗，进行卫生宣传、预防接种等，其他人管病房，郑连胜和张明岛同志负责思想政治工作，我和顾牛范同志负责业务。

当地条件十分艰苦，我们每天只吃两顿，还是在当地老乡那吃的。老乡是位青岛老太太，人很好，我们早上吃一顿，就去做巡回医疗，下午四五点工作好回来再吃顿晚饭。外出很多时候也是赤着脚跑来跑去。我们居住的条件比较简陋，住在老乡家的灶间，都是用竹竿和高粱秆撑起的帐篷，男女各睡一排，中间隔开，翻身的时候就听到床铺“咯咯”作响。那时余震还是不断，挂着的电灯也时常晃来晃去。

我们倒也不怕，因为即使帐篷塌下来，最多也是竹竿高粱秆倒在身上，不会受伤。过了三四周，北方的天气开始变冷了，我们的任务也完成得差不多了。那时在休息时听说毛主席去世了，大家都很难过。

唐山大地震发生在人口密集地区，也是历史上地震死亡人数最多的一次。大地震后我们国家没接受任何国际救援，充分发扬了自力更生、团结一心的精神，共同完成了那次救灾。在准备出发前，大家虽然都在考虑要带哪些药品，不过现在看来，当时所带的药品急救包还是十分简陋的，甚至比不上日本的家用地震急救包——我们国家还需要在这方面有更多的改进。

转眼40年过去了，我回上海后一直没机会回唐山好好看看，到现在还是有点小小的遗憾。

国际和平妇幼保健院救援唐山大地震综述

1976年7月28日唐山发生地震后，保健院于当天收到上级单位发来的紧急命令，并迅速组成一支10人医疗队。由于时间紧迫，每人只带了简单的行李，全队带了几只红十字医疗箱。第二天即奔赴唐山灾区，第一批救援医疗队在唐山工作了一个月左右。

8月3日，第二批医疗队从上海出发，共15人参加了这批救援队伍。其中，干霞琴、黄桂英、陆文娟、苗冬英、陈必兰5位将要进行临床实习，他们一起赴唐山灾区。第二批抢救医疗队在唐山工作了一个月左右的时间。

同年9月中旬，为组建唐山抗震第二医院，保健院又派出第三批医疗队前往支援。由于是支援组建医院，时间比较充裕一些，在院领导的支持下，队员花了两三天的时间，准备了妇产科常用的器械、敷料等装备和队员个人生活用品。第三批医疗队在唐山工作了九个多月的时间。

1977年6月30日，第四批医疗队共有14人去了唐山，也在唐山工作了九个月左右。

保健院一共派出四批医护人员参与唐山大地震的大救援，总计参与人员约有50名，停留在唐山时长近两年，为唐山大地震的医疗救援作出了贡献。

保健院妇产科小队和二军大及龙华医院编成一支团级规模的抗震救灾医疗队，一开始，由于诊疗条件欠缺，治疗主要以针灸为主。在每天出诊巡回医疗中，队员发现地震造成的流产、早产现象剧增，于是大家马上自己动手，建造了简易病房。全团人员克服重重困难，以最快时间建成了设有内科、外科、妇产科的唐山市第二抗震医院，并立即开始接收就诊的灾民。

医院实行轮流值班制，而队伍中有好几名刚结束临床理论学习的同学没有临床经验，有些成员也只有一两年的临床工作经验，不能独立胜任治疗工作，怎么办？团队精神发挥了重要作用。老师们言传身教，同学们虚心好学，齐心协力，使队员迅速掌握了针灸，配合针麻仪的使用；用燃烧法制作负压瓶，应用于吸宫术；观察产程、接生等。

在唐山的生活是艰苦的，工作是紧张的，但大家能为灾区人民作一份贡献，提供一份爱心，感到欣慰和自豪。保健院是妇产科专科医院，因此前往唐山的是娘子军。而在唐山，因为人手不足，每个人都要充当多面手，进行医、护、工一条龙的服务，既要观察产程、接生，又要洗接生后的敷料，既要为病人开饭、喂食，又要爬上消防车接水。每一个人都忘我地工作着，在这片被地震摧毁、惊撼世界的土地上，为灾民们奉献出自己的一份爱。

2006年10月25日，部分医疗队成员又重返唐山。距离唐山大地震已经过去了30年，昔日的医疗队参观访问了唐山市妇幼保健院，进行了学术讲座和交流。这30年间，新唐山从一个被扔在废墟上的婴儿成长为强有力的成年人，曾经的伤痛使她性格坚强深沉，从灾难中汲取的力量带给她十足的发展后劲。勤劳勇敢的唐山人民克服伤痛，建起了崭新的唐山。新的唐山会越来越美丽，唐山人民的精神永远是我们学习的榜样。

（王震海 供稿）

唐山救援的喜乐和遗憾

——孙菊芳、张国珍、庄留琪口述

口 述 者：孙菊芳　张国珍　庄留琪

采 访 者：史心怡（国际和平妇幼保健院党办人员）

　　　　　蒋一萍（实习生）

时　　间：2016 年 5 月 20 日

地　　点：国际和平妇幼保健院 7 号楼教室

2006年重回唐山的火车上，左起孙菊芳、庄留琪、张国珍

孙菊芳，1935年生，中共党员，副主任医师，1976年曾参与第二批上海医疗队，赶赴唐山参加抗震救灾。

张国珍，中共党员，护师，作为第三批上海医疗队指导员赴唐山参与抗震救灾。

庄留琪，1932年生，中共党员，主任医师。《生殖医学》《生殖与避孕》《实用妇产科杂志》等编委。曾担任国际和平妇幼保健院院长、上海市计划生育技术指导所所长、上海医科大学兼职教授等职。曾参加第三批上海医疗队，赶赴唐山参与第二抗震医院组建妇产科工作。

孙菊芳：

我出生于1935年，唐山发生地震的时候我已经41岁了，工作了十几年。我们第一批救援队在接到上级救援命令后的第二天就出发了。后来领导通知我参加第二批救援队，当时我女儿还很小，领导问我有没有困难，我说没有，还是救治灾区人民更重要。

8月3日，我们出发了。火车站气氛相当热烈，市领导为上海市第二批抗震救灾医疗队举行了隆重的宣誓、欢送仪式。我院妇产科小队和二军大及龙华医院编成一支团级规模的抗震救灾医疗队，市领导和我们每一个医疗队员一一握手道别。带着上海市领导和人民的信任和重托，我们出发了。

我们第二批医疗队员共15人，由我担任队长，指导员是钱宝龙，队员有邵延龄、徐正仪、蔡兰娣、过正英、段荷俊、侯育余、陈隆才、马梅英以及干霞琴、黄桂英、陆文娟、苗冬英、陈必兰五位将要进行临床实习的学生，我们就一起赴唐山灾区。

一路上我们心情很不平静，在将要到达唐山时，见到居民们在沿路搭起了帐篷，里面有一些简易家具，沿铁路边随处可见被浅埋的尸体，路上都是烂泥，他们的脚就露在外面。经过三十多小时的行程，我们到达目的地——唐山。

下车后有军运车将我们接到了迁西广场。我们睡在帐篷里的稻草地上，男的一顶帐篷，女的一顶帐篷。我们帐篷的另外一头就是放尸体的地方，那些尸体就用塑料袋装好，挖一个坑埋下去。刚开始是一具尸体用一个塑料袋装，后来不够用了，就五具尸体一个塑料袋。当时是夏天，很有味道，但是也没有办法。

当时唐山真的是很惨烈，一片废墟，没有一栋完整的房子，当地医院已完全瘫痪。那个年代救援的技术也很差的，而且那次地震据说是左右震、上下震，在角落里的人还好，不在角落里的人大部分被压死了。我听刘兴国说，他到唐山的时候看见有些人吊在半空中，就是大楼上，半个身体在里面、半个身体在外面吊着，他看到过这种情况。还有听说过一个很惨的人，其他家人全都去世了，他在外面喊，一个男的在里面，就是爬不出来，就这样死了，很可怜的。还有一个人爬了半天，他自己一点点爬出来了，一家人全没了，就剩他一

1977年元旦前夕，表演“我们心中的红太阳”舞蹈

个，很揪心。我们听到都很痛心。我们去的时候有座桥，桥是七高八低的，弯得根本不好走路。还有一个冷藏库，炸得什么都没了，一股臭味。作孽啊，唐山人民真是可怜。

我们在唐山吃的是玉米窝窝头和压缩饼干，压缩饼干吃到后来我们都吃不下了，干得咽不下去。用水非常困难，每天由消防车供一次水，大家排队用桶装水，集中一起用，个人卫生能免则免，毕竟先要保证医疗用水。

住在帐篷里还有一个麻烦，就是解手问题。我们一个同事就说：帐篷不是有个门嘛，一推出去屁股对着外面解手。我们说对面是男同志，她说不要紧的。当时条件就是这样。余震也很厉害。有一次我们坐着休息，突然我看同事在摇，以为她在玩闹，我说你为什么要摇，她说你自己也在摇——才发现原来是余震来了。

后来我们搬到迁西，那里也是很简陋的，床什么的都没有，就一个房子，但是不用露天睡帐篷了。什么都没有怎么办呢？我们去外面捡木头，自己敲敲打打做桌子，做的桌子摇摇晃晃的，就靠着墙头放，也可以用一用。没有床就用门板代替。

当时我们第一、第二批去的人主要工作是做人流，由于地震因素造成流产、早产增加，团部决定建造简易病房，将孕妇救出来后做人流。没有台子，我们自己动手，找些木料，做些简易的台子，虽然不太结实，但能用。到后来我们带去的医疗卫生用品稀缺，医用手套没有了，我们就把手洗洗干净，不碰到脏的地方，就这样徒手给她们做人流。她们都很坚强，说自己能够活下来已经是很幸运的，她们不哭的。

那时还有中医学院附属龙华医院的一名男医生和我们一起工作，他看到人流很害怕，要逃走的，因为他学的是中医，对这方面的工作没有经验，所以全是我们去做。他们也很佩服我们，说我们和平医院这些女同志很厉害。

后来我们十几个人睡在一排竹榻上，觉得也蛮开心的，有这种条件也蛮好了，毕竟开始去的时候是睡地铺的，有这样的竹榻睡睡，我们觉得很好了，大家没觉得苦，只想到救人，救活一个是一个。

转眼间一个多月过去了，医院派了第三批医疗队来替换我们（国庆节前），由王文瑞陪同庄留琪、张国珍等来接班。我们在病区里进行了交接班。即将离开时，老乡们拉着我的手久久不放，依依不舍，热泪盈眶，使我久久不能平静。为了帮助顺利交接，我们队留下了三位同志帮助第三批队员适应环境，熟悉工作，一直到10月底才离开。

在唐山时，生活是艰苦的，工作是紧张的，但我们能为灾区人民作一份贡献，提供一份爱心，感到欣慰和自豪。

唐山大地震30周年的时候，我们救援过唐山大地震的几批医疗队中出了十几个代表重新回到唐山，看到了唐山的新面貌，参观了唐山市妇幼保健院。医院拥有570张床位，是唐山市唯一的专科医院。在唐山市中心广场抗震纪念碑前，我们感受到唐山朝气蓬勃、欣欣向荣的都市气息，很难把它与30年前的那场沉重灾难联系在一起。唐山人民医治了地震造成的创伤，重新建造了新唐山。唐山的抗震精神和减灾防灾的经验不仅属于唐山和中国，更属于全人类。

张国珍：

我1931年出生，1976年唐山大地震时，我45岁。我们是第三批去唐山的，也就是继唐山抢救医疗队后，筹建“唐山第二抗震医院”。当时的条件是很艰苦的，缺乏人力物力。在院领导动员支援唐山的表态会上，我们没有美丽的语言，没有高亢的呼声，而是想到唐山人民受灾，我们就应去支援。当时党员都要表态，我在会上说：“产房手术室的行政护理工作我最熟悉，去唐山最合适。”有些人笑我们：你们一本正经干吗？有些人举手了，但都是在唱高调。我是很实在的，我对产房手术室的工作最熟悉，需要带什么我都知道，就表态了。我说只要把我妈的思想工作做通就可以了。

其实我当时确实存在着一定的困难，因为我是独生女，母亲和我相依为命，还有两个男孩，爱人又在杭州工作，分居十五年后刚调回上海。当母亲得知我要去唐山时，坚决要和我同去，说我去她也去，后经组织上做思想工作后才勉强同意我去。医疗队快结束的最后一个月，母亲患肠梗阻，手术后去世。亲友们都认为她患的病不是不治之症，主要是我不在身边，错过了最佳治疗时机。其实单位当时也很支持我，在我母亲最后生病的时候，他们特意安排了一些和我比较熟悉的职工去我家轮流照顾我母亲，送走了她最后一程。因为得到消息说我母亲不行了，我就提前一个月回上海了，但也没有见到母亲最后一面。我在此也是悼念母亲，她默默无闻地支持我去唐山，为当地人民贡献一份力量。

因为是妇产科医院，女的特别多，我们支援唐山的十几名队员是一支年轻的娘子军。我是其中年龄最大的，大部分同志从未出过远门，更没有乘过火车。只有庄留琪是有20年临床工作经验的医生，她任队长，让我做指导员。我们任务很重，因为很多同志临床经验基本为零，我们还有带教任务。

到达唐山的时候，我们看到的是一片废墟，除了一堵毛主席语录墙没有倒塌外，没有完整的房子。这块毛主席的语录墙一动也没动，他们说这和结构有关，这是整块的结构。其他房子像积木一样，很容易就倒了。在一大块平整过的地方，有四五排简易房，就是我们第二抗震医院。后面一排简易房是宿舍，都是一大间一大间的，里面有十几张搭起来的紧挨着的空木板床，这就是我们的宿舍，其他的一无所有。

我们在工作之余就自己改造生活环境，泥地太潮湿了，我们就自己拾砖、运砖、铺地，把宿舍的泥地铺成了砖地，虽然又苦又累，但心里都是甜滋滋的，还赢得别的科室同志的羡慕。我们还在废墟中找到些旧窗框、木条、木板等，庄医生和二军大的实习同学一起做了桌、椅、柜、病史架等。庄医生手术台上是名医术高超的好医生，手术台下是位木匠高手。手术刀变成了锯木刀。

国际和平妇幼保健院部分医疗队员
在第二抗震医院门前合影

国际和平妇幼保健院医疗队员在抗震简易房前合影

我们都尊称她为“老木匠”。产房里两个大橱，一个放干净的衣物，一个放脏的衣物，都是庄医生做出来的。她尺寸也量得准，我们都不会，就去找木板给庄医生，让她来做。当时庄医生的爱人也很好的，带了个照相机让我们拍照，否则抗震医院都没有照片。庄医生要吃什么，她爱人都寄过来，我们也就一起分享了。

工作场所——产房和病房，和我们的宿舍相似。病人所需要的医疗器械和敷料我们基本上都带齐了。到最后，我们把产床也带过去了。但由于地震，很多孕妇早产，产床不够，敷料不够，病床变成产床，大产包变成小产包，病床上不时有产妇分娩。我们没有上下班之分，还经常忘了吃饭，食堂同志常说“妇产科同志不要吃饭的”，因为我们吃饭时其他科的同志都吃完饭正在休息，可以想象当时的忙碌情景。遇到抢救病人，我们更是全力以赴，废寝忘食，手术室变成了战场。

当时我们吃的食堂，白饭不大有的，一直是高粱饭、小米，小米算好的，高粱粥还可以吃吃，高粱饭吃到后来实在咽不下去。小米饼看上去卖相很好，金黄的，吃起来也不行。有些人吃了一半偷偷扔掉，我们还批评他们浪费粮食。

为了保证质量，我们还把医院的常规制度，改订成适应当地的各项工作制度，还设法创造条件，改善工作环境，坚持消毒隔离，如空气消毒、器械敷料消毒等都严格执行，保证了医疗质量，未发生伤口感染。我认为当时的医疗质量是高水平的。除了产科的接生或剖宫产外，由于地震，孩子去世，已绝育的妇女有要求复孕的，我们为此开展输卵管吻合术和人工流产子宫负压吸引术，还抢救了严重子痫、植入胎盘致子宫破裂、前置胎盘等危重病例。

那个时候还有余震。有一次剖腹产的时候，我们看到桌子上消毒水摇来摇去，墙上的东西掉下来了，就知道是余震了。产妇听到余震来了，直接跳下来不生了，现在想想挺有意思的。

当时我们队伍里很多都是年轻人，我们还有带教任务，庄医生要带教好几个。她们都在唐山练出来了。丁美芳是护士，她后来再做人流，放环，就很上手了。周惠文也是护士，没有做过医生，到唐山以后带出来的，后来人流做得很好，一只鼎。

我们和二军大一起的，二军大的戎医生和马医生都很好。戎医生和我们一起参加妇科工作；马医生是个专家，外科的，麻醉是特长。他们对我们的帮助是很大的，我们抢救病人的时候，他们麻醉科帮我们解决了很多大问题，很多都是靠团队协作的。

那时我们的领导老王很好，她来为我们送行，我们拉她一起，她就和我们一起去唐山了，做了几天临时队员。因为我们队伍实在太年轻了，要去唐山那么久，她不放心。到了唐山后，她让第二批的几个学生留下来了，和我们交接一段时间。那些学生真的很好，现在也都退休了。她们挺得力的，肯帮我们

珍贵照片

忙，对环境很熟悉。老王在唐山待了一个礼拜，真的是吃苦啊，她没有床的，就随便搭了个。病人们在看门诊，她就睡在门诊，边上有人来了就起来。我们忙的时候，她会来帮我们忙。领导真的是以身作则，脏的事情她都做，我们来不及倒马桶，她就帮我们倒，但那个时候忙得都没时间跟她说话。后来她回上海，我们听说她被上面批评了，说她自作主张，游山玩水。我觉得是不对的，她责任心很强，在唐山又过得那么辛苦，怎么会是游山玩水呢！！

唐山比上海冷多了，橡皮布晾出去就结冰。那时我们既要接生，又要做杂务，大家情绪很高，没有一个人叫苦叫累，大家团结一致，克服种种困难，出色完成任务。

第二抗震医院的一段往事，我记忆犹新，感情也是很深的。30年后我们重返唐山，回忆往事，历历在目；喜看重建，感叹万分。一个功能完备、环境优美、充满生机和活力的新唐山，从废墟上崛起，创造了人类同自然灾害斗争史上的奇迹。真心祝福英雄的唐山、伟大的祖国繁荣昌盛，全国上下，和谐幸福！

庄留琪：

我1932年出生，1976年唐山大地震时44岁，在保健院工作了十余年，属于高年资的主治医师。在保健院前两批救援队去了之后，指挥部紧接着要求全国为唐山组建四个抗震医院，让我们在第二抗震医院组建妇产科。我有幸被任命为我院第三批医疗队的队长，同时也深感担子重大。当时队里的其他妇产科医生中，只有王玉屏已从事妇产科医师工作约三年，俞丽萍临床工作仅开展了一年，谢素云学的是中医。幸好有二军大的戎霖医生和我一起带教，分别培养了丁美芳、周惠文等计划生育医疗工作者。

我们本来是准备9月初去的，但因为毛主席逝世，我们是等到追悼会开好以后再去的，好像是十几号了。我们准备了一只大木箱子，里面是必需的医疗器械，妇产科需要的东西基本上全部带了。第一、第二批因为时间紧张，准备得很仓促；我们有时间，所以东西准备得齐全。第一批、第二批救援队说去的时候路上都是尸体，我们去的时候已经看不到了。

抗震医院建在一排排的简易房里，我们去的时候，简易房已经搭好了。简易房大概有一个棚子那么大，床可以放两排，最多的时候有三十几张床。一头

定期病史讨论，左四为庄留琪

是待产室，另一头是产房。其实也不是待产室，是我们在产房外面做了个办公室，但那里没有地方坐，连个矮凳都没有。后来我们用自己打被子铺盖的绳子做成凳子，吃饭就坐在绳子上。简易房里除了用铺板搭起的病床外，没有桌椅板凳，更没有橱柜之类的用具。我们和二军大的医学生们一起捡来周围倒塌房子的窗框、木条、木板等，做成橱柜、桌凳等用具。

在唐山的工作很忙，吃好饭又战斗了，没有停下来的时候。地震导致的危重产妇很多，如严重子痫、产后出血、早产、死胎等。地震使家庭成员发生了变化，要求终止妊娠的多，要求复孕的也多，有些病例是在上海看不到的。形势逼人，要求迅速培养人才为唐山人民服务，同时也是我们自身经受锻炼、积累经验的好时机。

一开始，我们的伙食比较差。白米饭是不大有的，一直是高粱饭。每天的主食是高粱饭、窝窝头和小米等粗粮。初次尝试还可以，几个月下来，连我这个很不挑食的人都感到难以下咽，但没有同志诉苦。后来条件慢慢好了，有生梨、苹果吃了。中医学院负责的后勤队为大家去秦皇岛买来又大又嫩的“鸭梨”和苹果，大大补充和调节了饮食营养的不足。到后来产妇也少了，我们也轻松了很多。

我们的宿舍有两片特别好的“火墙”。

“火墙”就是在两片墙中烧火，大冷天冻不着，室内温度均匀，温而不燥，清洁无烟，是特别好的取暖工具。“火墙”还可以用来烘制食品。1977年的夏天我们已经能吃到西瓜，我们把西瓜子洗干净，烘干，自制成酱油瓜子；后来把好的胎盘洗净，烘干，做成胎盘粉等，很受人欢迎。可惜，今后火墙将进入历史陈列馆了。

当时有好几个病例都是上海没有遇到过的，我到现在还是印象深刻，有经验也有教训。

刚去唐山不久，我遇到一位急诊孕妇，抽筋抽得很厉害，在上海没有碰到过。她反复连续抽搐、昏迷、紫绀，我们想是严重子痫吗？但是用上安定、硫酸镁根本不起作用，全体队员都严阵以待，最后在麻醉科协助下用静脉麻醉才缓解了抽搐，控制后赶紧把这个小孩用产钳分离出来，终于挽回了母子生命。

能抢救过来我们也特别高兴，为唐山人民做了点事，大家不用口说，心里都有极大的幸福感。也是在那个时候，我感到大城市里的医疗知识远不能适应特殊环境的需要。

地震结束后经常有余震，有一天晚上，一位临产的孕妇产程延长，宫口停滞，头盆不称，需要进行剖宫产术。孕妇已经躺在简易的手术台上。消毒后我们都穿上了手术衣，突然发生了强烈的余震，悬挂的电灯泡来回晃动至少有45度。孕妇半抬起头了，责任感使我的心急速跳动，双手不自觉地伸到了孕妇的腹部上说“不怕——不怕——镇静”。幸好只有一分钟左右，震感就过去了，不然还不知道会怎样。事后我想想如果屋顶真的塌下来，我还会学习英雄来救护产妇吗？我也不知道，当时都凭着本能做事，什么都没想。

还有一个病例让我印象很深，是一位46岁的孕妇，她的22岁的女儿陪她来的。她那次怀孕七个多月，地震后胎动消失已久，时有腹部隐痛，无阴道出血；检查子宫底脐上三指，外形规则，无压痛，多次听诊，未及胎心。我们诊断为死胎，计划用催产素引产。第二天，我们在查房，那位孕妇已开始静滴小剂量催产素引产。十分钟不到，那孕妇突然大叫腹痛，我回头看到她脸色苍白，心想“完了，完了，一定是催产素导致子宫破裂了”。我们都快吓死了，因为以前没有B超，全靠手摸，摸出来这个子宫外形都是很正常的。经腹部检查，子宫外形消失，胎儿肢体明显可及，产妇很快进入休克，子宫破裂无疑，急需输血、剖腹手术抢救；没有血怎么办？幸亏她女儿也来了，输了200cc的血。在二军大麻醉科医生的大力协助下，应用中药麻醉，在休克情况下急速剖腹手术，取出胎儿。剖腹后一看，子宫缩在盆腔内，底部全层裂开，原来是一例完全性植入胎盘，宫底部几乎全被胎盘侵入，没有肌层，就像柯应夔编写的《病理产科学》上一幅典型的植入胎盘的照片。这样的情况我们也从未看到过，只在教科书上看到过。这位孕妇也命大，之后血压上升，整个人又稳定了。大家舒了口气，感到特别高兴。

我从中得到了很多宝贵的经验与教训：死胎的原因事先没有更全面的考虑和分析，应用宫缩剂时的观察不够严密。这次教训使我们在以后的催产素引产时列入了“有人观察、调节滴速”的常规。我也感到，目前，我们虽有了如B超

开滦煤矿参观，左二为庄留琪

等先进的辅助手段，但仍需要更多的责任和临床经验。

地震让很多家庭失去了孩子，曾经绝育的妇女纷纷要求复孕，十分令人同情。其中有一例输卵管吻合术后，按当时常规，输卵管内留置硬膜外导管，另一端从腹部伤口引出，一周后应予拔除。但在拔除时发现导管很紧，让我紧张万分，经抽拉多次才抽出，估计发生了感染，并有粘连。不知这位病员以后的情况怎样。这次病例给我深刻教训：吻合术后最好不留置导管，用导管也要用新导管，同时必须严格防控感染。

一位第一胎孕妇，预产期尚有一个月左右，阴道反复出血，量时多时少，多时也没有超过月经量，当时没有B超等辅助手段，只能从临床上诊断，还不能肯定是否是前置胎盘。而王玉屏曾提醒我要剖腹产，我认为离预产期还有三周多，早产儿也难护理，就让她住院观察，几天后血止出院。在她出院后不久的一个凌晨，产房夜班护士急匆匆地告知，正在进行的剖腹产出血很多，产妇那天晚上因大量出血急症来院，诊为前置胎盘而行急症剖腹产术。当我们赶到手术室时，胎儿、胎盘已经娩出，胎盘附着在子宫下端前壁，导致子宫下端收缩不良，出血不止，术时出血很多，产妇已进入休克，需要大量鲜血，但缺少血源（我曾赶到检验科去反复要求献血，但遭到拒绝）。虽经数小时抢救，终因血供不足、不及时而进入不可逆休克而死亡。婴儿很好，在院内住了两个多月，活泼可爱，可怜出生就没有了妈妈。虽说当时没有B超可以协助诊断，手术也不是由我施行，而且是宫缩不良、血源不足而死亡，但我至今不能安心，如果前次住院时能早些处理、早些备血，出血量可能会少些，也许可以避免母亲的死亡。每当想起，我总是内疚，深感遗憾。

在医疗队一年不到的时间里，我深深体会到妇产科医生的经验是无数产妇和病员为我们付出的学费，教训来自产妇和病员的鲜血和生命。医生的知识、考虑和分析不全面或有任何的疏忽，都将给产妇或病员带来不幸！我们积累经验，吸取教训，增长了才干，应该能更好地为她们服务。

临别唐山前夕，我们申请到有名的开滦煤矿参观，获得同意。头戴矿井帽、脚蹬长统靴，到了井下两千多米的巷道，纵横交错似网，主巷道高达几米，灯光如同白昼，支巷道到采煤区无法计数；很多支巷道一片漆黑，井水都达踝。带我们参观的领队嘱咐我们要紧紧跟上，谁要是掉了队，准是无法出巷道的。巷道弯弯曲曲，忽上忽下，忽宽忽窄，我靠着头上矿灯的闪闪亮光，紧张地跟着急速前进。不巧，左脚踩空，滑入了一口窨井，胫骨前撞得好痛，身旁的谁拉了我一把，我也顾不得痛，赶紧站起来紧跟着队伍前进，活像探险！到达采煤区，地盘渐渐狭小，空气闷热，煤钻头开启处，乌黑锃亮的大煤块纷纷落地，也有很多煤粉飞扬。采煤的工人师傅真正辛苦啊！开滦煤矿的煤又黑又轻，是顶级的煤，据说日本人特别想要我们开滦煤矿的煤（我捡了一块大大的，后来带回了家，一直保存了二十几年还未风化）。从井下上来后几天发现我整个小腿包括膝盖全是青块，整整两个多星期。这一生也就那一次，难得有见识和回味，值得！

在唐山的十个月，在二军大和中医学院的大力支持和帮助下，我们有经验，有教训，锻炼了自己，培养了人才。大家团结、友爱，互助成风。在实践中，丁美芳、周惠文、俞丽萍和当地的刘致君大夫等都在成长。

回来后，我就再也没去过唐山，只在电视里看过唐山现在的发展。我们渴望再去唐山，看看重建后的新唐山，看看唐山人民。院领导给了我们很大支持，2006年，唐山大地震30周年的时候，我们昔日的抗震队员11人代表了几十位抗震队员，带着全院同志们的祝福和深情厚意，于2006年9月18日重返唐山。我们参观了唐山市妇幼保健院，这是河北省最大一所市级妇幼保健院，也是一所三级甲等妇幼保健院，担负着全市妇幼保健、医疗、科研培训、计划生育、健康教育、信息管理等六大功能。看到唐山现在的发展，我们十分欣慰！祝愿唐山越来越美好！

同仁医院
救援唐山大地震综述

1976年的7月28日，上海市同仁医院前身的两家医院：长宁区中心医院和长宁区同仁医院分别接到了长宁区卫生局布置的紧急救援任务，要求组建第一批赴唐山地震灾区的医疗队，根据部署，长宁区中心医院独立组成一支医疗队（以下简称第一医疗队），长宁区同仁医院和光华医院组成另一支医疗队（以下简称第二医疗队）。两个医院党组织在接到命令后快速响应，克服困难迅速组建，短短几个小时两支医疗队就组建完成。

第一医疗队由15名人员组成，包括了行政领导、外科医生、内科医生、骨科医生、五官科医生、检验技师、药师以及护士，由当时的骨科医生傅子应担任队长，内科医生卢业炳担任副队长，党办领导宋文静担任指导员。长宁区同仁医院有8名医务人员参加了第二医疗队，包括外科医生、内科医生、五官科医生、检验科技师及护士，由当时的外科医生秦世杰担任第二医疗队的队长。

两支医疗队分别在各自医院集结待命，并准备相应的医疗器械和药品。第一医疗队在7月29日的凌晨接到出发的命令，随即15名成员前往上海北火车站，乘坐火车前往唐山。而第二医疗队在7月28日晚上六七点钟接到出发命令，随即前往机场，乘坐飞机到达了唐山。

由抗震指挥部统一部署，两支医疗队都被安排至唐山市丰南县，那是唐山地震受损最严重的一个县。第一医疗队被安排到丰南县渤海湾的一个劳改农场。劳改农场已成一片废墟，几百名伤员包括一些劳改犯人急等救治，医疗队队员随即开展包扎、清创、固定等治疗。因病人中截瘫患者比较多，如不进行手术，可能会危及病人生命，所以尽管当时的手术条件特别差，缺电缺水，但医疗队还是克服重重困难，为一些患者进行了手术（手术量因为当事人没有统计，故无法估算），挽救了很多伤员的生命。第一医疗队还参与了重病人的护送任务，并在患者状况稳定的情况下，积极开展对当地医护人员和老百姓的宣传培训工作，帮助灾区人员一起共建家园。

第二医疗队被安排到丰南县边上的一个村庄里，一下车，村庄几百人用自制的担架抬着病人在等候。医疗队个人行李也没打开就开始投入治疗，主要是清创和包扎。因村庄损坏实在严重，当地的河里全部是人和动物的尸体。断水断电，因此手术无法开展，这也成了救援队中很多外科医生深深遗憾的地方。患者中很多病人因为截瘫出现了尿潴留，医疗队的导尿管很快就用完了，队员们就想办法就地取材，用麦秆给病人导尿，解除了很多患者的痛苦。经过几天没日没夜的救治，因上级指示将重患者转送到全国各地继续治疗，故医疗队的工作重心转移到对重病人的鉴别上，并护送重病人前往机场。第二医疗队还参与了当地的防疫工作，确保当地没有发生大的疫情。

两支医疗队都在极其困难的条件下积极开展救治工作，天气炎热，缺少药品及基本的医疗设施，给医疗队工作的开展带去难以想象的困境，但医疗队员们没有怨言，更没有退缩，而是想方设法地用医学知识挽救生命和解除痛苦，履行医务人员的神圣天职。近一个月的救援，医疗队累计救治患者近千人，得到当地领导和百姓的一致认可。

（陈莉 供稿）

人生最难忘的历练

——顾亚芳、秦世杰、尤凤英口述

口 述 者：顾亚芳　秦世杰　尤凤英

采 访 者：陈　莉（上海市同仁医院党办副主任）

时　　间：2016年5月5日

地　　点：上海市同仁医院行政楼4楼民主党派会议室

顾亚芳，1954年生，长宁区中心医院麻醉科护士。唐山大地震后，作为第一批医疗队员赶赴唐山救援。地震救援后担任医院手术室护士长直至退休。在地震十年后又参加了援摩医疗队，并出色完成任务。

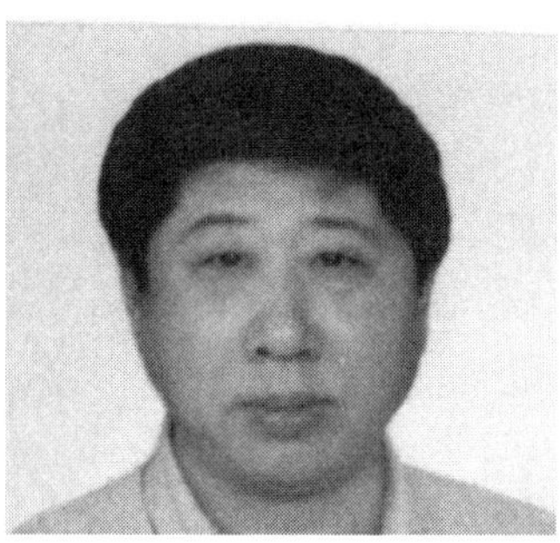

秦世杰，1946年生，主任医师，上海第二医科大学外科兼职教授。长期从事外科临床和教学工作。在《中华外科杂志》《普通外科杂志》等发表论文二十余篇。1976年唐山大地震后，曾作为第一批医疗队员赶赴唐山救援。

尤凤英，1954年生，长宁区急诊科护士，后先后担任长宁区中心医院团总支书记、长宁区中心医院门办副主任、长宁区中心医院人事科科长、长宁区慢性病防治院院长等职。1976年唐山大地震后，曾作为第一批医疗队员赶赴唐山救援。

顾亚芳：

1978年的7月28日，一个平常的夏日，我像往常一样上下班。下班回家吃好晚饭后，外科支部书记突然来到我家，告诉我卫生局有个紧急任务需要我去完成；具体什么任务、到什么地方、去多少时间都不知道。虽然这个消息对我来说是比较突然的，但既然是紧急任务，我也没多想，整理了一些随身物品，跟着书记就去了医院。到了医院我才知道我们一共是15个人，有行政领导、外科医生、内科医生、骨科医生、五官科医生、检验技师、药师以及护士。大家到医院后就开始分工准备药品和医疗器械，我当时是代表麻醉科去的，所以就准备了一些麻醉器械。当晚我们就住在了医院，凌晨五点来了通知，让我们出发去上海火车北站。上了火车后我们才知道唐山发生了大地震，有7.8级，损坏非常严重，人员伤亡也非常惨烈。经过火车几十个小时的颠簸，我们到达了唐山，整个唐山除了唐山军用机场没有损坏外，整个城市其余的建筑都倒塌了。大地震发生后第一批到达唐山的是解放军战士，我们是第二批到达的。下火车后我们就在机场露天睡了一夜，拿块油布盖在身上，下雨后油布上的水就用于刷牙和洗脸，条件是非常艰苦的。

尽管我对受灾的程度有所预料，但看到真实场面时还是非常震惊和难过，房子全部倒塌了，一些房子只剩下屋顶。解放军把挖出来的尸体一路排开。当时老百姓反应都是很迟钝的，都失去了亲人。现场余震不断。当时的救灾行动是由国家抗震救灾指挥部统一安排的，我们医疗队被安排到了唐山丰南县的一个劳改农场，丰南县是唐山地震受损最严重的一个县，解放军已经先期到达，挖出来的人死的就掩埋，活的我们就立即展开抢救。病人中，外伤骨折的最多。地震后又下了一场暴雨，很多病人的伤口已经开始腐烂，有的已经长蛆了，我们戴着厚厚的两层口罩，但还是会闻到很重的气味。当时的手术条件很差，不过我们还是尽量创造条件为病人进行手术，挽救病人的生命。当地的老百姓很信任我们，我们去的是劳改农场，有一些劳改犯的病人，但我们对犯人也是一视同仁，他们非常感激。

救援生活确实非常艰苦，我们15个人睡在一个帐篷里，9个女的，6个男的，女的睡一边，男的睡一边。也没有什么东西吃，经常吃的就是压缩饼干，导致我现在看到压缩饼干就怕。水非常缺乏，天气很热，没有水是一件很要命的事，实在没办法的时候，我们到小水沟里弄点水，给身上洗洗就好了。当时最让我感动的是解放军战士，因为没有什么救险的设备，解放军都是用手去挖的，有的解放军十个手指全部是烂的。一些尸体腐烂了，非常臭，但解放军为了让尸体不受损坏，全部用手去弄，一点也不怕脏，确实让人感动。我们医疗队的一些外科医生也很不容易，因为病人都躺在地上的担架上，所以医生都是跪着给病人检查生命体征，时间一长腿脚全部发麻，走路都困难，但没有一个医生退缩。

在劳改农场待了整整25天，医疗队的所有队员都是没日没夜地干，后来病人的病情稳定了一些，而且第二批医疗队也准备启程了，在这种情况下我们撤离了。回上海后，市、区卫生局和医院都开了表彰大会，大家都发了言，对唐山地震的救援工作进行了总结，每个人都感受颇深，特别对奉献、担当、责任有了更深的领悟。

抗震精神给我以后的工作带来了很大的影响，回到医院手术室，再苦再累，我也觉得和唐山的艰苦是不能相比的。手术室工作也比较辛苦，有的时候星期天被叫来三次，我也毫无怨言。当时我的孩子还很小，晚上急诊，我一把把孩子拖起来，带他到医院手术室的更衣室去睡。我对家庭的照顾非常少，所以有的时候还是感到对孩子对家庭是有愧疚的，但无论如何，我对选择做一名医务工作者这个决定无怨无悔。抗震后的十年我又踏上了援摩的征途，一去就是三年，而且出色地完成任务。抗震的精神确实一直鼓励和鞭策着我。

秦世杰：

唐山大地震发生在1976年的7月28日凌晨三点多钟，地震的强度为7.8级，烈度十级以上。它给国家和人民的生命财产造成了巨大的损失。

当时我是同仁医院一名年轻的外科医生，28日那天，我照常在医院上班。临近中午，院党总支领导来找我，说要组建一支医疗队奔赴灾区，我院的医疗队由我带队，下午两点前必须全部到位，在医院待命，随时出发。听到这一命令，我感到很突然，但是灾情就是命令，我作为一名受过部队多年教育的党员，无条件地执行命令就是天职。因此我没过多考虑，马上着手准备，首先就是去通知各个队员。记得有一位医生当天出夜班已经回家了，我是去他家里把他拉出来的。我自己也利用短短的一个多小时回家整理物品，打上背包出发。我爱人也感到很突然，因为当时我的小孩才四五个月，正需要照顾，我一走，困难肯定不少，但在这种情况下她没有怨言，积极地支持我，使我非常感动。

大家全部到齐后在医院集中，然后进行了分工。我因为是队长，所以分别参加了市卫生局和区卫生局召开的布置会。在会上我们初步了解了地震的严重情况，大家心情很沉重，急切地希望尽早赶赴灾区救援。另外我也了解到长宁区一共有两支医疗队，一支队伍以长宁区中心医院为主，另一支由同仁医院和光华医院组成。医疗队由当时的区卫生局长王忠林同志带队。留在医院的医疗队员，在院领导的帮助下，准备医疗物品、医疗器械、帐篷等，打包了好几个箱子。由于对灾情的情况了解甚少，对可能碰到的困难无法预料，因此大家只想多带些药品、器械，便于到灾区尽快开展工作，一路上我们肩扛手提很辛苦。一直到晚上六七点钟，命令下来了，于是我们立即乘车去了机场，飞机飞了近两个小时就到了唐山附近的杨村机场。

九点多钟我们下了飞机，首先给我的感觉是异常炎热，当时震后地面温度达摄氏40度，而且断水断电，漆黑一片，没有灯光，看上去隐约都是废墟。机场都是来自全国各地的医疗队，有几千人，黑压压的一片都是人头，都在待命。当天晚上我们就躺在机场的水泥跑道上休息。没有水，很多同志就近用冲洗飞机的水来洗一下脸。当时仍余震不断，躺在地上都能感觉到，一晚上大震就好几次，小震更是不计其数。

机场虽然一片漆黑，却异常繁忙，飞行员真是伟大，冒着生命危险，靠着微弱的指示灯和指挥旗，一次次地起飞降落，几乎每两三分钟就有一次起飞或降落，让我们很感动。

这一天晚上我们吃的是随身带的压缩饼干，到凌晨四五点钟，天有点亮了，我们就起来了。整个机场只有一口深井没有被震坏，还能出水，但离机场较远，那么多人用一口井，可想而知有多困难。跑了很远打来一桶水，我们大家简单地刷牙、洗脸，就匆匆出发去灾区了。

抗震指挥部安排我们去了丰南县，这是一个受灾最严重的县，一路的景象惨不忍睹，整个唐山市仅看到一些矿务局原先造的老洋房和一座毛主席的全身像没有倒塌，其余的房子几乎全部倒塌了。很多楼房没了屋顶，仅剩下钢筋水泥的空架子，一些尸体挂在上面都来不及清理。由于天气炎热，许多尸体都腐烂了，路上开的运尸车很远就飘来一股恶臭味。虽然当时对唐山地震的破坏程度有一点心理准备，但是看到这种情形还是悲痛不已，唏嘘不已。

解放军比我们医疗队早到灾区救援，许多年轻战士冒着酷暑和难闻的臭味，正在把尸体装进黑色的塑料袋中，然后拉到郊区掩埋。他们在那样艰苦的条件和恶劣的环境下坚持战斗，这种奉献精神让我们感动，尤其当时救灾没有探测器，也没有起重机等设备，全靠两只手去挖、去搬。一些战士手指甲断了，伤口出血，但为了发现幸存的生命都不肯停下来。大家看哭了，很心痛，感叹解放军特别不容易。

到了丰南县一看，全县城的房子全部都倒塌了，这里的灾情比唐山还要严重，看不到一幢完整的房子。我们几乎就是走在房顶上。当我们来到一个村庄时，那里早已聚集了几百个病员，很多村民用自制的担架，从很远的地方抬来病人等我们了。从他们焦虑的心情和迫切的眼神中可以看出，他们是多么渴望得到及时救治。所以我们连行李也没顾得上打开，就开始就地进行治疗。很多病人因为天气炎热又没得到及时治疗，伤口感染、腐烂，有的已经长蛆了。我们就地开展清创手术和抗感染治疗。病人中许多都是截瘫病人，因为地震时很多人在向外逃命时，被倒下的横梁压在背上，造成横断性截瘫，送来时不但有褥疮，还有尿潴留。当时连导尿管也用完了，我们只能就地取材，用一些麦秆煮沸消毒后来导尿，解决了病人的痛苦。

在救灾初期，我们使用的药品、卫生材料、器械，全靠我们从上海带来，由于病员多，消耗很大，有很多纱布我们只能回收清洗，消毒后使用，来解决燃眉之急。这种情况一直到一周后指挥部把全国各地支援的救灾物资发下来才得到改善。灾区的条件非常艰苦，晚上只能点汽油灯工作，既没有电也没有水，河水都被人和动物的尸体污染了，没法使用。全村饮水仅靠少数几口深井。

那天我们一直工作到晚上十点多钟，没有喝过一口水，晚饭还是靠压缩饼干充饥。晚上大家挤在一个帐篷里休息，尽管又热又饿，很辛苦，但没有一个队员叫苦叫累，大家一心只想多救治病人，让他们能早日康复。这样没日没夜地工作持续了一周左右，上面指示我们把灾区的重伤员转移到全国各地治疗。这是因为：一来当地的救治条件太差，无法进一步治疗；二来这些重伤员会把活着的人拖垮而没有办法去重建家园，所以我们后来的工作重心变成了鉴别重伤员，并把这些重伤员护送到机场。当时的老百姓非常信任我们，也很感激我们，对我们寄予很大的希望。尽管非常悲痛，他们还是千方百计地提供一些食品来改善我们的伙食。

为了减少次生灾害，防止灾区流行病传播，我们又下村庄，挨家挨户做防疫工作，一路宣传，组织当地村民清理河道，掩埋死了的牲口。由于条件限制，我们只能用石灰水到每户人家去喷洒，消灭蚊蝇。由于大家的努力，全灾区没有发生传染病的流行。

救援的生活非常艰苦，刚到灾区时，我们每天只能吃压缩饼干，没有任何可以吃的蔬菜。睡在自己搭的帐篷里，碰到下雨天，里面还会下小雨。十来天后，当地政府为了改善我们的居住条件，让我们住进北海湾的挖泥船上；由于条件限制，也只能提供一些馒头、虾皮、小米粥等。许多同志因水土不服患上了腹泻，有的同志回来后还留下了慢性腹泻的病根。尽管条件艰苦，大家还是很乐观，仍然充满热情地为灾区人民服务，没有一个人打退堂鼓。住到船上后，我们每天必须要走过一座桥才能去各个村庄，由于地震，这座桥中间已有很大的裂缝，随时都可能倒塌，对我们来说，每天的通行就是一次生死的考验。

记得有一天夜里，领导让我们出急诊，我们几个人二话没说就跟着一辆拖拉机出发了，途中要过一座铁路桥，由于地震的破坏，桥上只有几根铁轨，两边都是空荡荡的，下面几十米就是一条河，我们打着手电筒帮司机照明，拖拉机沿着铁轨跌跌撞撞地向前开。好几次左右倾斜，几乎翻车。我们在车上的人也很紧张，大家紧拉着手，相互鼓励，并安慰司机，减轻他的心理压力。当通过几十米长的铁路桥后，连司机都吓出了一身冷汗。当我们回头再看刚才经历的那一场惊险的生死考验时，大家也的确感到后怕。环境的险恶、生活的艰苦并没有让同志们退缩，大家的心情很舒畅，没有怨言，因为我们明白我们正在做一件有意义的事。

一个月以后，第二批救援队到了，当时灾区的情况也基本稳定了，上级让我们撤离。记得最后走的时候，河北省领导特地召开大会，给予抗震救灾的医疗队很高的评价，并表示衷心的感谢。

回到上海后，长宁区政府组织群众夹道欢迎我们，区政府门口、愚园路上全部都是欢迎的人，好像还铺上了红地毯，我们都很感动。在区政府的大会议室里召开了欢迎会，我们向领导汇报了那次抗震救灾的情况和自己的感受。回单位后，很多企事业单位都来邀请我们去给他们作报告，讲述唐山地震救灾的情况。由于我们出色地完成党和人民交给的任务，我们长宁区医疗队还被评为先进。王忠林局长代表我们区医疗队赴北京参加了全国抗震救灾的先进表彰大会。

唐山地震大救援是一次难得的经历，让我一生难忘。虽然只有短短的一个月时间，但让我受益匪浅，我非常自豪。如此大的救援场面已成为我人生的永远记忆，那一次的救援活动也是对我世界观、人生观的一次考验。欣慰的是，我们每个医疗队员都交上了一份满意的答卷。在党和人民的一声召唤下，我们都义无反顾地冲上抗震救灾的第一线，无怨无悔。特别让我感动的是同志们的无私奉献精神，无论是出发奔赴灾区时表现出来的坚定，还是回来后立即投入工作的默默低调，他们没有提出过任何要求，也没有去计较任何报酬和奖励。思想就是如此单纯，为了救灾，为了救人，我们用自己的实际行动真正履行了一名医务人员救死扶伤、实践革命人道主义的诺言。

我们医疗队的队员大部分都是党团员和医院的业务骨干，我们每支医疗队都成立了党团小组。在抗震救灾的一个月里，我们党团小组定期开展党团组织活动，大家通过互相学习、互相鼓励、交流思想，解决工作上、生活上的畏难情绪，号召党团员要发挥一不怕苦、二不怕死的精神，去完成上级交给的一切任务。由于党团员的先锋模范作用，同志们能正确树立好苦乐观、生死观，医疗队内始终保持着高昂的革命斗争意识，充满激情的正能量。

唐山大地震带来的灾难是毁灭性的，当时正值“文革”动乱时期，国力又不强，灾区的救援条件极其原始，根本无法与现在相比，几乎是靠人海战术，单上海就组织了四十几支医疗队，这也是非常少见的。灾区的人民是坚强的，我们也从他们的身上看到了希望，家园可以毁灭，但勇往直前的无畏精神却是永存的。大地震已经过去40年了，我相信重建的唐山新城会更加美丽，更有生命力。

尤凤英：

唐山地震已经过去整整40年了，每每想起，当时的情形，仍历历在目。那一年，我是长宁区中心医院急诊室的一名护士，那时候的信息很闭塞，不像现在有很多传播信息的途径，所以根本不知道发生了大地震。当时我在721大学上课，晚上回到家，父母告诉我，七八点钟的时候，医院组织科的张老师来通知我去医院报到，说要外出执行紧急任务。虽然有点突然，但我也没多想，带了一些随身物品就去了医院。医院领导也没告诉我们具体情况，就说按照上级的要求，医院组成紧急医疗队，待命，随时准备出发。当晚我们十几个人就全部住在了医院。到了凌晨，通知来了说可以出发了，我们就去了老上海北站，当时的北站已经集结了很多支医疗队，我们才知道长宁区组建了两支医疗队，一支是由我们中心医院组成的，另一支由同仁和光华医院等组成。

坐了二十几个小时的火车到天津后，我们转车到了杨村军用机场，已经有很多的解放军和医疗队在待命。我记得当时我的辫子很长，差不多到腰，有一名解放军战士对我说：你的辫子要剪掉，不然灾区没有水会是很大的麻烦。我当即就把自己留了很多年的辫子给剪了，还出了五元钱买了一双军用跑鞋换下了皮鞋，一个上海姑娘几分钟就变了样。一直等到下午的四五点钟，上面说可以进去了。我们搭乘了直升机。我是第一次坐直升机，印象最深刻的是直升机声音很响，大家互相讲话根本听不见。我们到达的时候已经是晚上了，什么也看不见，晚上就露天睡觉。第二天一早发现原来有好多人，也没有水，我们就把草上的露水刮一点下来洗脸。

一直等到下午三四点钟，我们才知道被分配到渤海湾的一个劳改农场，于是又坐着军用卡车出发，一路上看到的情形惨不忍睹，很多房子都倒塌了，被夷为平地。我记得好像有一个烟囱没倒，但中间断了，当时骨科医生还开玩笑说要给烟囱固定一下。到了劳改农场，农场的领导都聚在门口欢迎我们。灾情确实非常严重，放眼看出去都是伤员的帐篷及坟头，一些伤员看到我们热泪盈眶，队长看到这个情形后，嘱咐我们要坚强，要吃苦耐劳。

我是从事护理工作的，执行12小时工作制，我和另外一名护士轮流上班。这12小时里没有一分钟是可以停下来的，不停地打针、换药和抢救，很多病人的伤口化脓长蛆，大多数病人都是高位截瘫，可能会危及生命，需要输注甘露醇，但甘露醇奇缺，很多药品也都没有，用盐水要冒着生命危险去原来劳改农场卫生站倒塌的废墟中刨一些出来，后来直升机空投了几次药品和食品，情况才有所好转。我记得当时我们抢救过一名孕妇，已经怀孕七八个月了，深度昏迷，也不知道是什么病，内科医生检查后诊断为疟性脑炎，我们马上展开了抢救，予以24小时护理，这个病人因此给我们抢救过来了。当地人觉得上海医疗队的水平很高，把本来已经不抱希望的病人给救活了，特别佩服我们。我们当时还要去农村巡回医疗，有一次去一个村庄，刚到村口看见树上绑着一个女人，40岁左右，有一块牌子，上面写着某某某破坏抗震救灾，边上放着一个小锅和一个碗，我们当时就猜测可能是这个女的自己去扒了锅和碗占为己有。1976年“文革”还没有结束，还是“阶级斗争”为纲的年代，也可想而知那个时候的物资是多么的匮乏。

救援的生活非常艰苦，去的时候医院配了一顶帐篷给我们，但不能遮雨，后来部队又配了一顶帐篷给我们，帐篷的质量比较好，可以遮风挡雨，我们就全部睡在里边，男的睡一边，女的睡一边。因为天气很热，帐篷里更是密不透风，所以每天睡觉都是一身大汗。我们每天就吃两顿饭，上午十点吃一顿，下午三四点钟再吃一顿，一般就一碗粥、几个饼和一点榨菜。偶尔会发压缩饼干，但大家都舍不得吃。后来当地还暴发了一些流行病，幸亏一起去的后勤人员非常负责，每次都消毒碗筷，所以我们的队员都比较健康。水也是非常缺乏的，有一个深井可以压出来一点水稍微用一下。当地的百姓都很淳朴，有的时候会给我们送一些荤菜，但我们都没拿，因为他们都非常不容易，平时就吃点饼卷大葱，家里除了炕其他一无所有。

原本抗震指挥部想在当地成立野战医院，但因灾情实在太严重，病人只能往全国各地进行转移，用直升机往外送，因此一些病人由医务人员通过军用卡车护送到机场。我记得有一次我送病人去唐山市区，那时候已经离地震两个星期了，一路上还是臭得要命，戴了两层口罩也没有用，解放军都戴着防毒面具。有一次来了通知说我们第二天可以撤离了，当地的百姓舍不得我们，半夜起来给我们包韭菜猪肉饺子，那在当时真的是很金贵的食品，谁知道吃好以后说我们不走了，什么时候走继续待命，我们都觉得很不好意思。就这样我们又留了一个星期，我们利用这个星期给当地医务人员和百姓培训，虽然苦，但很充实，就这样一共待了二十五六天。知道要走了，大家都有点依依不舍。

我们是坐专列回上海的，特别有荣誉感，在火车上的三十几个小时，列车员特别照顾我们，每顿饭都给我们吃很大的肉。在车上队长就告诉我们，回上海后要宣传灾区人民大无畏的精神。到上海后，当时的市委副书记亲自去车站接我们，医院召开了很隆重的欢迎会。市委区委专门组织了演讲团，我当时因为年纪轻，普通话也比较标准，领导就让我参加了，专门到区里作抗震救灾的报告，压力也比较大。我记得有一次在长宁区工人文化宫演讲，可以坐四万观众，当然我也顺利完成了宣讲任务。后来很多企事业单位也请我去讲，我就全脱产地宣讲，一直到9月9日，那天我在毛巾厂演讲，在车间里听到毛主席逝世的消息，就这样演讲活动结束了，我也回到医院去上班了。

唐山地震救援那年我22岁，如今我已经62岁了，回过头看，参与这次救援活动确实锻炼了自己，对自己的一生产生了很重要的影响，最大的收获就是教会我要坚强，碰到问题要坚强面对。当地的百姓尽管遭遇了那么大的灾害，但都很坚强，我记得收治过一个十一二岁的小男孩，因为贪玩去海里捞鱼，结果电线杆倒下，孩子触了电，送来的时候孩子整个头都是黑的，像个大头娃娃。孩子的父母在地震中都不在了，我们通过抢救捡回了孩子的命，但他肢体却残疾了。那么小的孩子，遭遇这么大的变故，却很坚强，每次换药，尽管很疼，他却一声不吭，我们也把他当宝贝一样，印象特别深刻。

当地的干部也全身心地投入救灾工作，克服各种困难去为老百姓服务，这种忘我的精神也深深感染着我。再有就是我们医疗队的团队精神特别好，天天开刀，天天忙得连喘气的时间都没有，但没有任何人有任何怨言，再艰苦，大家也自己去克服。每次去村庄巡回医疗都要走十几里路，大家就用水壶装点水、带点压缩饼干就出发了，没有人叫苦叫累。这些画面回上海后经常会在我脑海浮现，时时鼓励我、鞭策我。1977年3月，我加入了中国共产党，后来又先后担任医院团总支书记、门办副主任、人事科长、长宁区慢性病防治院院长等职务，我觉得自己的成长和抗震救灾的经历息息相关，那段经历让我快速成长，也让我更加清晰地认识到作为一名医务工作者对这个社会、对病人应该承担的责任，短短的二十几天让我受益一生。

附 录

二医简报第78期*

上海第二医学院党委办公室（1976年7月30日）

我院党委于7月28日下午在得到市紧急会议精神以后，立即进行传达，部署医疗队赴地震地区参加抗灾斗争的工作，确定由党委常委刘远高同志带队，业务组副组长孙克武同志任副队长，共计127人，于今晨（29日）七时左右，乘火车奔赴受灾地区，这次抗灾斗争，时间紧，任务重，由于全党动员、各级领导带头，广大群众积极性充分调动起来，不仅出色地完成了市里交给我们的战斗任务，而且还进行了一次十分生动的、深刻的共产主义思想教育和战备动员。我们所属的各医院各个单位都涌现了不少感人肺腑的动人事迹。……有的同志说："首都受惊，我们坚决以鲜血和生命，保卫党中央，保卫毛主席，我们不去，谁去？"各级领导干部深受教育，深深体会到群众中蕴藏着无限的社会主义的积极性，有无穷无尽的力量。有的总支书记说，今天不是我们要动员多少人去的问题，而是要动员群众留下来，通宵达旦地做说服工作。

雷厉风行，召之即来

瑞金医院党委在28日下午紧急会议后，六时立即把医疗队人员组织好，由于平时战备观念比较强，至七时全部设备物质（药物、器材、水壶、雨衣、毯子、电筒等）都已准备就绪，随时可以整装出发，真正达到了招之即来，突出一个"快"字。

第九人民医院总支副书记许雅芳同志汇报说："紧急会议精神传达时，大家非常激动，首先问中央首长好！4点30分会议结束，5点钟就人员落实，半小时不到就解决了问题。"

二医教工支部四名参加工作不久的工农兵毕业生，坚决争着要去。余前春

---

* 根据上海交通大学医学院馆藏档案整理。

等同志，整装待发，行李包放在床边，在宿舍里开着门睡觉，只要一声令下，马上可以下床出发，处于高度的战备状态。

瑞金医院化验员陈伟珍（女，团员）正好28日早班下班在家休息，下午六点钟通知她救灾。她人在家发热，达38℃以上，规定七时集中，当时党委办公室走廊里许多医务人员在那里请战，要求奔赴救灾地点，于是就换了别人。七点零五分陈伟珍从家里赶到了医院，党委因考虑到她在发热，说服她回去休息，她坚决要求去灾区战斗。经党委领导劝说后回去了，晚上还再来医院要求去，态度十分恳切坚决。

一颗红心，保卫首都

新华医院党委副书记称慧英同志，是个青年干部，昨天外出参加妇女干部会，回院听到有救灾任务，马上向党委要求抗灾，她激动地说："年轻人要经风雨，见世面，要走在前面。为了保卫北京、救护灾区阶级兄弟我一定要去。"她和衣通宵未睡，不肯回家，临到今晨去火车站，还是向上级党委请战，最后二医党委领导答应她列入预备队，她才满意。

新华卫校教员苏美莲（新党员），她爱人昨天刚从外地来沪探亲，但她得悉救灾任务后，态度十分坚决，再三要求参加救灾战斗，组织上不知道她爱人刚来沪，就批准了她的要求。临行前，她爱人一夜未睡，帮她整理行装，坚决支持她去参加抗灾斗争，群众称赞说："妇去夫帮一对红。"

瑞金医院1976届在松江开门办学的全体学员，今晨从广播中得悉有地震，清晨立即打了长途电话来院向党委请战，要求参加救灾战斗！

九院1977届工农兵学员汪伟民立志到西藏去做赤脚医生，这次坚决要求抗灾，写了决心书，未批准他去，他坚决要求说："我有一颗革命红心，目前虽还不能挑起医疗工作担子。但是我可以献血，给灾区的阶级兄弟！"

三院1976届工农兵学员奇玲（女）是蒙古族学员，坚决要去救灾。她说："我是北方人，环境熟悉，能适应艰苦生活，为了保卫北京，救护灾区阶级兄弟，我一定能完成党和人民交给的战斗任务。"结果去了。

1976届留下来的工农兵学员有30位同学自动组成两个预备队，整装待发，随时准备响应党的召唤，奔赴抗灾第一线。

各医院广大群众纷纷要求去参加抗灾斗争，据瑞金医院统计，仅到党委来请战的就有一百多人，到支部的更是不计其数。科室人员在学习了主席的重要指示后，也纷纷要求去抗灾斗争第一线，提出了干部应该与工人划等号的行动口号。瑞金医院党委，一方面做好了两个预备队的全部准备工作，另一方面又积极引导留下的医护员工，要奋战高温，更好地完成当前医疗任务；同时，还对抗灾同志的家庭进行访问，做好家属工作。

上下左右，协同作战

这次抗灾斗争的特点是领导带头，坚守岗位，把全医院人员的积极性充分调动起来，广大群众同甘共苦，发扬共产主义大协作的精神。从二医党委到各医院党委总支和组室人员，都通宵达旦，坚持工作，有的守在电话机旁，有的深夜做思想工作，有的通宵采购物资，真是上下左右一条心，颗颗红心向北京。

例如，九院总支副书记许雅芳等同志写了决心书，坚决要求去抗灾，她说：“决心以鲜血和生命去保卫首都，要人有人，要血有血，我是共产党员，我一定要去。”

新华医院后勤组副组长李玉梓肿瘤手术后半休，白天坚持工作，深夜亲自外出采购物资，他的精神感人至深。

新华医院组室人员、汽车司机都主动留下来通宵工作，随叫随到，全院热气腾腾，一派共产主义大协作的景气。

一曲共产主义的战歌

三院总支，今天清晨用卡车把30名白衣战士送往车站，奔赴抗灾第一线，不慎，有三名同志从车上摔下，受了伤，两名伤势较轻的同志，坚决表示：轻伤不下火线，又登上了北去列车；一位同志有轻度脑震荡，还坚决要去灾区，经在场医院领导劝留，不让上车。时间很紧，在北站的医院领导想到外科医生王永武，昨夜通宵留在党总支不走，坚决要求去灾区，马上从北站电话通知王永武立即出发，王永武得讯喜出望外，立即飞奔车站。他怀着焦急的心情，满身大汗，奔到车站，可惜迟了半分钟，眼看列车开动出站，真是分秒之差。就在王永武尚未到达、列车将要开动的紧急时刻，组织组张文玉同志（原是医务人员）是来送行的，他想，缺一个人会影响救灾，就毅然挺身而出，连工作服都来不及拿就跨上了北上列车。人们遥望着远去的列车，心潮澎湃。从三名受伤的战士到王永武飞奔到车站，以及张文玉当机立断跳上列车，这不是偶然的巧合，这是一曲共产主义的战歌！我们坚信：在这个英雄辈出的时代里，天大的困难，我们也能克服。

口腔系1976届工农兵学员王玲、伍同华，得悉抗灾任务后，几次找领导，坚决要求参加医疗队，但名额有限没有得到批准，王玲就拿出自己平时生活费中节省下来的20元钱，交给参加医疗队的同志，叮嘱一定要将这点心意带给灾区阶级弟兄。伍同华向党支部交来一丈布票、十元钱，要求党组织把这些布票和钱转到灾区去，向灾区的同志捎带上一份工农兵学员对阶级兄弟的深情，类似这样的事例，还在不断涌现出来。

…………

二医简报第79期*

上海第二医学院党委办公室（1976年8月4日）

积极投入抗震救灾的战斗

7月29日，我院医疗队142人先后赴地震区参加战斗后，从7月31日开始准备接受灾区伤病员，到8月3日着手组织丰润临时医院，整个二医系统一派战斗气氛，千万人一个呼声：这是毛主席为首的党中央交给我们的光荣的重要政治任务，决心积极投入抗震救灾的战斗。8月3日凌晨一时半在一办接受任务后，二医党委常委三时半进行讨论研究，早上向所属单位布置，当天组织起235人的第二批赴灾区的队伍。除由党委副书记石云龙同志率领先遣队先赴丰润外，全部队伍已经组织起来的待命出发。在这短短的几天中，又涌现了许多使人受教育、受鼓舞的先进事迹。

干部行动快、决心大

在这段时间里，各单位，特别是四个附属医院的党委（总支）及其各组室的干部都是日夜值班时刻待命的，一旦接到任务立即抓紧工作，很快就能落实，工作效率之高是空前的。不论是第一批还是第二批队伍，都是在几个小时之内就基本落实。瑞金医院业务组党员、新干部朱庆芳从7月29日起一直通宵不睡，一心扑在抗震救灾工作上，使得有个同志在黑板上写上这句话：“请组内同志强迫朱庆芳休息。”新华团委副书记、工宣队员章祖伟生怕党委不批准，写了血书：“决心救灾志不移。”新华党委副书记称慧英、九院党总支副书记许雅芳更是多次连番向党组织坚决要求赴灾区，第一批未得批准，力争当预备队，再从预备队争上了第一批。二医组室干部争先恐后，要求奔赴灾区第一

★ 根据上海交通大学医学院馆藏档案整理。

线，获准的如愿以偿，未定的纷纷找机关支部和党委负责同志要求去。《上海二医》编辑贺平连次写请战书，例举自己应赴灾区的五条理由，坚决要求去。教工支部1975届留校工农兵学员徐晓明干脆睡在学校，不获准不回家，要求党委给他这个机会在参加抗震救灾的斗争中考验自己。瑞金伤骨科收治十名灾区伤病员后，从医生到护士，从工农兵学员到党委委员，人人参战，为病人擦身、换衣、倒便盆、及时抢救。党委书记亲自到病房担任纠察，指挥作战，更重要的是把毛主席、党中央的温暖送给病员。七十多岁的病员陈玉川，流着眼泪高呼“毛主席万岁！”

医护人员请战急

三院脑外科医生罗其中，患肾性高血压，原来是全休，当他得知组织灾区医疗队后，一直坚持要去。该院党总支从多方面考虑后同意了他的要求，他很高兴，并表示决心不完成任务不回来。瑞金伤骨科医生张沪生，本来积极要求去西藏，救灾一开展坚决要求先去灾区，从上星期五起，天天不回家，做病房工作，便于待命行动。这次被批准第二批赴灾区后，他兴奋地说：一定要做好救护工作，把毛主席和党中央的温暖带给灾区同胞。新华检验科陶美华，本来准备要结婚，而她坚决要去灾区，组织上暂把她列入预备队，还在考虑是否要她去；她坚持抗震救灾是大事，个人结婚是小事，推迟结婚容易，动摇去灾区的决心难。三院医生黄国长坚决要求去丰润，可是组织上还未定下来，结果黄的爱人打电话给三院说：我已经把一切都给黄国长准备好了，请你们批准他去吧！九院口腔二病区……医护工学人员坚决要求把教学病房搬到救灾第一线……口腔一病区同志得知后，尽管一病区在第一批也抽走不少力量，还表示支持二病区的革命要求，保证接过二病区的病员。在口腔支部范围，口外科抽走的医护人员最多，口内科决心加倍努力，顶起口外担不下的任务。眼科抽走多，矫形科就主动顶起眼科担不下的任务，从各方面尽一切力量为抗震救灾作出贡献的强烈愿望，促进了共产主义协作。

工农兵学员争上阵

抗震救灾斗争开展以来，工农兵学员到二医党委、各医院党组织和系部请战的纷至沓来，争前恐后地要求到灾区。……三院1976届甲班工农兵学员决心写道：“泰山压顶不弯腰，灾难临头无所惧；抗震救灾炼红心，一片丹心献人民。请领导充分理解我们的心情，答应我们请战吧！”瑞金在皖南、松江、浙江等地的工农兵学员，纷纷来电话、电报请战。皖南来电说：救灾工作对我们工农兵学员是毕业前的一次考验，我们坚决地向党组织保证，背包早就打好，交通车辆也安排妥当，只要一声令下，马上可以报到奔赴抗震救灾的战斗阵地。……

上海病员情深风格高

三院接到准备接受灾区伤病员的通知后，打算腾出一部分病床。过去动员病员出院是一项不简单的工作，可是这次仅是向病员组长传达了接受灾区病员的工作，征求他们的意见，当这消息一传到病房，就有许多病员主动提出出院，很快就腾出了一百廿张病床。一位工人病员说：我们要发扬上海工人阶级的光荣传统，为了抢救灾区的阶级兄弟，我这点病伤算什么，坚决立即出院。还有一位家住浦东的工人病员刚刚进行外科手术，伤口未愈要随时换药，但他说我马上就出院，宁肯天天摆渡到市区来换药，也要让灾区伤病员住进来，这样我心甘情愿。

后勤当先行

……在抗震救灾斗争中，各单位的后勤，以至于各药房间，都成了兵马未动粮草先行的“先行官”。二医后勤组不仅及时备妥去灾区同志的物品，在发工资上也争取银行的支持，及时发给即将出发的同志，便于安排家庭生活。瑞金后勤支部副书记和同志们一起紧急筹备迎接灾区伤病员的工作，忙到深夜，次晨一早又抓紧工作。由于周密筹划，在两小时之内，就调集了60只床位和被服席子，配备了其他生活日用品。食堂为灾区病员烧好了绿豆粥，病员一到，营养室就去了解他们的口胃，发现这些病员吃不惯上海的自来水，就换水冲麦乳精。药房间在第一批出发时，一小时内就准备了2 800人次的应用药物。老药剂师丁云芳本来全休，现在上全班，要为救灾作出贡献。药库工作人员邱振荪前几天发高烧，坚持战斗，领导要他休息，他说：救灾任务非常重要。他抱病工作，又为第二批出发的准备了7 000人次的药物配剂，同志们劝他休息，他说：为了把毛主席的关怀带给灾区同胞，忙一点也应该。

二医简报第80期*

上海第二医学院党委办公室（1976年8月6日）

我院第一批赴唐山地区的医疗队，于29日离沪，31日抵唐山地区丰润县。当天立即投入战斗抢救受伤的阶级兄妹，已经连续作战七天。我们医疗队的同志不辜负毛主席、党中央的殷切期望，不辜负上海市委和一千万人民的信任和委托，他们急灾区人民所急，战胜种种困难，千方百计地为灾区人民服务。特别是英雄的唐山人民的“天崩地裂何所惧，双手描绘新天地”的革命英雄主义和革命乐观主义精神，给医疗队很深刻的教育，鼓舞了医疗队为抢救阶级兄妹冲锋陷阵的决心。在短短的几天战斗中，涌现了不少动人的先进事迹。

能为灾区兄妹减轻一分苦，甘愿自己多背几十斤

7月骄阳似火烧，而急欲赶到丰润县病员集中点的医疗队员的心，比骄阳还热。他们自用的衣物很轻，但每个人都背了许多药品和医疗器械，重的一百多斤，轻的也五六十斤。汗水如雨往下淌，衣服湿透很快就被太阳晒干，干了又湿，湿了再干，衬衫上结起一层厚厚的盐花。三院工农兵学员小全、小袁等，挑着一百多斤的担子，精神抖擞地走在队伍前头，老同志直赞扬这几个走在斗争前列的青年共产党员。当然这不仅仅是他们几个，而是整个战斗的集体，即使体弱的女同志，也争着背重包。内科护士沈慰琴肩上背着重包，手里再提着一只包，尽管她吃力得脸都涨红，但一声不吭地坚持战斗。52岁的共产党员荣盘根是队里年纪最大的一个，背重包却不肯落后，大家劝他减少点，他还说：不要紧，再加一点。学员小袁乘飞机不适应，一下飞机就昏倒在地，当他稍清醒时，立即又挑起重担飞跑。

★　根据上海交通大学医学院馆藏档案整理。

不怕疲劳连续作战，尽力早抢救、多抢救

瑞金、九院的同志们在车上就召开了讨论会表决心，保证达到病员集中点立即投入战斗。他们到了丰润县，放下背包，拿出药物器械就进了病区，迅速检查病情、明确诊断，接着就进行开刀手术。九院外科小组当天开刀到晚上两点多，第二天连续作战又开刀到十二点多。困难时刻最能锻炼人，这个小组思想上准备充分，工作上敢破城市医院不适合灾区战地的条条框框，靠集体力量过细检查，明确诊断，讨论从实际出发的医疗措施，显收成效。三院只有张中权医生是骨科，他主动挑起救治骨科危重病员的重担，几天连续作战不下手术台。他还和其他同志一起自制器械，为一个腿多发性骨折的病人做牵引手术。新华的队员人人争做多面手，力争早救、多救危重病员。医生苏道亢、金熊之建议用补液塑料管自制成导尿管，解决了缺少导尿管的困难，解除了尿潴病员的痛苦。虞宝南等同志，用手给截瘫病员挖大便，“多面手”从多方面尽力抢救伤病员。

工宣队员起模范作用，医护人员千方百计为救灾出力

工宣队员处处起模范带头作用。……新华吴启茂老师傅，虽然身体不好，但抓紧时间做思想工作，而且挑水、搭棚样样干。在老师傅们的带动下，医护人员想尽各种办法，克服困难创造条件，搞好服务工作。地震受伤病员又遇连日大雨，不少伤口化脓感染，有的病员伤处生蛆，一般杀菌药用上无效。三院党员医生戴胜国、范关荣四处请教，得悉汽油能杀蛆，用后果然油到蛆除。九院学员刘家桦见许多骨科病员缺少夹板，就主动设法就地取材，制作了大捆大捆的夹板，基本上解决了夹板短缺的暂时困难。内科护士陈巧云拉肚子，还是照常坚持战斗。三院医生莫剑忠、周浩刚从上海出发时，一个伤了腿，一个伤了胸和髋，行动有困难。劝他们休息，他们说“轻伤不下火线”，一到灾区就和其他战友一样，立即参加抢救。周浩刚医生带着伤痛上手术台，连续抢救了不少危重病人，每次手术下来，都要按着伤口停一刻才缓过来。当同志们赞扬

他们时，他们却说：比起灾区的重危病人，我们都是最健康的人。

抗震救灾斗争是战场，1976届学员在战斗中炼红心

1976届工农兵学员把参加抗震救灾斗争当做毕业前的一次战场考验。……瑞金1976届学员应秀娣，不仅积极参加病区医疗工作，而且见缝插针护理病员。有的女病员离家时没穿衣服，到病区的前几天已经满身血泥，伤处腐烂，小应就主动替她们端水擦洗。一个老年病员感动地说，你当医生的这样照顾我，真是比亲生女儿还要亲。新华1976届学员陈林海、陈小芬等，通过观察护理活动，向灾区人民学习，学习他们革命英雄主义和革命乐观主义精神，同时，也对病员宣传毛主席、党中央对灾区人民无微不至的关怀。陈小芬等给一个开滦煤矿职工家属洗烂、洗衣，细致料理。这个病员感动地高呼毛主席万岁！九院的解放军学员刘淑香、步兵红吃苦耐劳，一步一个脚印地干，从对病员做思想工作到打针发药，还抢时间给病人洗烂、洗衣服，样样都干。步兵红的舅舅就在唐山市工作。这次也受到极其严重的损失，可是小步不为这事吭一声，一心扑在救灾上，坚定为大多数人民服务。

一筐苹果无产阶级情谊深，人民感谢信鼓励我们为人民

市卫生局给医疗队运来一筐苹果……经过大家讨论，认为恰巧接到指挥部通知，一部分病情较重的病员，要撤离灾区到城市医院去医疗。这充分体现了毛主席、党中央对灾区人民的深切关怀。如果我们把苹果送给病人，也是把毛主席、党中央的温暖送到灾区人民的心坎上。当我们到病房送苹果并同病区的病人告别时，整个病区突然响起一阵高呼毛主席万岁的口号声。许多病员手捧苹果，热泪盈眶，他们说：要在旧社会，遭这大灾就全完了，今天我们还能吃上千里外的上海苹果，我们怎样才能报答毛主席他老人家的恩情。

一封《感谢信》：

唐山地区地震消息传到北京，毛主席、党中央派来了上海医疗队，他们到灾区后发扬老八路艰苦奋斗的精神，他们是白求恩式的大夫，对伤者亲切关

怀、无微不至的照顾，也是“完全”“彻底”认真工作的精神。他们不仅对病人关怀备至，而且他们早起晚睡，打扫环境卫生，宣讲卫生好处，宣读中央慰问电。上海医疗队的高尚风格，对伤者完全负责的态度，我从心里深受感动，以此表示我家属痊愈回到工作岗位，把自己的全部精力投入到火热的斗争中，以报答党和毛主席的恩情！向上海医疗队学习、致敬！

丰润县稻地公社教师王素荣

丰润县评剧团付庆才

1976年8月

人民的感谢信对我们是鼓励是鞭策，鼓励我们肯定成绩，找出差距，更好地为人民服务。

二医简报第81期*

上海第二医学院党委办公室（1976年8月9日）

快马加鞭未下鞍——抗震救灾续记

我院各附属医院继首批医疗队奔赴唐山地区抗震救灾第一线后，第二批医疗队236人正枕戈待命，候令出发。连日来，从院本部各科室到所有附属医院，广大工军宣队、工农兵学员、医务后勤人员及党政干部继续纷纷报名请战。新华医院工宣队员、团委副书记章祖伟同志向党委写下了“决心抗震救灾志不移”的血书，表达了全院同志誓作灾区阶级兄妹坚强后盾的迫切心愿，急灾区人民所急，想灾区人民所想，已经成为当前日常工作的巨大动力。

把地震造成的损失尽力夺回来

灾区人民面对特大自然灾害，“天崩地裂无所惧，敢教日月换新天”的革命乐观主义精神，大大激发了全院同志，出现了前方鼓舞后方、后方支援前方的生动局面。大家说：这次地震造成了极其严重的损失，这不仅是唐山等地区人民的损失，也是我们的损失，整个国家的损失，我们一定要把地震带来的损失夺回来。同志们说到做到，瑞金医院烧伤病房前几天一下子收治了16名病员，烧伤面积都在60%—80%之间。这个病房医生护士中病员多，人手少，但他们在困难面前不低头，全身武装，整天开刀，汗流浃背，不以为苦。他们说：比比灾区阶级兄妹，比比在救灾第一线的医疗队，我们这点小困难算得了什么。伤骨科二楼病床从原来的60只增加到98只，而护士却只剩下四人，她们每天坚持工作。九院外科医生郭长根，上了早班连中班，上了中班连夜班，科

* 根据上海交通大学医学院馆藏档案整理。

里同志“赶也赶不走”。三院已经走了两批医疗队，人少担子重，又碰到高温季节，但他们一人顶二人用，半休的上全天班，全休的上半天班或轻工作，保证完成任务。外科医生姜广杰主动放弃休息到病房值班。这个科有十名全休同志，其中七人已上半天班；门急诊的21名半休同志，现在都上全天班，还发扬龙江风格，抽调护士支援手术室。九院口内同志主动提出去支援口外科，口外科主动提出去支援耳鼻喉科、眼科；眼科同志说：我们虽然人少，留下来的人情愿不休息，也要把工作做好。不少工农学员不声不响，到各科室顶班劳动，共产主义大协作的精神正在到处发扬光大。

每个人都在行动起来

唐山、丰南地震灾区人民抗震救灾，排除万难，重建家园的英雄事迹深深扣动了每一个人的心弦，使得每一个人都在寻找自己的差距。瑞金医院妇产科副主任吴一鹤医生过去怕挑重担，从来不看门诊，不下病房。这一次，妇产科几个高年资医生都报名参加了医疗队。吴一鹤医生主动关心病房，照顾难产孕妇，星期日也不休息，精神面貌焕然一新。第九医院的一位外科医生，过去报名参加巡回医疗队，总是被家属拖住了后腿，这次他要求参加抗震救灾医疗队，科内同志考虑到他家里的情况，劝他不要去了。谁知，这一次，他的家属不仅不拖后腿，反而主动打电话给院领导，要求批准她爱人到灾区去。瑞金医院财务科的一个工作人员，平时计较工作时间，爱发牢骚，这次也受到感动，思想斗争开了。她想，灾区人民把这么大的困难都踩在脚下，我和他们比比，实在差距太大。她主动提出要上“义务班”。

坚强的语言

前方后方互相鼓励，把抗震救灾工作同共产主义的大目标联系起来。三院冯志华同志最近从前方寄信给组室支部，她写道：“我向党表示决心，坚决完成党交给的光荣任务。万一发生什么意外，请组织上收下我口袋里的钱，作为我最后一次党费。”并且还赋了一首诗。

主席教导记心间，一生交给党安排。

笑洒满腔青春血，换得全球幸福来。

新华医院的张定国同志在来信中说：“我决心发扬‘一不怕苦，二不怕死’的革命精神，竭尽全力完成抢救任务；为了抢救国家财产，为了抢救灾区阶级兄弟姐妹，必要时，我愿献出自己的一切，直至生命。……”

目前，全院正在认真总结经验，做好门急诊战高温工作，搞好抗震救灾工作，夺取“二副重担一肩挑”的新胜利。

二医简报第82期*

上海第二医学院党委办公室（1976年8月23日）

8月20日上午，我院党委负责同志参加文教组防震会议后，回院立即召开干部会议传达，并研究了防震抗震救灾的措施，成立了防震领导小组，并建立了防震群测站，加强民兵巡逻群防，决定立即组织抗震救灾医疗队。下午各单位分别进行了紧急动员，将市委领导同志关于防震工作的指示迅速传达至每个职工、学员，每个住院病人、陪客。传达后，全体同志斗志昂扬，立即开始了防震工作的紧张战斗。

一

防震动员大会上，党委领导同志传达了市委马天水同志指示，要求全体同志立即投入防震斗争，做到：

要以阶级斗争为纲……既不麻痹大意，又不惊慌失措……发扬人定胜天的革命精神。

要坚守岗位，坚持一抓三促，把发展社会主义新生事物，搞好各项工作与共产主义大目标结合起来。

要百倍提高警惕，严防阶级敌人破坏捣乱，坚决打击敌人的破坏活动，要抓紧民兵群防工作。

全体干部、全体党员，要和广大群众在一起。……要做到关心集体、关心群众、关心国家财产比关心个人为重，以身作则，身先群众，迎难而上，决不后退，在困难和危急情况下接受党和人民对我们的严峻考验。

动员大会后立即分部门进行讨论，党、团员又过了组织生活，对防震斗争作了深入的研究。

---

* 根据上海交通大学医学院馆藏档案整理。

防震任务传到了各个部门、各个角落，在斗争面前，全院沸腾起来了。

新华医院的医生、护士、工农兵学员、组室干部，听了动员后立即贴出了请战书、决心书，要求参加医疗队到第一线去战斗，鲜红的决心书，闪烁着共产主义思想。在这紧要关头，他们没有想到个人！

九院民兵战士再三主动请战，要求领导下命令、给任务，他们要求到阶级斗争第一线去战斗，在这紧要关头，他们没有想到个人！

新华医院党委书记王立本，患病在家，闻讯马上赶到医院，主持了抗震工作，并亲自深入科室逐个检查安全措施。三院的学生班主任，没有一个人回家，全部留在医院里待命。

九院口腔科同志，连夜奋战做了36只下颌骨骨托，供防震救护之用。瑞金医院妇产科章以平等二位同志，主动准备好本科的急救箱，并将急需药品分成小包，一有需要拿了就可出发。

新华医院医务人员深入病室，做好病员思想工作……并向病人宣布："哪里有病人，哪里就有我们医务人员，只要有我们医务人员在，就要保证病员安全。"各病区在党支部领导下定出应急疏散措施，将重病员床位搬至底楼或二楼，专人分工照顾，确定路线，一有情况保证先让重病员转移，使病员极为感动。

瑞金产科支部分析了病房中情况，将11个重病员及11个陪客马上组织起来，定出应急计划，使重危病人安心养病。在地震预报消息面前，整个病区，沉着坚强，毫无惊惶情绪。

广大医务人员向党表决心，要学习老八路优良传统救死扶伤，在任何危急情况下都要坚守岗位，保证伤病员安全。

瑞金医院听到地震预报时正在大会传达组工会议精神，党员同志表示要结合组工会议精神，学习唐山人民共产主义思想和大无畏的革命精神，在战斗中起模范作用。新华医院工宣队孙金荣、孟仁娣、连关福等一听到地震预报当晚马上主动留下值班，积极投入防震斗争。

这次防震工作任务重，时间紧迫……有一张青年同志的决心书，说出了全院革命同志的心里话，他们写道："哪里艰苦应向哪里冲，哪里危险就向哪里奔，我们决心学习唐山人民天崩地塌何所惧、泰山压顶不弯腰的革命精神，不做温室里的花朵，要做搏击风雷的雄鹰。红卫兵不减当年勇，继续革命打冲锋，天塌地裂我们顶，要为人民立新功。”

从院本部到各医院各科室，从上到下安排了防震值班，严阵以待，一有情况立即可以行动，真是“早已森严壁垒，更加众志成城”。以上的动人事迹充分说明用毛泽东思想武装起来的革命人民是不可战胜的。

二

党委传达和布置任务后，各医院及直属支部立即成立了防震领导小组，加强防震工作的领导。下午各医院开始组织医疗队，瑞金医院仅一个多小时，抗震救灾队从人员到药械，从行装到车辆都已齐备，三院、九院、新华医疗队也迅速集中待命。全院一个有100人的医疗队，加上100人的预备队都已落实，只等一声令下，立即可以出动。

教工支部医用理化教研组，负责群测站防，下午接到任务，刘炳荣、许松林、潘家谱、汤雪明等立即挥汗工作，奋战几小时，安装成激光束对房屋倾偏的测试装置。医用物理教学组安装了地磁及地电位测试装置，均已开始日夜观察。同位素教学组开始了对井水含氡量测定，院部及各医院都派了专人，开始对实验室喂养的动物（狗、大白鼠、兔子）和井水观察。

院政宣组同志连夜突击编写了《抗震防震知识》普及知识材料，印发各单位阅读，并放映《防地震》的科教电影，迅速将地震的知识普及到所有职工，对宣传工具、广播台加强了值班管理，并各设了二套流动广播车。

民兵立即加强了日夜值班巡逻，防止队级敌人破坏，对于专政对象加强了管教。

做好防震和抗震救灾工作，后勤工作是很重要的环节。九院的总务科争分夺秒通宵战斗，备好了抗震物资。汽车司机徐安平、周兴明不顾连日来的工作疲劳，满头大汗地维修汽车，保证车辆可以随时出动。食堂同志冒着酷热，在烈日下刷洗水池，保证地震后的水源供给。瑞金医院准备了一架备用发电机，以便断电时应用。

瑞金、九院教工支部都加强了对贵重食品的保护，九院放射科定了安全措施，X机的机器球管用棉毯垫好，以防震坏。

…………

后方医院工作汇报*

党总支、工宣队：

我们两批医疗队的同志目前已结束了遵化县建明公社的医疗工作，胜利地来到了抗震救灾第一线——唐山市路南，与上海市第一批救灾医疗队调防，现将进唐山工作后的情况向领导作一个大概的汇报。

十一日，我们医疗队接到指挥部赴唐山市调防的命令后，大家都兴奋极了，能到艰苦的环境中去锻炼一下，能直接为灾区人民服务，同志们的心情是多么激动。在出发前的动员会上，同志们争先恐后地抢着发言，一致表示：为了灾区人民，我们一切困难都能克服，大家是这样说的，也是这样做的。十三日下午到达唐山，唐山市区遭受的破坏简直难以想象，全市建筑物全部震倒，人员死亡是很大的，整个唐山市成了一片废墟，这些，更激发了同志们的阶级感情，也坚定了战胜困难的信心。我们医疗队的所在地，共二只军用帐蓬[篷]，除了要放很多药品、炊事用具外，还得住男、女二十三人，在八个平方左右的地方睡十个女同志，十五个平方左右的地方睡十五个男同志，大家你挨我、我挨你地挤着睡，连翻身的余地也没有。吃水、用水更成问题，水是每天有水车按规定时间通过消防营沿路供应，一有水，水龙头前排满了人，由于我们人多，加上食堂烧饭、洗菜的用水，因此，目前，水是很紧张的，有时断水，大家就到离帐篷三、四里远的地方接水，往往一天下来后，人非常脏，大家多想痛痛快快地洗一下，但是客观条件不允许，我们这样做，大家千方百计节约用水，你洗下的洗脸水，我来洗脚，一盆水不知要洗多少人，洗衣服就更谈不上了。进唐山三天了，我们还没有一个人换过衣服，晚上还坚持在手电筒下学习、讨论、写体会，生活虽然十分艰苦，大家却没有一句怨言，大家以饱满的斗志、革命的乐观主义精神来战胜种种困难。同志们说得好：生活虽苦，但苦

---

* 根据上海交通大学医学院馆藏档案整理。

中有乐，能为灾区人民服务，为灾区人民重建家园贡献力量，这就是我们最大的快乐。同志们之所以能战胜各种困难，就是因为我们牢记出发前基地领导和医院领导的谆谆嘱咐，更没忘记市委领导们同志的亲切握手、党的嘱咐、同志们的期望，给予我们很大的精神力量。每当想起这些，就增加了我们克服困难的勇气，激励我们排除万难去夺取胜利。在业务工作上，同样是很繁重的，我们医疗队的任务从原来挽救震伤病人为重点，转入到以预防肠道传染病为主，每天除有一组同志参加定点巡回医疗外，还得应付近五百人的内外科病人，每天从早上六点多开始，一直工作到晚上八点多才勉强结束，有的同志饭吃了一半，一看到病人来，马上放下饭碗为病人看病，工作虽忙，生活虽苦，但大家的精神面貌是很振奋的。

这次唐山所遭受的破坏是极其严重的，损失也是很大的，但是唐山的人民在党的领导下，挺起腰杆，奋起救灾，这次受灾，使他们更深切地体会到社会主义制度的优越性。他们把我们医疗队看作是毛主席派来的亲人，处处关心我们，给我们工地劳动的同志送水，使我们很受感动。我们来到唐山工作仅仅只有三天，还刚开始，具体工作多长时间上级没有明确指示，但是不管时间长短，我们满怀信心，决心向灾区人民学习，在艰苦的环境中刻苦磨炼，决不辜负领导和同志们的殷切期望，以优异的成绩向党、向领导和同志们汇报。

目前，我们全队四十八人除沈德金师傅患菌痢外（已好），其他同志身体均好，大家互相关心，互相爱护，团结得像一个人一样，满怀信心地去迎接更艰苦的工作，夺取更大的胜利。由于时间关系，暂时汇报到这里，今后的工作，我们将经常向领导汇报。

此致

敬礼

（后方瑞金、古田医院）赴唐山医疗队全体同志

1976年8月15日

关于抗震救灾医疗队组织编制器材药品配备的建议*

1976年7月28日，唐山、丰南一带发生强烈地震，人民生命财产损失极其严重。在伟大领袖毛主席、党中央的亲切关怀和直接领导下，全国人民团结一致，抗震救灾取得了伟大的胜利。我们上海第二医学院及四所附属医院，组织了八个医疗小分队，奔赴唐山地区，参加抗灾斗争。在一个多月的时间内，我们抢救了一大批伤病员，开设了灾区临时医院，为唐山地区人民做了一些工作。实践告诉我们：现有的医疗队如要适应战地急救的需要，尚有不少方面需要加以改进。

我国是一个多地震的国家，类似的自然灾害以后还有可能发生，鉴于当前的国际形势，世界大战随时可能爆发，因此，我们必须遵照伟大领袖毛主席“备战、备荒、为人民”的教导，从思想上、组织上、物质上做好一切战斗准备，组织好抢险救灾备战医疗小分队，常备不懈，立足于打，对付随时可能发生的突然事变，为此，我们根据参加唐山地区救灾斗争的经验教训，对城市医院为抢险救灾和备战而组织的医疗小分队，提出如下的建议：

医疗队的组成及器材装备

一、每支医疗小分队既是一个独立的战斗单位，又需要保持它的机动性。

1. 人员组成总共18人：

政工干部1人、普外科医生2人、骨科医生2人、泌尿科医生1人、胸外科医生1人、脑外科医生1人、内科医生1人、麻醉师及手术护士3人、护士4人、化验（或兼后勤）1人、药房（或兼后勤）1人。

说明：

①地震后，房屋倒塌，外伤病人特别多，其中尤以大出血、肝脾等内脏破

* 根据上海交通大学医学院馆藏档案整理。

裂、胸部外伤、脑部外伤为最危险，可迅速危及伤员生命。如医疗队能当天赶到灾区，则需配备脑外、胸外科医生，如两三天后方能赶到灾区，则脑外、胸外科医生不一定需要，因为这一类伤员已基本牺牲。

②综合性医院如无脑外、胸外、泌尿等专科医生，可增加普外科医生，其中有1—2名普外科医生应能处理颅脑外伤和胸部外伤，专科医院也应采取相应措施或采取混合编队、联合作战等方式派遣。

③化验及药房同志工作量不大，或由一个人兼任，或由他们兼任后勤工作。

2. 各科器材配备：

① 一个野战手术队的装备：

普外科：剖腹探查手术包

持针器3把、腹腔自动拉钩1只、巾钳8把、腹腔深部拉钩2只、开夹6把、小拉钩2只、血管钳18把、双头拉钩1只、蚊式血管钳4把、有齿镊2把、肠钳4把、无齿镊2把（长镊1把）、海绵钳1把、压肠板1块、直角钳2把、药碗2只、兰尾钳2把、碟子2只、爱力司钳4把、吸引头1只、（长、短）可克4把、吸引皮管1根、脾蒂钳1把、剪刀2把、刀柄1把、缝针若干、缝线若干、纱布若干。

脑外科：急诊手术器械

直、弯血管钳各10把，导引沟1根、摇钻、钻头1套、线锯1根、脑膜剥离子1根、银座1只、脑压板1块、银夹2把、尖头镊1把、有齿镊1把、药碗2只、咬骨钳1把、小药杯2只、刮匙1把、橡皮筋6根、骨蜡1瓶、巾钳4把、海绵钳1把、剪刀2把、刀柄2把（大小各1）、缝针若干、缝线若干、纱布若干。

骨科器械：

绷带（宽）若干、板锯1把、纱带4卷、线锯1副、胶布（大）1筒、鹅颈咬骨钳1把、石膏（制成品）若干、橡皮止血带2卷、夹板（长短）若干、骨膜剥离器1只、冰钳1只、凿刀2把、司氏钉克氏钉若干、锤子1把、摇钻1只、旋凿1把、钻头若干。

另需配备小手术器械包，作扩创用：

巾钳4把、刀柄1把、血管钳8把、碟子2只、蚊式钳2把、爱力司钳1把、持针器1把、剪刀2把、缝针若干、缝线若干、纱布若干。

麻醉科：

简易呼吸器1套、脚踏吸引器1只、咽喉镜1副、气管插管1套、T管及呼吸器各1只、空气麻醉机1只、电麻仪1只、硬膜外针及导管2套、腰麻针2根、血压表（表式）1只、听诊器1副、麻醉记录单30张、注射器2ml5副5ml5副20ml2副、5节长电筒2只、导尿管10根、针灸针50根、明胶海绵若干、气管切开包1包、气管套管（连芯）5套、氯胺酮50支、γ-羟基丁酸钠30支、硫贲安钠50支、氯丙嗪20支、杜冷丁50支、2%利多卡因150mg50支、1%普鲁卡因250ml2瓶、普鲁卡因150mg50支、中麻II号2ml50支、中麻II号催醒剂50支、汉肌松50支、司可林20支、箭毒10支、咖啡因20支、可拉明20支、肾上腺素30支、异丙基肾上腺素20支、去甲肾上腺素20支、间羟胺20支、多巴胺20支、安络血20支、凝血酸20支、阿托品50支、地塞米松5mg20支、塑料手术巾若干、手术包、塑料袋附有输液器（5%葡萄糖20ml50支、5%葡萄糖500ml50瓶、5%葡萄糖盐水50瓶、右旋糖酐50瓶）。

敷料：

在紧急情况下，因塑料开刀巾及塑料板单，用1:1000新洁尔灭浸泡即可。

外用药：

新洁尔灭酊（消毒皮肤）；

新洁尔灭（浸手、塑料开刀巾、器械等都可）；

另准备换药弯盘、无齿镊、纱布、药棉、胶布若干，导尿管50根。

② 内科，听诊器、血压计（表式）1只、体温表若干。

③ 护理部：

50ml注射器2副、输液皮条若干副、5ml注射器20副、盐水瓶绳套10只、注射针头若干、剪刀1把、药棉1卷、纱布若干、无齿镊5把、胶布2筒。

④化验室：要求做三大常规，大便隐血、战地配血、输血。

显微镜1架、红血球稀释液100ml、血红蛋白吸管1支、枸橼酸钠（水剂）250ml×20、计数板1块、白血球及血红蛋白试剂100ml、载玻片50片、小型离心机1只、香柏油1小瓶、血色素比色计1套、蒸馏水100ml、橡皮吸头5只、磺柳酸10%50ml、刺血针10支、班氏试剂50ml、塑料输血袋20袋、联苯胺试剂（配好）10ml、抽血针筒20副、$H_2O_2$50ml、1ml刻度吸管2支、标准“A”“B”血清各10ml、2ml刻度吸管2支、瑞氏染料50ml、酒精棉球1小瓶、碘酒50ml、消毒棉球1小瓶、醋酮粉20g、血沉管2支、生理盐水100ml、康氏试管50支、95%酒精100ml、手电筒1只、火柴1盒。

⑤ 急救药品

庆大霉素4万μ×500支、维生素K10mg×100支、四环素片0.25×5000片、速尿2ml×20支、氯霉素0.25×500片、西地兰0.4mg×20支、S.M.ZCO0.5×1000片、25%GS20ml×50支、S.M.P0.5×1000片、10%葡萄糖酸钙10ml×20支、痢特灵0.1×10000片、20%甘露醇250ml×1箱、异丙肾上腺素1mg×50支、右旋糖酐500ml×1箱（24袋）、阿拉明10mg×50支、5%NaHCO310ml×50支、多巴胺20mg×50支、5%G.N.S.500ml×1箱（24袋）、肾上腺素1mg×20支、肝素1500μ×10支、去甲肾上腺素1mg×20支、去痛片5000片、可拉明2ml×50支、鲁米诺0.1×20支、杜冷丁50mg×50支、安定10mg×100支、凝血酸5ml×100支、冬眠灵25mg×20支、氨茶碱10ml×10支、非那根25mg×20支、注射用水5ml×100支、复方氨基比林2ml×40支、NaCl2ml×100支、枸橼酸钠10支、阿托品0.5mg×100支、T-AT1500μ×500支、阿托品片0.3mg×1000片、10%、G.S.500ml×1箱（24袋）、安宁片500片、氯喹0.25×500片、地塞米松2ml×50支、伯胺喹啉1000片、PP粉500克、乙胺嘧啶1000片、利凡诺25克、10%KCl10ml×50支、石蜡油500ml×1瓶、95%酒精（塑料桶）5公斤、新洁尔灭5公斤、漂白粉精1公斤、H2O2500ml×5瓶、1%匹罗卡品眼药水10cc×10支。

说明：

①静脉滴注用的葡萄糖、葡萄糖盐水、甘露醇、右旋糖酐都应用塑料袋装的，且应该有输液器。

②医疗队员用药，另外打包，酌情选择。

4. 后勤及医疗队生活用品：

队旗1面、电池若干、剪刀2把、干粮每人5斤、打气煤油炉1只、钢丝钳1把、酱菜每人1斤、塑料布每人1块、塑料桶装煤油1小桶、食盐3斤、救护袖章每人1只、高压消毒锅1只、火柴1封、钢精锅（大、中号）各1只、草帽每人1顶、打火机（连电石汽油）2只、绳子若干、个人衣服及生活用品、电筒每人1只、挂灯2只、帆布水桶1只、塑料面盆5只、水壶每人1只、棉毯每人1条、塑料雨衣每人1件、工兵铁锹1把、菜刀1把、电工刀每人1把、扁担5根（可挑120斤左右）。

二、第二种方案

以上列出的是一个医院小分队的编制、器材、药品配备，立足于远途抢救、交通不便的基础上，所有物品都应分开包装好，由医疗队员随身背着走，如果灾区与医疗队出发点不远，公路交通尚未断绝，则为了充分发挥医疗队的作用，开展更多的抢救项目，医疗小分队应配备有卡车。人员器材也相应增加。

1. 人员组成

增加妇产科医生1人、放射科医生1人、口腔科医生1人、五官科医生1人、眼科医生1人、传染病科医生1人、电工1人、汽车司机1人、炊事员1人。

2. 器材设备

①外科（包括骨科、脑外、胸外、泌尿、手术室）同第一种方案，增加石膏粉数箱；

②妇科：难产（包括剖腹产）器械，人流器械；

③放射科：小型X光机1架，包括个人防护，胶片1箱，洗印设备；

④药品敷料：加数倍携带，尤其是抗菌素和葡萄糖盐水要多带；

⑤增加口腔、五官、眼科的器材；

⑥后勤及生活用品：

小型柴油发电机1架、汽油灯1只、军用帐篷2顶、挂灯2只、炊具1套、棉大衣2件（冬秋天每人一件）、酱菜及食盐若干、漂白粉1大桶、蚊帐每人1顶、喷雾器2只、草席每人1条、敌敌畏若干、担架2副、六六六粉若干、塑料油箱

（贮水用）4只、门诊病史续页纸若干、塑料面盆10只、小硬纸卡（转院用）若干、塑料铅桶5只、卧式中型高压消毒锅1只、铁丝（粗细）各1捆、打气煤油炉2只。

以上仅是我们讨论的一个初步方案，是否符合实战需要，请领导和同志们审阅。

上海第二医学院

赴唐山地区抗震救灾医疗队

于丰润县临时医院

1976年9月8日

调查汇报*

我国是一个多地震的国家。为了今后更好地适应抗震救灾工作，以争取主动，减少损失，遵照毛主席的教导，“要不断总结经验”。结合这次地震的特点和发生的时间，我们对地震发生后的病种和发病规律，作了初步的调查分析。现把我们调查整理的材料汇报如下，以供参考。

一、震后伤员的分类和比例

7月28日凌晨3点42分，唐山、丰南一带强烈地震发生后，被砸、被压的伤亡病员量很多，发生时间又很集中。据当地直接参加抢救工作的丰润县人民医院一位领导同志反映：在28、29、30三天三夜里，我们医疗队所在地——丰润县人民医院内外共收治了伤病员有10000余人，其中80%是唐山市转运来的，本县的仅占总数的20%。据28、29日两天有死亡记录的140多人，其死亡原因分析（不包括死者家属自行处理的数字）大部分是颅脑损伤，肝、脾、肾的破裂。鉴于当时伤员高度集中，伤势严重，一时之间医务力量、药品器械跟不上，县人民医院和当时北京中医学院开门办学的部分师生仅有100多位医务人员，要应急处理一万多伤病员，困难很大。据了解，县医院有十几万片的止痛片、麻醉药品和抗菌素，不到两天两夜就全部用完。加上恶劣气候环境，一场暴雨接着烈日当空，酷热逼人，所以也有部分重伤员牺牲了。由于断水、断电等，许多伤病员的扩创都是用河水冲洗，甚至动手术时洗腹腔也用河水，因此感染和死亡率也比较高。至于伤员的病种分类，据我们调查分析，在一万多伤员中，各种骨折和挫裂伤的占70%—80%。其中50%是严重的（腰椎骨折造成截瘫病人占其中的10%左右，有尿潴留的占20%—30%）。

震后的第四天，7月31日凌晨四时，我们上海医疗队才赶到目的地。就8月

---

* 根据上海交通大学医学院馆藏档案整理。

2日这一天，从我们和县医院共同登记接收的1483名伤员情况分析来看，也基本符合上述情况，即颅脑外伤，肝、脾、肾破裂的伤员大多数都因来不及抢救而死亡。当时急需处理的是大量的各种骨折，以及严重的挫裂伤、截瘫伤员及泌尿系统损伤的伤员。

1 483名伤员分类及比例

分类	人数	比例
四肢、骨折、胸锁骨折	729	49%
严重挫裂伤	456	30.8%
截瘫	185	12.4%
颅脑外伤	78	5.2%
泌尿系统损伤	36	2.4%
肝脾破裂	6	0.4%

备注：眼耳鼻科、口腔科的伤员已计入上述有关项目

从7月31日至8月29日，我们医疗队共施行了各种手术188例（其中80%是在到灾区后的第一周内进行的），一般的扩创和缝合不统计在内。手术分类情况如下：

188人手术登记：

骨折固定和复位90人、扩创63人、截肢13人、腹部9人、泌尿道7人、颅脑外科4人、妇产科2人。

二、震后的发病基本规律

从8月3日开始，我们根据上级领导的指示，开始向外转送伤员。根据这一特点及有关方面提供的情况来看，震后第一天最危重、危急的是颅脑外伤及肝、脾、肾等内脏破裂。第二天开始面临的是大量的骨折病人，有严重的开放性骨折和多处骨折，以后伤口感染的急剧增多。在一个月的抗震救灾工作中，我们共收治了破伤风的伤病员20余例，发病最早的是震后第10天，最长的在28天左右，其中抢救无效死亡两例。震后一周菌痢发病率开始增高。唐山市区和近郊几个县相比，发病时间一般相差三天。据驻唐山市区的上海建工、儿童医院等反映，震后七天菌痢病人急剧增多。到目前为止，我们还收治了14例乙脑

病人，其中重症三例。

三、经验和教训

救灾如救火，时间就是生命，时间就是胜利。凡是参加救灾工作的同志都有这一深刻的体会。根据这次地震的情况，我们认为以下几个问题需要研究和解决：

①28日凌晨3点42分地震，我们医疗队在28日晚上5点都已接到通知，晚上8点全部准备完毕，可我们直接参加战斗都是在震后第四天清早。很突出的问题就是怎样尽快缩短在途的时间。实际证明，如能早到一天或者半天，就有更多的阶级兄弟可能被抢救过来。

②器械、材料和药品。根据上述发病规律和伤员的比例分类，在不同的阶段必须解决相应的器械和药品（轻便而适用）短缺问题，例如：气管切开、导尿管、针头、针筒、输液等。这次我们得到了一个深刻的教训，就是导尿管的需要量大大超过我们的自带量，供求发生极大矛盾。面临着大量的伤员，我们的输液工具也远远不能适应需要。

③人员的配备和编制。应根据估计到达目的地的时间、何种交通和路程长短来决定组成队员的专业和数量以及所带的器械、药品、物资等。例如：估计当天能到灾区的，则需配备脑外科和多配一些普外科医生，以后根据不同阶段则需配备骨科医生，适当配备泌尿科医生；如一周后则内科传染病科医生要加强。对于医疗队员，则要求力争精干、一专多能。

④运输及后勤工作。第一批医疗队要力求解决一个应急问题，而后应该及时照顾到第二阶段的工作，用运输工具及时运送需要的物品，例如：消毒药物、破伤风药物、消毒锅、生活用品等。从这次地震的情况来看，水电是一个重要问题，尽可能创造条件及时解决，这样更有利开展抢救工作。

上海第二医学院驻丰润县

临时医院调查小组

1976年10月

上海第二医学院赴唐山地区丰润县抗震救灾医疗队小结*

（1976年7月29日—9月25日）

1976年7月28日凌晨，唐山、丰南一带发生强烈地震……我们上海第二医学院首批医疗队（8个医疗小分队，127人）于29日清晨，肩负着上海市1 000万人民对灾区人民的深情厚谊，前往唐山地区丰润县，此后又有15名队员于8月1日、8月3日先后赶到灾区，总计142人（其中医生44人，护士21人，化验8人，药房8人，后勤8人，工、军宣队7人，行政14人，1976届工农兵学员31人）。8月下旬，虹口区医疗队25人，从迁西县来到丰润县和我们共同战斗，成立了临时医院。

两个月来，我们在灾区进行了一场规模空前、艰巨异常的抗震救灾斗争。在这场斗争中，我们经受了锻炼，受到了教育，也作出了一定的贡献。……现小结如下：

…………

二、抗震救灾必须加强政治思想工作，改造主观世界

…………

周浩庚医生，在上海出发时不慎跌伤，领导要他留下。……他捂住腰部，坚持和同志们一起来到抗震救灾第一线。一到灾区，他连续作战，在手术台上抢救了不少重伤员。每次手术后，腰部疼痛，同志们劝他休息，他开朗地笑笑说："和灾区群众比，我是最健康的人。"工农兵学员陈林海患了菌痢，发了烧，不顾休息，坚持工作。

工农兵学员步共红同志的舅舅，一家都在唐山市工作，地震后毫无信息，同志们劝她抽时间去探望一下，但她总是说："我是来抗震救灾的，不是来找舅舅的。"前阶段，她又收到家里来信，父亲不幸车祸，处于昏迷抢救期间。

---

* 根据上海交通大学医学院馆藏档案整理。

同志们十分关心她，她说：“个人的家是个小家，灾区人民是个大家，我家里的事再大也是小事啊！”她表示要和同志们一起战斗到底。两个月来，她……全心全意为伤病员服务。她和同志们一道，土法上马，用竹竿制作了蒸汽吸入筒。

唐步云同志在抗震救灾的日子里，一连几天，饭顾不上吃，觉顾不上睡，与同志们一起连续作战在病房里，由于过度疲劳，他患了肠炎，每天腹泻十来次，人瘦了，体质弱了，但从不吭一声，在烈日下，坚持巡回医疗，轮着参加防治炭疽病工作，半夜出诊，第二天还继续上班。……

……有一次，工农兵学员杨玉娥同志为一位伤员换药，伤员头上淌着豆大的汗珠，却没哼一声，还鼓励杨玉娥：“只要能早日参加祖国建设，该怎么治就怎么治。”还有一位做了截肢手术的老工人说：“小杨啊，别看我只有一只手，我还要为社会主义建设多作贡献……”每天坚持工作十几个小时，人们称赞她是个不歇闲的年轻人。……她向党组织表示：“从入党第一天起，就应该把自己的一切无条件地交给党，我是受阶级的委托上大学的，要把学到的知识全部交给党，毕业后，我愿意留在灾区和英雄的唐山人民一起建设新唐山。……”

……张中权是骨科医生，任务十分繁重，他不分昼夜地工作。……他和同志们一起，没有条件，创造条件；没有骨折牵引架，就地取材，自己动手。截瘫病人解大便有困难，他就用橡皮管代替肛管，用手做引导，插入肛门灌肠，还用湿毛巾一遍遍擦干净被大便沾污了的伤员身体。他还和同志们一起定期送医送药上门，为伤员服务，有时一次来回要步行四小时。在斗争中，张中权同志加强了对中国共产党的认识，蕴藏在心中多年的愿望憋不住了，他向党组织庄严表示，决心在抗震救灾斗争中经受考验，争取早日加入中国共产党，把自己的一切献给共产主义事业。

…………

三、发扬救死扶伤的革命精神，全心全意地为伤病员服务

在近两个月的抗震救灾中，我们共诊治了伤病员7 100余名（其中住院治疗1 940名，巡回医疗5 000余名），抢救垂危病人420人，还对244例较重伤病员

就地施行了手术治疗（不包括一般的扩创、固定、缝合）……

7月31日晨，我们赶到丰润县时，这里聚集了三四千名伤病员。……同志们一到目的地，便立即投入战斗，把饥饿、疲劳、口渴、炎热全置之度外，冒着余震的危险，顶着大风暴雨，以毫不利己、专门利人的精神抢救伤员，拉开了抗震救灾的序幕。大家不怕脏，不怕累，认真负责，逐个地为伤病员进行检查、治疗。同志们顾不上喝一口水，擦一把汗，一会儿跪在地上检查，一会儿趴在地上用夹板、绷带为骨折病人进行固定、包扎。队员们一丝不苟地用热水为伤员冲洗伤口，换上新的敷料。在抢救伤员紧张的三天三夜里，大家只睡了十多个小时，有的同志连续战斗了四十八小时。同志们把为伤员服务看作无上的光荣，大家宁愿抿紧干裂的嘴唇，把仅有的一口水、一只苹果和随身带着的食品递给伤员。有些伤员，伤势严重，不能自理生活，创面化脓感染。我们医疗队的许多同志，每天早晨端着清水，拿来自己的毛巾，一个一个地为伤病员擦洗干净。一个重伤员头上有两条十几厘米长的伤口，化脓感染，活动困难，同志们为他擦大便、洗衣裤。一天晚上，暴雨倾盆而下，席棚病房漏雨，同志们不顾自己帐篷进水，衣被受潮，抽出自己铺的塑料布，为病人遮雨，自己却坐到天亮。

8月7日，收治了一位临产的孕妇，同志们认识到，新生婴儿是唐山人民的新一代，他们在余震中诞生，将和新唐山一起成长，是今后重建新唐山的宝贵力量。同志们……因地制宜地搭起了简易的产房，陈德甫医生带领着几个工农兵学员，量血压，听胎心，观察宫缩。正当产妇分娩时，滂沱大雨，夜空电闪雷鸣，简易产房里小雨不停，同志们用自己的身体挡住雨水，许多同志拿来塑料布为产妇搭起帐篷，唐山的新一代小“胜震”，在暴风雨中胜利诞生了。

一次，我们收治了一位患乙型脑炎的开滦煤矿老工人，病情危重，心跳呼吸全停，大家齐心协力，团结战斗，仅捏皮球就轮流捏了十九个小时，使病人转危为安。一次，在传染病房里，来了一位患菌痢的营养不良的病人，体质差，长期腹泻，面容憔悴，急需输血，但是小孩父亲的血型不对号。这时黄荣奎医生卷起袖管，坚定地说：“灾区人民需要什么，我们就给什么，我是O型血，抽我的。”50cc鲜红的血液，带着上海人民的深情厚谊，流进了孩子的脉管。不几天，孩子病情好转。为了使患孩能更好地恢复健康，胡仁明医生又将50cc的鲜血输进孩子的体内。这点点滴滴，决不是普通的血液，这是阶级感情的暖流，包含着对党、对人民的无限忠诚。有一次，我们收了一位严重挤压伤病员，呼吸心跳停止，此时，工农兵学员石瑞金等四位同志，怀着对阶级兄弟的深厚感情，立即进行口对口人工呼吸，发现原来是大量分泌物堵塞气管，石瑞金同志马上用口从气管插管中吸取分泌物，开始，他感到阵阵恶心，但他极力克制自己，鼓励自己，不怕脏，不怕臭。他坚持到底，终于使气管通畅，使病人恢复了心跳呼吸。

一次，黄荣奎等四位同志，受组织委托，前往新军屯抢救一位患食物中毒的舍生忘死的共产党员，两天两夜的紧张战斗，四位同志没睡上一眼，忘记了吃饭、洗脸，日夜守护在病人身旁，黄荣奎腰痛已经持续了半个月，但他忍着疼痛，坚持战斗，病人几次拉腥臭难闻的大便，江志英不怕臭、不怕累，一遍遍为他擦拭，洗褥单。他们对工作精益求精，对人民极端热忱。

抗震救灾的实际需要，使医疗队员打破了城市医院的狭隘分工，打破了所谓“医生拿听筒，护士拿针筒，工务员拿铅桶”的等级制度。每个同志，既是外科的又是内科的，既是医生，又是护士、服务员，这样的一专多能，更好地适应了灾区的需要。经过了一个多月的努力，几百名重伤员转危为安，重返抗震救灾第一线。

工宣队董俊玉老师傅，工作积极、肯干，在他的带领下，我们后勤的工作人员始终任劳任怨、勤勤恳恳，做了大量的医疗队后勤供应工作，他们把搬搬运运、收收发发的平凡工作与抗震救灾任务紧密联系起来，感到既光荣，又艰巨。在灾区开展后勤工作，困难很大……他们常常深入病房，了解病员的需要，及时解决棉毯、被子、铺板等问题，受到同志们的好评。

……我们的工作受到灾区人民的称赞，我们医疗队员受到灾区人民的欢迎。唐山的工人阶级、贫下中农说：“你们从上海不远千里来到灾区，带来党和毛主席的关怀，你们真胜过自己的亲闺女，亲小子。”

四、抗震救灾必须始终贯彻毛主席的卫生工作四大方针在积极治疗伤病员的同时，我们加强了预防为主的工作。……历史的经验告诉我们，每一次强烈地震后，往往会导致许多传染病发生。一些资本主义国家，在强烈地震后，传染病引起的死亡率，往往比地震时遇难的死亡率高。这条所谓“规律”在我们社会主义国家一定要叫它行不通，也是我们医务工作者的神圣职责。

为了防治肠道等疾病，两个月来我们采集了马齿苋、地锦草、益母草、泽兰、万年青等多种中草药，仅马齿苋一种就达800余斤，预防服药达2 000人次，有效地控制了“菌痢”的发病率。徐建中等许多同志，常常顶着骄阳在河边、山坡采药、煎药、煮汤，送到伤病员嘴边和贫下中农家中。为了灭杀蝇蛆，搞好环境卫生，我们还经常大扫除，每天定时到厕所、病房和宿舍内外，喷洒药水，还做了纱网罩几十只，捕蝇笼五只，六病区发动群众，动员病员拍打苍蝇，做到一人一蝇拍，每间宿舍、每个病区前后都挖了一米多深的活物坑和活水坑。

临时医院成立以来，我们加强了巡回医疗的工作，把党的关怀送到工人、贫下中农身边，把预防为主的工作做到工厂、农村。二十天来，我们每天组织一部分同志到丰润县的皮革塑料厂、木器厂、轧钢厂和农机厂车间巡回医疗，和工人一起劳动，组织一部分同志到丰润县城内大队、北关大队、王庄子大队、张庄子大队和赤脚医生一道巡回医疗，采集中草药，煮成药汤，并和社员们一起参加重建家园及农田劳动，修建厕所，打扫卫生，还到小学上卫生课，普及卫生常识，动员群众，讲究卫生。

当丰润县三个村庄发现了烈性传染病——炭疽病时，我们医疗队员在卫生条件差，稍不注意随时就有被传染的危险情况下，发扬了一不怕苦、二不怕死和越是艰险越向前的革命精神，置个人安危不顾，积极投入普查、预防接种和治疗抢救工作。王镇南等同志始终站在第一线，连续几次深入村庄，全心全意为灾区人民服务。

我们在治疗伤病员的时候，积极运用中西医结合的方法。一次我们收治了一位严重角膜穿孔伤、伴有前房积脓的孩子，俞守祥同志千方百计用多种方法配合治疗，他亲自给病孩烧猪肝汤，煎中草药，采用自血疗法，并对孩子做宣传教育工作，经过同志们精心护理，病情明显好转。

实践使我们深深认识到，在抗震救灾的过程中，在开展抢救伤员的战斗中，只有贯彻执行毛主席卫生工作四大方针，预防为主，才能有效地控制、消灭传染病、流行病……

五、发扬穷棒子精神，自力更生，因陋就简，土法上马，建设临时医院，搞好抗震救灾工作

在条件简陋、设备缺乏、药物一时供应不上的情况下，我们靠了“一颗红心两只手”，使许多原来办不到的事情很快办到了，把许多看来克服不了的困难迅速地克服了，一批批抗震牌产品在火线上诞生了。……

7月31日，同志们在检查病人时发现几十例尿潴留的病人，这些病人由于脊髓或尿道损伤，已失去自觉排尿功能，三天没能小便，膀胱严重膨胀，不及时导尿会威胁生命安全。同志们心似火燎，他们想到输液用过的塑料管与导尿管直径差不多，质软，可以代用，便急病人之所急，发扬因地制宜的创造精神，用一根塑料管试制了导尿管，经严格消毒后给病人试用，效果很好。同志们说，这种导尿管虽没有工厂做得那么正规，但是不用花一分钱，也是我们对灾区人民的贡献。

地震后骨折病人是大量的，为了尽快治疗这些伤病员，没有骨科牵引设备，同志们就用火砖、小木板、筷子、铁丝、柳树枝来代替，解决了不少困难，减轻了病人的痛苦。

我们医疗队刚到的几天，天气炎热，苍蝇成群，许多伤员的伤口创面上都出了一条条、一团团蠕动的蛆。一时缺乏药物，一条条捉，捉不干净，时间又紧……听解放军同志介绍在抗美援朝战争中曾经用汽油灭蛆的事，立即设法找来汽油，一滴一滴渗进伤员的伤口，不一会儿，蛆果然灭尽了。

我们原先有一间简易的手术室，谁能想象在这仅有三十平方米的席棚里能同时开展五台手术呢？在初来一天半时间里，我们就在这间手术室里为三四十个伤员进行了较大手术，及时抢救了伤员的生命。同志们提出：只要病人还有百分之一的希望，我们就要用百分之一百的努力去战斗，没有无影灯，就用手

电筒照明，在极为简陋的情况下进行了截肢、膀胱修补、后尿道会师术等较大的手术。我们为一个出生只有五天的新生儿进行了先天性肛门闭锁、尿道下裂、尿道直肠瘘的矫形手术，成功地抢救了一例因破伤风心跳、呼吸停止的危重病人，还成功地抢救了一例颅脑挫裂伤，并有颅骨、上颌骨、下颌骨开放性骨折的民兵战士。

工农兵学员盛意和用铁桶、面盆、纱布、橡皮膏，自制了脚踩自动洗手筒，随后进行了普遍推广。

供应室的同志白手起家，没有条件创造条件，挖坑、挑砖，顶着酷阳烧火，及时为各病区和手术室提供了医用器械和用品，保证了治疗工作的顺利进行。

药房的同志们因陋就简，用小毛竹、小树棍、纸盒子、绳子、铁丝搭起了药柜、药架，把百余种药品安置得纹丝不乱，随要随取。

化验室的同志在一无设备、二无条件的情况下开展了三大常规、血沉、隐血、妊娠、输血、肝功能等十多种化验项目。没有血沉架，就在肥皂上打洞插上血沉管；没有水温箱就用面盆烧水，用体温表测定代替水温箱，没有比色计，就用标准管代替。

9月1日，我们自己动手，克服困难，办起了食堂，因地制宜垒起了烟囱，多次改进灶膛。50岁的徐求福和二十来岁的王志华、夏振威等同志，二十多天来，天天早晨四点钟起床，一直忙到晚上七八点钟，克服了各种困难，又在全院同志的协助下，伙食越办越好。

在近两个月的战斗中，我们也没有放松对工农兵学员的业务教学，实践就是学习，他们在治疗伤员、预防传染病的实践中，学到了许多为人民服务的本领，结合临床实践，开展了形式多样、生动活泼的教学活动。

一次，一病区收治了一位重型乙脑病人，病区的老师就及时组织了以同学为主体的病例讨论，从鉴别诊断到实验室检查，从治疗方案到预后的转归，都进行了讨论。对于创伤、多发性骨折等地震常见病，都以小讲课的形式进行了总结和讲解。我们还组织了几次讲座，如：颅脑外伤、乙脑、胆道系统疾病、人工冬眠、低温疗法等，通过了一系列的教学活动，同学们都反映：这样的教学既能及时为病人解除痛苦，又能在实践中得到更好的提高，方向对头。

…………

六、存在问题和今后努力方向

在抗震救灾的战斗中，我们取得了一定的成绩。……然而事物总是一分为二的，只有不断找出差距，才能不断前进，由于……抓好政治思想不够，发展还不够平衡，大、洋、全的条件论，自私利己的狭隘思想，不利于团结的本位观念，纪律松散等，都不同程度地在少数人中存在……

同志们：

9月9日，下午四时，我们惊悉伟大领袖和导师毛主席逝世的消息。全体同志沉浸在万分悲痛之中，为了表达我们对伟大领袖和导师毛主席的无限崇敬和深切哀悼，院党的核心组作出“九·十一”决议，要求全院同志认真学习中共中央、人大常委会、国务院、中央军委《告全党、全军、全国各族人民书》，坚决响应党中央号召，化悲痛为力量……将毛主席开创的无产阶级革命事业进行到底。

目前，正面临着两批医疗队员轮换的时候，不少医疗队员向院党的核心小组、向原单位组织坚决表示，要求继续留在灾区，和灾区人民一起，团结奋战，悲痛化为回天力，双手重建新唐山，即将回沪的同志们正总结回顾近两个月来的战斗，把在抗震救灾战场上学到的先进思想，宝贵经验，带回上海，带回医院和学校……

情况简报*

1977年6月15日

在轮换前夕，为了进一步学好毛主席著作，深揭猛批“四人帮”和深入学习、坚决贯彻工业学大庆会议精神，坚持站好最后一班岗，进一步做好抗震救灾工作，同时做好轮换交接的各项准备工作，我们医院的具体做法是：

…………

二、认真贯彻工业学大庆会议精神，坚持站好最后一班岗，进一步做好抗震救灾工作

我们总支认为，越接近轮换，越要做好思想工作，越要把精力集中在搞好工作上，在轮换前要为抗震救灾多做好人好事，为灾区人民把好服务关，服务的[得]更好一点，要为抗震救灾工作作出新的贡献。特别要注意提高医疗质量，改善服务态度和防止医疗事故，要抓紧对那些疑难病人的治疗和处理，尽量不给下批同志留“尾巴”，不给下批同志增加困难，要把困难留给自己，要多为下批同志工作着想，多为他们创造一些条件，把方便让给下批。

在做好工作的同时，要在6月20日前认真做好个人小结和工作总结，通过总结和小结肯定成绩，表扬先进，总结经验，吸取教训，找出差距，明确今后努力方向，以利再战。

三、加强纪律教育，做好交接班的准备工作

对广大医疗队员进行一次三大纪律八项注意的教育，在轮换前所有借外单位和公家的东西一定要还清，损坏东西要适情赔偿，一律不占用国家统购统销的物资及紧张物资，不接受病人及病人家属的馈赠，不开后门和不托病人及家属购买东西，同时积极做好轮换交接的各项准备工作，在18日前安排落实好第一批来的同志的吃、住问题，要求在25日前全面做好交接工作：交好情况环境安保、工作特点，交工作经验和教训，交好思想好作风好传统，交阶级斗争情

★ 根据上海交通大学医学院馆藏档案整理。

况及保证工作中应注意的事项，交医疗教学和培训工作以及医、教、研工作中的特点和问题，交清钱和物，做好账账相符、物物相符、账物相符，交各项工作制度，交病情、诊断及治疗方案。

一面工作，一面交接，一面做好轮换的准备工作，要筹备好一万元的路费，初步联系好接送的车子，安排好吃、住以及转车、签票及托运行李等一系列问题，待具体时间确定后，再具体落实。

丰润抗震医院

1977年6月15日

丰润抗震医院一年工作总结*

1977年6月

带着伟大领袖和导师毛主席和党中央对灾区人民的亲切关怀，肩负着上海一千万革命人民的阶级委托，怀着对灾区人民的深情厚谊，本批医疗队9月8日从上海出发来到唐山地区丰润县进行抗震救灾、筹建抗震医院迄今已将近一年了。

…………

在这一年中，我们在丰润县委领导下，和当地的同志一起并肩战斗，充分发动群众，克服了种种困难，边筹建边工作，逐步建立了抗震医院。十个月来，已初具规模。目前全院有240个床位，分为六个病区和五个辅助科室，根据有关部门分配的任务，主要负责丰润县、丰南县、遵化县和柏各庄农垦区等四个单位垂危病人和疑难病人的转院治疗工作，目前暂不开设部门，只设照顾门诊。

近一年来，我们在毛主席革命卫生路线指引下，在为灾区人民服务的过程中做了大量工作，涌现了许多好人好事，本着发扬成绩、找出差距、鼓舞斗志、以利再战的精神，现将十个月来的工作总结如下。

一、十个月来的主要工作

这次，我们医疗队刚到丰润，就听到了伟大领袖和导师毛主席不幸逝世的消息，这一噩耗在全队同志中引起了巨大的悲痛，大家都含着热泪宣誓：一定要继承毛主席遗志，把毛主席开创的……革命事业进行到底……全院还掀起了学习毛主席著作的的新高潮。在104室的倡议下，全院按寝室为单位，纷纷组织起来学习。后勤青年主动成立了学习小组，从去年十月底成立以来，集体坚持每周学习马列、毛主席著作一个半小时，每人坚持每天半小时自学，毛选五卷出版后，二病区同志首先倡议提前上班，每天在交接班前通读半小时毛选。

---

* 根据上海交通大学医学院馆藏档案整理。

现在全院各科室、病区都坚持天天安排毛选学习。大家根据县委要求在一个月内通读完了毛选五卷，并进一步选学有关文章，认真学习毛泽东思想的群众运动，进一步推动了深揭猛批“四人帮”的深入开展。

…………

我们还组织参观了潘家峪阶级教育展览馆，请了老贫农……和唐山开滦煤矿的李玉林同志来院作报告，他们介绍了英雄的唐山人民在地震面前提出了“胸怀朝阳何所惧，泰山压顶不弯腰”，“人还在，地还在，受灾更要学大寨”响亮口号，这光照日月的豪迈气概，气壮山河的战斗誓言，深深地激励着我们每个同志的心弦，受到了深刻的教育。团支部还组织了团员青年到敬老院听革命老人回忆对比和去杨家铺烈士陵园扫墓，进行革命传统教育，为了支援农村抗旱，为农业学大寨贡献一份力量，利用星期日组织团员青年到附近大队义务劳动，我们还开展了学雷锋的活动，使全心全意为人民服务的雷锋精神进一步在全院发扬光大，好人好事不断涌现，大家利用休假，有的主动为病房洗被单，有的为同志理发，有的早起代班为大家烧开水，有的主动运煤到厨房，有的为开设门诊铺碎砖地等等，这样的例子是太多的，这里就不一一列举了。

在为灾区人民服务方面，在人手少、病人重、任务多、住院率不断上升的情况下，我们广大医务人员，发扬了不怕困难、不怕疲劳、连续作战的精神，完成了繁重的医疗任务。据不完全统计，到目前为止，十个月来共收治了住院病人1952例，抢救了垂危病人371例，经过各种手术治疗有772例，下乡、下厂、下点巡回医疗共诊治病人14077人次，照顾门诊治9478人次，化验室共做了标本16057个，药房共配方18696张，自制自配21种制剂，供临床使用，放射科在电压不稳定、经常断电的情况下共透视867人次，摄片543人。大家以深厚的无产阶级感情，热情地为灾区人民服务。工农兵学员唐万春，为一个呼吸心跳先后停了六次的破伤风患者作口对口的人工呼吸。有一位肺结核病人大咳血造成呼吸道阻塞，严重威胁着他的生命，工农兵学员秦瑞娣不顾个人安危，不怕传染，不怕脏，不怕臭，口对口把患者干酪样的分泌物吸出来。他们的行动，闪耀着一心为公的共产主义思想光芒。一个瘫痪的小病员双目失明，大小便失禁，一次家属因急事回家，一病区的护理部同志就主动地照料这位小病员，大家像对待自己子女一样，耐心地给小病员擦身、喂饭、洗尿布。三天后家属返院，看到小病员受到这样细致的护理，感动地说，“你们对小孩照顾得比家里人还周到，上海医疗队真是我们的亲人。”一些年资较高的医生，如屠医生，也老当益壮，只要病人需要，不分日夜、精力旺盛地工作。黄定九医师不管任务多么繁重，总是全力以赴，对病员极其负责，工农兵病员感动地说：“黄医生，你要走了，我们想你呀！”这些出自肺腑的语言，倾注了深厚的阶级情意，在知识分子世界观改造上展示了新的一页。由于[虽然]抗震医院各方面条件较差，但同志们表示：条件虽差，为人民服务的干劲不能差。大家齐心协力，克服困难，开展了一些难度较高的手术，如五官科的喉癌、下颌窦癌、神外科的听神经痛、胸外科在低温下作肺动脉辩[瓣]切手术、普外科的脾肾静脉分流术，均获得良好效果，儿外科做了近十例当地不能解决的脊膜膨出修补术，四病区开展了颌面外科手术，获得了当地人民的好评，五病区并为地震伤引起的较罕见的、肠断裂闭锁慢性小肠梗阻的病人成功地完成了手术，使病人恢复了健康，重返工农业第一线。

在中西医结合方面，各病区都普遍开展，取得了很好的效果。一病区用针灸加草药治疗51例急性黄胆[疸]型肝炎，与上海住院病人相比，平均住院天数下降到40％，平均药费大大下降，只占5％。贫下中农称赞说：“一根针、一把草就是好，少花钱来疗效高。”如二病区18例脑血栓形成的病人（包括重症8例）运用中西医结合治疗后，平均一个月左右都好转出院，大大缩短了病程。三病区运用中西两法，抢救一例心肌梗塞患者，也获得了成功。六病区运用小夹板固定治疗骨折。新医整骨疗法或重手法推拿治疗腰腿病和腰椎间盘突出患者，疗效较好。新医门诊王云芳同志运用银针使许多病人恢复了健康，多次受到工农兵病员的赞扬。一位哑巴了十六年的病员在她的细心治疗下，已经能开口说话了，这是祖国医学的园地上开放的一朵绚丽的鲜花，病员和家属充满着解除病痛的喜悦，激动地送来了感谢信，表扬了王云芳对病员全心全意、对技术精益求精的精神。

在十个月中，先后两批工农兵学员在抗震救灾过程中开展了教育革命，取得了丰硕成果。我们还培训了两批赤脚医生共125名，每期脱产学习二个月。医务人员和工农兵学员在培训赤脚医生过程中，认真备课、试讲、带教。俞前春同志为了绘制挂图经常熬到深夜，大家为社会主义新生事物的茁壮成长作出了贡献。此外还培养了16名进修医生和其他医务人员。全院还举办了22次学术讲座，听讲人员达1765人次，其中当地医务人员、赤脚医生参加听讲者约有900余人次，为培养当地的医务力量作出了贡献。我们还担负了一些院外会诊任务，多次到铁路医院、县医院和下属分院、部队650医院、兄弟抗震医院等单位参加会诊，协助手术，体现了相互支援、团结协作的好风格。

这一年，后勤工作的任务是极其繁重的，一切都是白手起家，一切都要从头开始，后勤工作直接关系到大家的衣食住行，直接关系到医疗工作的物资供应，尽管人生地疏，再加上灾区物资缺乏这一特殊条件，工作中困难重重，园[元]钉奇缺，纸张这类常用品不得不到天津、北京去买，汽车上的玻璃碎了亦无处可配，至于基建中筹措材料更是十分艰难，但是我们的后勤部门的同志在这样的条件下，完成了大量的工作，基本上保证了临床的需要。

十个月来我们做了不少工作，由于大家努力奋战取得了很大的成绩，我们深深体会到这些成绩的取得是〔靠〕丰润县委的领导和支持，是当地同志并肩战斗的结果。县委对我们从政治上、生活上等给予很大支持。例如，为了完成过冬房屋改建任务，县委领导同志亲自挂帅，专门组织一套班子，使这一工程能在很短的时间内完成。在生活上县委对我们更是多方照顾，值得一提的是县委派王起同志，在参加我院的领导工作过程中，更是踏实勤恳、任劳任怨，做了大量的工作，得到了全体同志的一致好评。一年来的实践，使我们深深体会到党的一元化领导是我们办好抗震医院的保证。

这些成绩的取得还和各兄弟单位的无私支援是分不开的，刚建院时什么都成问题，各单位热情地全力支援了我们，供车厂送水，县医院借床，水电局供电，轧钢厂打开了仓库，让我们挑选所需要的基建材料，木器厂为我们赶制了医疗用具，商业局、物资局给我们调拨各种物资，真是一方有困难，八方来支援，充分体现了社会主义制度的优越性。这些成绩的取得，还由于英雄的唐山人民的崇高思想和先进事迹对我们的教育……回顾一年来的战斗历程，我们最深刻的体会是一定要高举毛主席的伟大旗帜……执行毛主席的革命路线，我们的工作才会前进，我们医院才能办好，这是一年来最根本的一条体会。

二、关于办好抗震医院的几点体会

1. 坚持抓纲办院，深揭狠批“四人帮”，是搞好抗震医院的根本任务。

…………

为了拯救阶级兄弟的生命，大家夜以继日，团结奋战，例如有一位产后三天严重感染的产妇高热、黄疸大出血，严重休克，生命垂危，家属已准备放弃，着手料理后事了。要不要冒风险施行手术，尽最大努力抢救？在这十分危急的时刻，我们组织了内、外、妇产科大会诊，成立了抢救小组，工农兵学员坚决表示“哪怕只有一丝希望，也要全力抢救，做大手术要输血，血不够抽我们的”。内、外、妇产科医生全力以赴，通力合作，还请了兄弟医院的医师参加手术，四病区护理部同志腾出了重病房，打扫了房间，修好了摇床，搬来了氧气瓶，配备了专人护理，做好了一切准备，经过五个多小时，成功地完成了手术。二十多天的日夜抢救，我们终于使病人转危为安，从死亡线上挽救了过来，她激动地说：“感谢党和毛主席派来了上海医疗队，给了我第二次生命。”骨科病房救治过一位八十岁的老太太，患股骨胫骨折，地震伤，曾转外地治疗，由于辗转运送来我院时找不到她的亲属，又讲不清儿子所在的工作单位，林翠琴同志看到这位老太太衣服很脏，满头虱子，她怀着深厚的阶级感情，为她洗头擦身、喂饭、倒尿盆，还拿出了自己的衣服给老太太换，又亲手把换下来的衣服洗净、晒干。为了寻找她的亲属，根据她从遵化转来和她自己提供的儿子在铁路上工作的线索，并组织同志外出多方联系，在当地一些单位的大力协助下，使这位老太太和亲属团聚，愉快地出院了。为了使一些工农兵病员更快地恢复健康，不少同志主动拿出自己从上海带来的食品和糖果送给病人。为使远道而来的病人能做好超声波脂肪餐，钱亲民同志还拿出鸡蛋油煎后给病人吃。在一病区还发生过一件事，一个病人在自己枕头底下发现一个钱包，里面包着十元钱和十五斤全国粮票，并附了一张没有署名的纸条，上面写着：“亲人，收下这颗心吧！”经了解这位同志是工农兵学员顾中浩，简单一句话，充满了对灾区人民的深情厚意，表达了崇高的思想境界，使我们看到了一颗为灾区人民的赤诚红心。

2. 坚持勤俭办院，发扬自力更生、艰苦奋斗的精神，是搞好抗震医院的一个原则。

毛主席指出，“什么事情都应当执行勤俭节约的原则，这就是节约的原则，节约是社会主义经济的基本原则之一”，我们从繁华的上海来到艰苦的灾区办抗震医院，就要执行毛主席的革命路线，尤其要注意勤俭办院的原则，要因陋就简、因地制宜，提倡从实际出发，发扬艰苦奋斗的革命传统。一年来的实践使我们体会到，办抗震医院的过程中，贯彻勤俭办院的方针，不仅非常必要，而且完全可能。

要做到勤俭办院，就要树立为农服务的思想，我们办抗震医院，做事情，想问题，要处处考虑到农业是基础，卫生事业要为农业大干快上服务。去年10月，我们进行了拆建改建病房的工程，按原来经过县委同意的方案，路东路西都要建病房，占用农田面积比较大，少占农田不仅关系到减轻灾区人民负担，同时也是一个为农业学大寨、普及大寨县服务的问题，因此我们发动群众多次讨论，重新调整病区的布局，把病区全部安排在路东，把路西的农田全部腾了出来，这样医院使用面积小了，但占用农田却少了，这意见得到县委的热情肯定，调整后，医院虽然挤了一点，但由于节约了农田，为农业大干快上出了一份力，大家心情舒畅，工作有劲。

要做到勤俭办院，就要发动群众，执行自力更生的方针，毛主席指出：“我们历来主张革命要依靠人民群众，大家动手，贯彻群众路线，执行自力更生，勤俭办院就要生气勃勃。”拆建改建五幢病区有三个特点：一是任务重，共有1250平方米；二是时间紧，需二周内完成；三是材料缺，需白手起家，在建造中还需要挖出三具尸体，移到另外的地方，建筑队不愿干，当地雇人要花钱，怎么办？我们没有关在房子里冥思苦想，而是召开了全院大会，把困难和任务原原本本告诉群众，总支一动员，各科立即表决心，来请战，连夜进行了填土工程。除值班者外，从年仅十九岁的小青年到六十多岁的老医生，从身强力壮的小伙子，到患慢性病的女青年，共有155位同志参加了战斗，夜战热火朝天，有病不下火线，一直干到晚上11点，完成了挖土200立方米左右，铺地面积625平方米左右的繁重任务。在迁移三具尸体时，尸体腐烂，尸臭熏鼻，参加的同志打着手电，拿了铁锹，围着干，用自制的担架抬了很长一段路另挖坑深坑埋掉。为了运材料，不少同志多次冒着刺骨的寒风，坐在大卡车上，穿着棉大衣，啃着压缩饼干，来回于唐山和丰润之间。铺设自来水管道的迅速竣工，是发动群众、自力更生的另一个例子，为了铺设全长达500多米的自来水管，需挖掘一米左右深的沟，工作量大，这次我们依靠群众，统一计划，分段包干的办法，结果只花了1—2天的时间，就全部挖好，解决了全院的用水问题。要做到勤俭办院，就要发扬因陋就简、因地制宜、艰苦创业的精神，医院初建，各方面的条件较差，病房里除床板与床脚，简单的药品和医疗器械外，什么也没有，药房只是三间堆满了各种药品的简易房，化验室没有最基本的实验台，连三大常规的试剂也告中断，供应室物资奇缺，在这种情况下出现了一些思想说“打仗要武器，看病要仪器”，主张向上海要调，显然需要大力发扬艰苦创业的精神，毛主席指出：，“没有坚定正确的政治方面就不能激发艰苦奋斗的工作作风，没有艰苦奋斗的工作作风，也就不能执行坚定正确的政治方向。”因此，办抗震医院必须立足于艰苦创业这一基点上，坚持办院的政治方向，在这方面英雄的唐山人民是我们学习的光辉榜样。有一次化验室的同志到唐山市买试剂药品，地震后不久的唐山一片残墙断壁，药品批发部既没有房子也没有桌子和凳子，工作人员在废堆旁接待了他们，他们亲眼看到了批发部的同志在寒风中从碎石堆里挖掘药品，并有条不紊地处理日常工作。这是一种可贵的自力更生的精神，化验室的同志说：“我们办抗震医院，需要的不就是这样的精神吗？”思想觉悟一提高，办法也有了，没有实验桌就用沙袋和木板搭，没有仪器桌就用砖头垒，没有试剂架就用废木料拼，逐步开展了临床需要的化验项目，以后又来了些必要的仪器设备，使他们开始只能做三大常规逐步发展到目前能开展生化、细菌、免疫等55个项目，基本上满足了临床的需要。药房亦利用了废旧木料建造土设备16种，在没有制备蒸馏水设备的条件下自制了21种制剂，总量达45万毫升，供临床使用。放射科透视室内光线很亮，他们就用几十块破麻袋先缝起来遮住了亮光，保证透视质量。洗片暗房没有就配用油毡树桩盖了一间小暗房，由于经常断电，供应室的高压锅经常处于“瘫痪”状态，为保证医疗需要，他们在火炉上放了手提式高压锅消毒，消毒物品数量多，每天要烧上20多锅，四个女同志单是搬弄几十斤重的消毒锅一天就有近百次，大大增加了她们的工作量，一天工作完毕精疲力尽，烟灰满身，工作再累，当她们看到消毒物品能及时供应临床，感到这种自讨苦吃的做法其乐无穷。在病房大家动手做药柜、药卡、针卡、骨盆牵引带、颈椎牵引带等医疗用具，据不完全统计，全院有37种达二百件之多的医疗用品，物资虽小，价格亦廉，但在医疗护理上却起了很大作用，为节约棉球和纱布，各病区都坚持了四收制度，以二病区为例，已经回收旧纱布和旧棉球各15斤，真是积少成多，聚沙成堆。在食堂，有一段时期，面粉比例高达80%，食堂同志发挥早起二时半，中午照常干，晚上打夜战的干劲，砌炉子，翻花样，今年春节，他们千方百计改善伙食，取得了全院同志的好评，普遍赞扬这个春节过得比在家中还愉快。

要做到勤俭办院还要提倡从实际出发，积极创造条件上。开展医疗工作需要一定的条件，但不能“唯条件论”，要提倡从实际出发，积极创造条件，抢救重危病人。五病区曾经收治过二位烧伤病人，其中一个烧伤面积40%，Ⅱ度烧伤，按医疗“常规”需要大量的血浆和一整套消毒灭菌设备，外科成立了抢救组，从实际情况出发，根据现有条件，没有隔离设备，就用蚊帐代替，室温太低就自己制作木制烘架，他们学习解放军治疗烧伤的智慧，在缺少干血浆的情况下，用中草药榆树皮、黄柏浸于酒精中，再以浸出液喷洒创面的治疗方法，治愈了这二位烧伤病人，不仅没有用一点干血浆，而且提高了医疗质量，并摸索出一套中西医结合治疗烧伤的经验，先后治愈了20余例烧伤患者。

一年来的实践，使我们大家体会到勤俭办院是一个长期的原则，随着抗震医院条件不断改善，发动群众自力更生的精神不能丢，艰苦创业的思想不能松，一切从实际出发、积极创造条件上的做法不能忘，勤俭办院必须长期坚持下去。

3. 坚持开门办院，是贯彻卫生工作四大原则，是搞好抗震医院的重要方针。

从上海来到丰润，从城市来到农村，还要不要坚持开门办院？面对着人员紧张，能不能抽出人来坚持开门办院？对这一问题有一个认识过程。有少数同志开始认为：我们来到这里办抗震医院本身就已经是开门办院了，因此到工厂、农村去巡回医疗可搞可不搞。但大多数同志认为从上海来到这里，从走出医院大门的角度看确实是进了一步，但这并不能代替到工厂农村去巡回医疗，我们仍然面临着一个遵循毛主席的“把医疗卫生工作重点放到农村去”的教导的大问题，办抗震医院仍然有一个办院方向的问题。大家重温了毛主席提出的卫生工作四大原则，越学越感到要坚持开门办院的方向，以医院为中心扩大预防、深入工厂和农村，做好防病灭病工作，保护劳动力，为农业学大寨作出贡献。因此，开门办院不是可搞可不搞的问题，而是非搞不可。思想统一了，办法也有了，我们采用多种切合实际的形式来安排人员下厂下乡，解决了人力紧张的困难，我们的巡回医疗点有四个生产队、四个工厂、三个居民点、一个幼儿园、一个敬老院和二个地段较偏僻的分院。

一年来的下厂下乡实践，使我们深深体会到坚持开门办院大有好处，坚持开门办院有利于把党的温暖送到贫下中农的心坎上，下厂下乡串门访户，送医送药上门，有病送医药，无病送温暖。敬老院里住着几十位老人，下厂下乡的同志每天去那里看望他们，热情地为他们服务。一次刘俊全大爷患病，需要住院，我们的同志背着他就跑，及时送到医院，输液打针，忙个不停，几天后刘大爷的病好了，老人们反映：“毛主席教育出来的医生就是好，我们贫下中农忘不了毛主席的恩情。”

坚持开门办院有利于贯彻预防为主的方针，在巡回医疗中不但治病，还搞卫生宣传，出黑板报、宣传栏，普及防疫知识，到工厂巡回时还深入食堂劳动，搞饮食卫生。在三个居民点、一个幼儿园和另外二所小学进行了预防接种，为了更好地掌握巡回医疗点群众的健康状况，还对一个生产大队、敬老院、幼儿园、皮革塑料厂和一个小学进行了健康普查。对另一个大队进行了妇科普查。为了开展老慢支的防治工作，我们的同志和赤脚医生一起对城关公社21个大队共210人老慢支病人进行普治，并随访疗效，我们体会到在巡回医疗中，有大量的防病工作可做，有利于贯彻以医院为中心扩大预防工作的方针。

坚持开门办院有利于巩固合作医疗，培训赤脚医生，这是巡回医疗同志共有的体会，因此，一针一草的简便治疗方法，在巡回医疗中得到较普遍的应用，收到了良好的治疗效果。例如有位老工人患肩关节粘连多年，右手功能受到障碍，影响了工作和生活，他跑过几个医院，治疗效果不明显，我们的同志就用针灸、推拿，坚持治疗几个月，巡回医疗的人员更换几次，但治疗从不间断，使病情有明显好转，右手的活动已经不受影响。他感动地说："毛主席派来的医疗队治好了我多年的老病，我一定要加倍努力工作，为抗震救灾多作贡献。"在巡回医疗过程中，我们除了和大队老赤脚医生一起工作外，还组织参加培训班的赤脚医生一起下乡巡回医疗。同志们怀着支持社会主义新生事物，满腔热情和赤脚医生共同工作，大家深有体会地说坚持开门办院的方向是走的[得]对。

坚持开门办院，还有利于医务人员的世界观改造，参加巡回医疗还提供了医务人员接近贫下中农、学习贫下中农的极好机会，使我们在三大革命的熔炉中，不断改造自己的世界观，下乡下厂同志们还经常参加劳动，帮助灾区人民盖简易房子，他们在巡回途中看到贫下中农盖房子，就卷起袖子和贫下中农一起活泥、砌砖，边劳动，边交谈，和贫下好中农打成一片，在共同劳动中学习贫下中农的好思想、好作风，自觉改造世界观。由于阶级感情不断增强，为农服务的自觉性不断提高，同志们不管盛夏酷暑，不管冰雪严冬，每日来回十余里，身体不好的仍带病参加巡回医疗，大家表示要坚持毛主席的革命路线，坚定不移地贯彻毛主席"六·二六"光辉指示，坚持开门办院，全心全意为人民服务，为农业学大寨、普及大寨县服务。

以上汇报了我们一年来的主要工作和办抗震医院的几点体会，我们深深感到我们的工作与党的要求、灾区人民的期望，还有不少距离，主要表现在领导班子的工作、思想、作风的革命化抓得不够，总支成员在带头学、带头批方面还做得不够，在机关革命化上也存在着问题，在领导艺术上抓住典型、发扬先进，做深入细致的政治思想工作也有差距，在医院工作上注意抓好薄弱环节，使分院工作更有节奏、更协调地进行方面也还不够理想。总之一句话，由于领导思想革命化跟不上形势的发展，对全院工作的更好开展造成了不同程度的影响。

在工作行将结束的阶段，我们一定要再接再厉，继续努力学习毛泽东思想，狠批"四人帮"，要一抓到底，为工业学大庆、农业学大寨运动多作贡献，为灾区人民多作贡献，要自始至终认真做好交班工作，为下一批同志多创造些条件，站好最后一站岗。

后方医院赴唐山抗震救灾医疗队汇报提纲*

（送审初稿）

…………

四、认真接受再教育，救死扶伤为人民

我们后方三所医院组成的六个医疗队，在上海市委和卫生局的统一安排下，在基地党委的领导和后方兄弟单位的大力支持下，带着党中央、毛主席对灾区人民的深切关怀，带着上海一千万人民和后方全体工人阶级的重托，4日上午10点50分，乘火车离开上海，前往抗震救灾的第一线唐山。出发前，基地党委常委顾龙桂同志等带着基地党委对灾区人民、对医疗队员的关怀，特地到医疗队集中地第一人民医院看望我们，并亲自为我们送行。出发前在人群沸腾的站台上，市委领导同志徐景贤、王秀珍及各组办负责人、卫生局党委书记等一一和我们握手，当景贤同志得知我们是从皖南来的时候，亲切地说："是皖南来的，同志们辛苦了。"并勉励我们"要艰苦奋斗"，预祝医疗队胜利归来。我们上海后方赴医疗队的全体同志立即向市委领导表了决心：向灾区人民学习，一定胜利完成任务。领导同志的亲切接见和勉励，对我们来说是巨大的鼓舞、巨大的鞭策，是最好的战前动员。我们后方六个医疗队8月6日先到河北省遵化县，13日全部进入唐山灾情最重的路南区，我们主要任务是：巡回医疗和迅速控制灾区疾病的传播和流行。同志们把抗震救灾看作是向灾区人民学习，接受再教育和改造世界观的极好机会，同志们都有一个共同的信念，为灾区人民不惜贡献自己的一切。为了尽快地把药品送到灾区人民手里，卫生组和防疫站等建组的同志头顶炎炎烈日，身背沉重的药包，翻山越岭行走100多华里，为各医疗队点送药。同志们说："艰苦算得了什么，我们是为吃苦而来的，能为灾区人民多出一把力、多流一点汗，这才是幸福。"瑞金医院青年医疗队员小赵在没有手指套的情况下，不怕大便沾手，为产妇进行了肛指检查。

---

* 根据上海交通大学医学院馆藏档案整理。

有的同志通宵值班，第二天早上只在床上躺了1小时不到又去巡回医疗了。瑞金医疗队吴医生患了牙周炎，痛得连饭都不能吃，但一直坚持战斗在抗震救灾的最前列。在唐山，医疗队部分同志都得了肠炎、菌痢，按医院常规，一般至少休息一二个星期，但大家一声不吭，谁也没有躺下。二医工农兵党员小王，一天拉脓血便十七次，可她一天也没有休息过，坚持巡回。长江医院王医生，一直腹泻，但跑到最远的地方去巡回的就是他。由于灾情严重，药品不多，好多医疗队员得了脓血便，但他们想到灾区人民比我们更需要药，坚持不肯用药治疗。

长江医院党员小王，是今年才到医院工作的木工。当他接到随医疗队出发的命令时，他别的没多带，而是带了他经常使用的木工工具来到灾区，在医疗队收到一个股骨骨折的病人，急需骨折固定牵引架时，小王自告奋勇地承担了这项任务。但接踵而来的困难不少，小王从来没有见过这种架子是啥模样，骨科医生简单地画了张草图给他，他立即拿出带来的工具，“咕吱咕吱”地猛干起来，不一会儿一个股骨固定牵引架落成了。让伤员一试，挺合适。伤员家属和同志们都夸奖小王是为人民的好勤务员。在工作中，二医和皖南医学院工农兵学员表现尤为突出，立志毕业后去西藏干革命的小杨、立志毕业后回江西不拿工资拿工分的小盛，更加坚定了去边疆、去农村干革命的决心。

“多抢救一个阶级新人，就是为革命多贡献一份力量。”广大医疗队员是这样想的，也是这样做了。瑞金医院在返沪前夕接收了一个二十多岁的女青年李秀英，她父母在地震中都不幸死了。小李当时面色蜡黄呕吐频繁，一直发高烧，39.6℃~41℃……医生们会诊确定为胆道炎胆石症，发展下去，马上就要发生中毒性休克。内科治疗不行了，转出去治疗更不行了，怎么办？同志们果断提出：马上进行手术。有的同志担心，在这里动手术，条件差，困难大，万一有什么意外，还要担风险。这时，同志们进行了热烈的讨论，上级负责同志也热情鼓励、支持。同志们以“完全彻底”“全心全意”的高标准严格要求自己，说“小李是工人阶级的后代，只要有百分之一的希望，我们就要作百分之百的努力”。抢救小组组成了，在帐篷内，把二支[个]蚊帐一缝合。一个简易手术室落成了，三只葡萄糖箱子搁上一块板，一个简易手术台搭成，无影灯被几个手电筒所代替了。十多个医疗队员在蚊帐外作好了立即献血的准备。手术开始了，进行的十分顺利，十分钟、二十分钟、半小时，突然整个唐山又发生了强烈的余震，大地在抖动，病人在震动，盐水瓶在剧烈地晃动。“我们需要的是热烈而镇定的情绪，紧张而有秩序的工作。”医生用自己的身体紧紧地挡住病人，沉着镇静，冒着余震的危险，成功地做完了手术。小李的健康一天天在恢复的消息像长了翅膀飞了出去，病人和灾区群众都赞扬这次手术是不平凡的手术。小李的哥哥也激动地向我们表示：感谢毛主席、党中央，感激亲人上海医疗队；并主动返回工厂，投入到恢复生产、重建家园的战斗中去。

广大医疗队员在抗震救灾斗争中，牢记毛主席关于“军队不但是一个战斗队，而且主要是一个工作队”的教导，坚持以阶级斗争为纲，积极地组织群众、宣传群众，配合当地党组织积极做好宣传工作。一来到灾区，医疗队就在马路旁、帐篷外到处书写标语，医疗队一面深入窝棚巡回医疗，一面宣传毛主席的革命路线，宣读中共中央的慰问电，把毛主席、党中央的亲切关怀，把上海人民的亲切慰问送到灾区人民的心坎上，瑞金医院医疗队组织了文艺宣传队，自编自演了朗颂《向灾区人民学习》、合唱《抗震救灾齐战斗》等节目，当医疗队员深情唱起《沂蒙颂》插曲“愿新人早日养好伤，为人民求解放重返前方……”时，全场沸腾，在场的伤员都连连高呼：“毛主席万岁！”一个女伤员脸上挂着激动的泪花，紧紧拉着队员的手说：“看到你们，就象[像]看到了我的亲人。”开滦煤矿一个老工人说：“毛主席派你们来看望我们，叫我们说什么好。我只有一条，回去好好干，用实际行动报答毛主席、党中央，报答上海人民的亲切关怀。”一个地委干部一只脚受了重伤，他看了演出后握着我们手激动地说：“你们来得及时，我要把你们的革命精神带回唐山去，我虽然一只脚，也要上阵指挥战斗。”小分队共为灾区群众伤员演出了七场。每演一场同志们就受到一次深刻的教育，灾区人民天塌地裂何所惧、泰山压顶不弯腰的英雄气概，使许多同志感动得流下了眼泪。

…………

来到灾区，工作是艰巨的，生活是艰苦的，考验是严峻的。但大家自觉地与灾区人民比，与解放军比，谁也没说苦，同志们豪迈地说：“与天奋斗，其乐无穷；与地奋斗，其乐无穷；与人奋斗，其乐无穷。任何困难不在话下。”

党中央、毛主席、上海市委、唐山地委领导和亲人解放军十分关怀医疗队的工作、生活，灾区人民在十分困难的条件下热情关怀着医疗队。我们在遵化县时，由于早晚天气很凉，当他们得知我们被子不多时，县工委立即召开各方面后勤会议，要求各方大力支援，结果光新店子一个公社就一下子抽出三十多条被子来。第二天中午他们顶着烈日，赶着大车送到医疗队驻地，被我们婉言谢绝了。遵化的八月正是苹果丰收的大好季节。医疗队员每巡回到一处，贫下中农就热情地拉住医疗队员的手，硬把又大又香的苹果往怀中塞。医疗队员牢记毛主席关于辽沈战役时战士路过锦州苹果园不吃一个苹果的教导，严格执行三大纪律八项注意。有位医生在灾区医疗中婉言谢绝了贫下中农的苹果，贫下中农又把苹果送到医疗队驻地，当该医生巡回到驻地，看到这堆苹果，马上和另一个同志一起把苹果又送回到贫下中农手里，贫下中农激动地说：“真是毛主席派来的医疗队呵！连一口水都不喝，一只苹果都不吃。”

短短的十八天，也是难忘的十八天。十八天使我们每个医疗队员受到了深刻的思想路线教育，灾区人民热爱党和毛主席、热爱国家、热爱集体，面临困难，无所畏惧，不惜贡献自己一切的革命精神在我们头脑中留下了深刻印象。医疗队的同志说，我们医疗队到唐山救灾即使做了一点工作，也首先归功于毛主席、党中央，归功于唐山人民对我们的教育，归功于上海工人阶级，一千万人民对我们的支援。

最近，中央发出了13号文件，我们医疗队坚决响应党中央向全党、全军、全国人民发出的战斗号令，要继续学习灾区人民的革命精神和共产主义风格，用自己的实际行动支援灾区人民的抗震救灾斗争。我们要在以伟大领袖毛主席为首的党中央的领导下，更加紧密地团结起来，战胜一切困难，夺取抗震救灾的新胜利……夺取社会主义革命和社会主义建设的更大胜利。

上海交通大学医学院救援唐山大地震大事记

1976年

7月28日，唐山、丰南一带发生7.8级大地震。

7月28日，各单位接到上海市紧急会议通知，要求各单位组建抗震救灾医疗队，随时准备出发。

7月29日，各单位赴唐山抗震救灾第一批医疗队于7点从老上海北站出发。

7月30日，第一批医疗队于凌晨到达天津杨村，由于地震后道路和桥梁遭到严重损害，根本无法行车，医疗队转战天津杨村军用机场。下午，医疗队分批乘坐飞机到达唐山机场。当天晚上，各医疗队按照大队部的指示，分赴唐山市、丰南县、丰润县等地。

7月30日至8月2日，第六人民医院第二批医疗队与其他医院混合组建三支医疗队陆续奔赴唐山，三支医疗队分别进入河北省遵化县郊区和唐山市胜利路、唐山市丰润县、河北省遵化郊区。

7月31日，二医系统七个小分队于早上五六点钟到达丰润县，随即投入到救治伤病员工作中。下午，新华医院第二小分队、第一人民医院、胸科医院医疗队进入唐山机场救援点，主要任务包括应急处理伤员、到居民区巡回处理伤员及开展预防工作。

7月31日，二医系统卫生列车医疗队共40人启程赶赴唐山，负责向陕西、安徽等全国各地转运伤员。历经十天，卫生列车医疗队圆满完成伤员转运工作，返回上海。

8月1日至8月3日，第二医学院15名医疗队员先后赶到唐山。

8月3日，二医党委于凌晨一点半接到组建临时医院的任务，3点30分进行讨论研究，早上向所属单位布置任务，当天组织起235人的第二批抗震救灾队伍。当日，上海派出先遣队赴丰润、玉田、迁西、遵化组建临时医院。二医党委副书记石云龙率领先遣队赴丰润组建临时医院，第二批医疗队待命出发。

8月3日，上海市精神卫生中心（时为上海精神病总院）3名医疗队员作为第二批抗震救灾医疗队先遣队员赴唐山。

8月3日，国际和平妇幼保健院第二批医疗队15人从上海出发赶赴唐山。

8月3日，由后卫组、防疫站等建组和瑞金、古田、长江三所医院140人组成的六支抗震救灾医疗队离开皖南赴上海。8月4日上午10点50分，后方医疗队乘火车从上海出发奔赴河北省遵化县和唐山市路南区抗震救灾。后方六支医疗队8月6日先到河北省遵化县，13日全部进入唐山灾情最重的路南区，主要任务是巡回医疗和迅速控制灾区疾病的传播和流行。经过18天的战斗，后方医疗队于8月22日返回上海。8月29日，二医后方医疗队于下午四时返回后方医院。

8月15日，二医党委决定建立丰润抗震医院，由李春郊任总支书记兼院长。

8月下旬，虹口区医疗队25人从迁西县达到丰润县，与二医系统医疗队共同成立了丰润临时医院。

8月22日，第六人民医院、胸科医院、儿童医院第一批赴唐山抗震救灾医疗队完成阶段性救治工作，返回上海。

8月23日，上海市精神卫生中心第一批赴唐山抗震救灾医疗队返回上海。

8月30日，新华医院第二小分队结束在机场治疗点的工作，抵达丰润县投入到筹建临时丰润抗震医院的工作中。

8月，第一人民医院唐孝均带领第二批医疗队共18人赴唐山，与第六人民医院、儿童医院、上海精神病总院一起筹建第一抗震医院。8月底，第六人民医院第二批医疗队奉命急赴唐山西缸窑，参与筹建临时抗震医院。

9月8日，二医系统第二批医疗队从上海出发前往唐山，于9月9日到达丰润县。

9月9日，惊闻伟大领袖毛主席逝世，医疗队员沉浸在万分悲痛之中，为了表达对伟大领袖和导师毛主席的无限崇敬和深切哀悼，丰润抗震医院党的核心组作出“九·十一”决议，要求全院同志认真学习中共中央、人大常委会、国务院、中央军委《告全党、全军、全国各族人民书》，坚决响应党中央号召，化悲痛为力量，继承毛主席遗志。

9月中旬，为组建唐山抗震第二医院，国际和平妇幼保健院派出第三批医疗队前往支援。

9月24日，第六人民医院第二批医疗队在完成交接班后返回上海。

9月25日，唐山西缸窑第一抗震医院全面开始收治病人。

9月，第一人民医院由王庆荣带队的第三批医疗队42人赴唐山支援第一抗震医院。

9月26日，瑞金医院第一批救灾医疗队完成阶段性工作返回上海。

9月30日，第九人民医院第一批医疗队完成阶段性工作返回上海。

10月底，第九人民医院第二批医疗队返回上海。

1977年

6月，二医系统组建由88人组成的第三批医疗队，朱济中担任总支书记，魏原樾担任队长。医疗队整装待发准备赴唐山抗震救灾。

6月23日，二医第三批赴唐山抗震救灾医疗队的先遣人员出发奔赴唐山。

6月26日，上海市精神卫生中心两名医疗队员赴唐山参加第三批第一抗震医院工作。

6月30日，国际和平妇幼保健院派出第四批医疗队共14人赴唐山。

7月，瑞金医院、新华医院第二批医疗队结束抗震救灾工作返沪。

7月7日，二医系统第三批赴唐山抗震救灾医疗队前往唐山。

1978年

3月，第六人民医院第四批医疗队、新华医院第三批医疗队返回上海。

5月，瑞金医院第三批医疗队完成抗震救灾使命返回上海。

上海交通大学医学院赴唐山抗震救灾医疗队名单

（以姓氏笔画为序）

院本部

第一批

付秀根 刘远高 孙克武 余前春 金凯成 钱孝才 徐建中

筹建抗震医院

丁洪锦 王志华 王秀峰 井光利 石云龙 朱一民 江 迅 陆君德 陈剑雄 金曾雄 周云龙 胡远平 姚培元 袁富生 夏增威 高忠衡 黄 飞 董俊玉 薛恒林 魏坠科

第二批

王立人 朱甫浩 严连干 李春郊 李美蓉 沈小梅 金 玲 周松波 郑 红 郑德孚 钟乃骅 俞仁琪 徐丽芷 高红强 虞信培

第三批

朱正伟 朱伟伟 朱济中 李建锋 季仁休 路满臣

瑞金医院

第一批

王月华 王孝铭 支立民 付立仪 华祖德 江志英 杨庆铭 肖永诚 吴华成 邹小君 应秀娣 沈才伟 沈雅云 沈翠兰 张 茵 陆培新 陈惠芳 季 云 金凤英 屈荣根 赵培丽 胡仁明 俞东英 俞振华 倪惠丽 唐步云 陶国治 董永勤 蔡凤娣 蔡同年

第二批

王季贞 冯凤琴 许宏芳 孙玉玲 杨福明 吴启芳 吴彩琴 汪关煜 沈 毛 沈凤妹 沈卓洲 张伟成 张沪生 陈伟珍 陈鸿鑫 邵凡涯 林翠珍 罗振辉 季 云 周云龙 胡瑞青 姚培元 顾学范 钱文琪 高博铎 曹素珍 薛恒林

第三批

王玲玲　方立德　田瑞英　严亚明　李亚东　沈才伟　沈凤鸣　周　萍　周菊珍
郑振中　单友根　钮妙珍　俞东英　秦乃熏　班秋云　黄绍光　戚文航　常凤英
蔡惠敏

仁济医院（第三人民医院）

第一批

孔引妹　兰廷芸　全志伟　刘惠意　李芳芳　杨玉娥　吴素芬　沈尉琴　张中权
张文玉　陈小龙　陈华义　陈柏初　陈德甫　范世陶　范关荣　奇　玲　卓志华
周浩庚　郑　义　荣盘根　袁训初　袁宝生　莫剑忠　夏根明　徐　涛　梅秀华
常佩伦　薛忠礼　戴胜国

第二批

王馨桂　冯卓荣　冯春娣　兰廷芸　朱晓平　邹焕生　张凤棣　张玉英　张志坚
陈小龙　陈铭生　邵铭武　郑　红　姚建国　徐　涛　谈文英　黄之训　黄定九
盛莲英　谢鸿星

第三批

叶世德　乐翠英　朱詠华　庄维成　汤瑞琴　孙亚芬　孙剑萍　严丽民　李沙沙
何乃珍　沙敞萍　宋宝英　张美华　张智谋　金兰花　周浩庚　洪仙亚　洪亚仙
钱翠娥　诸葛立荣　黄佩文　曹惠明　葛云霞　翟顺娣

新华医院

第一批

王中泰　王志明　石瑞金　苏国礼　苏美莲　苏肇伉　李　铭　杨镜明　吴伟烈
吴起茂　余贤如　汪启筹　张定国　陈小芬　陈林海　罗兆英　金熊元　周伟娣
郑梅芳　单根发　俞金发　施谓彬　姚颂华　徐志伟　凌文梅　黄荣魁　曹兰芳
虞宝南　鲍惠娟　颜龙君

第二批

丁银根　王雪娟　刘运章　刘锦纷　纪怀庆　李申恩　沈菊芬　张云芳　周爱卿
单根发　孟慧娟　胡仕华　段子光　俞金珠　姚颂华　钱芝兰　徐爱娣　高言钰

盛玲玲　康金凤　蒋惠芬

第三批

史雅凤　刘国华　刘润荣　许雪萍　邱银娣　沈玲娣　张　力　张顺昌　陈南英
陈美娟　陈彩娟　孟庆刚　胡兰妹　胡建美　顾梅瑜　高兴旺

第九人民医院

第一批

丁玉珠　王华新　付中义　朱宝鼎　刘家桦　刘淑香　李　莉　杨顺年　步兵红
邱春华　邱蔚六　张庆华　张秀芳　张祖悦　陈巧云　陈志兴　林国础　郑如华
俞守祥　祝　平　顾洪亮　倪　峰　徐永盛　高寿林　盛意和　程伟民　简光泽
鲍中洁　蔡云彪　潘佩华

第二批

王小萍　王云芳　宁　维　刘　黎　吴亚萍　应秀玲　沈洁明　张国昌　陈国耀
陈爱丽　陈德堃　贺福珍　夏建国　徐芷华　郭一钦　唐远明　曹慧娟　康巧云
章志霞　潘家琛

第三批

马桂珍　王妙仙　朱宝丁　朱宝芳　朱慧珍　江琴华　沙　瑛　沈铭玥　沈德恩
陈勇强　金芝贵　郑　琦　胡蕙明　袁佩玉　徐成荣　凌永发　高伯民　唐永华
屠秀敏　程伟民　潘小琴　魏原樾

第一人民医院

第一批

丁广汉　王国良　王道民　王慰年　庄心良　李鹏海　曹明君

第二批

王连珍　孙廷慰　严才楼　严福美　何联珠　沈佩芳　周　柱　郑秀春　施士德
徐俊和　徐桂根　凌桂明　高志兴　郭金土　唐孝均　黄修令　梁瑞君　潘　铨

第三批

王荣庆　方玉儿　卢佩云　皮秀魁　庄文燕　刘军婷　杨　璇　杨海鸥　吴加珍

吴迺川 张亚声 张秋菊 张爱琴 张瑾宜 陆云芳 陆贤伟 陈少东 陈世忠
陈世福 陈祥珍 邵令昭 郁佩青 罗凤萍 季志英 季跃鸣 周月英 周惠秋
屈桂莲 赵丽华 俞 芳 洪长顺 姚根娣 顾惠琴 倪合也 郭玉妹 郭金土
黄锦秋 盛 勤 章恩敏 梁瑞君 葛炎方 蒋桂英

第六人民医院

第一批

王妙娣 毛惜玲 冯家梅 华加坛 刘 琳 孙 荫 孙慧英 杨正朝 邱秀珍
何德华 沈云珍 沈金德 沈萤珠 宋武兵 陆文英 陈顺宝 陈高义 金三宝
周荫梅 郑铭钰 施妙善 钱薇薇 徐柏兰 唐仁忠 陶范英 陶家华 黄 琦
黄雪珍 眭述平 蒋秀英

第二批

丁美娟 丁晓云 王 炜 王桂英 王蔚恺 冯昌宁 过仲珍 朱爱琴 乔 勇
任建英 杨振浩 何一平 余国英 宋玉英 张支倍 张加平 张忠润 陆扑莺
陆明菊 陆逸培 陆惠芳 陈小听 罗海民 周文申 周永昌 周松青 姜佩珠
徐幼龙 徐良芳 徐鲁华 高韵玉 高义和 唐伟珠 唐彩虹 黄君城 曹瑞熊
龚前进 符德胜 董 社 蒋长雄 蒋燕群 嵇大正 程 敏 焦安桢 虞宝兴
鲍美淑

第三批

王 韵 石喜山 卢惠平 田克勤 生夏珍 冯莉娟 朱仁芳 朱莉萍 朱培纳
刘 琳 孙春兰 孙桂芳 李仲萍 李杏才 杨宝林 张玉雯 陈真仪 林玉琴
林仲杰 金明渊 周永昌 周建华 赵凤英 俞明华 施妙善 姜佩珠 袁旭华
顾小琳 徐佑璋 徐宝林 徐惠珍 凌娟珍 郭德才 唐仁忠 唐彩虹 葛贤锡
董 社 蒋西华 蒋振福 曾芝如 谢蓓丽 戴 文 戴妙珍

第四批

王荣昇 牛 妞 冯家梅 朱 毅 刘焕琴 刘薏芝 羊惠琴 江光胜 李卫国
李瑞芝 李新娣 吴福根 何德安 汪丽琴 沙金兰 沈 霓 宋冠年 张 蓓
张巧英 张莲华 陆恒宝 陈 莉 陈守宁 陈丽华 陈顺宝 邵平伟 林超鸿

周凤英 周齐明 周荫梅 周晓沪 周蓉华 庞孟月 郑贤英 施伟霞 施蓓娜
洪菊娣 姚习清 贾红妹 夏秀珠 顾菊娣 顾蓓丽 倪敏芳 徐家麒 殷秀萍
奚刚强 高锡强 郭金囡 唐瑞玲 陶家骅 黄 琦 黄珍珍 黄琪仁 盛玉金
眭述平 崔兆祥 韩湘奎 惠开华 程云坤 曾昭瑞 虞种花 蔡素娟 戴其昌
瞿福明

胸科医院

第一批

朱龙宝 杨新法 邹思琪 沈晓军 陈 群 陈文虎 金耀祥 周允中

第二批

许国胜 李美玉

第三批

丁建国 丁虹珠 孔令妹 石新华 汤志俊 李江城 李美玉 李鲁萍 沈晓军
宋冬梅 荣正柏 柯金枝 蒋礼娥

儿童医院

第一批

朱葆伦 杨思麟 何威逊 陆霞群 郑曼娜 郑琼枝 徐世明 陶六凤 童朱壬

第二批

孙 惠 吴栋亮 张震贤 陈兰珍 陈宁娟 陈剑萍 俞美玉 顾蕊芬 钱宪莉
徐展远 路 俊

第三批

王如意 朱宝珠 华银莲 杨文修 宋琳华 张小蓓 钱晋卿 郭惜玲

精神卫生中心

第一批

刁镇海 王征宇 王金和 王炜群 王宝根 王桂兴 毛长林 包金良 冯国勤
朱卫兵 朱华英 朱顺兴 邬松泉 刘君贯 刘鹤鸣 许建平 孙宝贤 李长青

李永新　吴育林　吴桂英　何仪敖　闵春生　沈丽卿　沈侠明　沈毓敏　张长明
张明园　张明岛　张佩华　张美娟　张炳泉　张根荣　陆文英　陆桃英　陈红卫
陈招娣　林镇祥　罗建龙　郑连生　郑锡基　郑德昌　荣敏敏　胡美琴　俞家祥
姚　刚　姚光达　顾友灿　顾牛范　顾文琴　唐慧琴　黄鸿芬　黄壁琨　龚　青
龚长桥　康为民　章惠明　楼慧琴　缪姣云　滕月丽　瞿光亚

第二批

黄凤娣　黄宗玫

国际和平妇幼保健院

第一批

王兆梅　王惠兰　刘兴国　沈云昭　张代时　张桠芬　陈逸敏　施永平　梁善玲
裘乾金　薛葵宝

第二批

干霞琴　马梅英　过正英　孙菊芳　陆文娟　陈龙才　陈必兰　邵延龄　苗冬英
侯育余　钱宝龙　徐正仪　殷荷俊　黄桂英　蔡兰娣

第三批

丁美芳　王玉屏　火新培　庄留琪　庄德玲　祁秀华　吴景贤　张国珍　陆帼婵
邵专惠　周惠文　周福妹　俞丽萍　姚惠玉　谢素云

第四批

刁玉珍　王文帼　尤继红　吕志伟　李逸安　余秋痕　沈维玲　陈月娟　耿玲云
顾桂珍　黄全娣　黄瑞英　梁永娟　蒯本娥

同仁医院

第一批

马左军　尤凤英　卢业炳　朱中民　孙起凤　宋文进　张梦祥　陆兴华　陈小燕
陈志煊　陈忠美　陈蔚燕　范阿成　林　健　林　微　秦世杰　顾亚芳　郭天顺
蒋建平　蒋春生　傅子应　裴孙琳　黎伯平

卫生列车医疗队

丁兰娣 王　元 王永全 王晓林 王雪娟 王崇发 付帼明 包静英 朱瑞雯
朱德明 刘国华 刘锦芬 李月华 李德兰 杨福娣 邱忠荟 余栋才 闵若良
汪　强 沈建中 沈碧辉 张一楚 陈玉昆 周海洋 胡松浩 胡鸿泰 段子光
侯一鸣 祝肇荣 称慧瑛 郭若琪 陶美华 黄忠平 笪　其 章　煜 章祖伟
葛人铨 裘幽玉 缪志新 颜世清

后方瑞金、古田医院医疗队

第一批

王　瑾 王龙根 王顺芝 史燕敏 任义荣 庄志祥 刘　德 杜良先 李兆平
李娜亚 杨　文 吴元城 邹　群 沈德金 张贵坊 陆佩华 陈法芳 育礼宝
宓文娟 徐惠平 徐慧敏 奚国莲 盛惠珍 程成杰 谢建欣

第二批

朱学明 朱建新 李志民 李瑶凤 杨素杰 吴礼堂 沈　信 沈三珍 沈天斌
张龙昌 张晋萍 陆荷娣 陈汉萍 陈佩莉 陈桂芬 陈培康 国泰仁 岳春琴
赵惠珠 骆国阮 曹六中 曹新泉 鲁慧琴

后 记

2016年7月28日，是唐山大地震40周年纪念日。40年前，上海在医疗、电讯、交通、商业和规划建筑等方面对唐山展开了大救援，为唐山的抗震救灾和恢复重建作出了重要贡献。为了全面客观地再现这段历史，中共上海市委党史研究室、上海社会科学院历史研究所和上海文化出版社决定开展“上海救援唐山大地震”项目研究工作。作为上海医疗卫生事业的中坚力量，上海交通大学医学院及其附属医院在此次医疗大救援中发挥了重要作用，先后派出了4批共一千二百余人次的医疗队。为了系统地展示交大医学院及相关附属医院在此次救援工作中的历史贡献及伟大精神，我们怀着崇敬、感激的心情，组织编纂了《上海救援唐山大地震·上海交通大学医学院卷》一书，作为上海救援唐山大地震系列丛书的一部分。

本书包括总结综述、口述实录、队员名录、文献选载、大事记五大部分。从项目启动到成书出版，前后历经三个月的时间，获得了许多珍贵史料和鲜活感人的故事，使本书内容更加丰富精彩。在整个编纂过程中，我们得到了医学院党政领导、相关部门及附属医院的高度重视和大力支持，完成了五十余人的口述实录和各单位的综述部分。在各单位自行组织的口述访谈过程中，得到了访谈对象的热烈响应和积极配合，提供了诸多的有价值的名单、照片和纪念实物等，但由于时间和篇幅所限，难免留有挂一漏万的遗憾。上海交通大学医学院档案馆为档案资料的查阅和珍贵史料的留存提供了极大帮助；上海交通大学教育发展基金会医学分会为本书的编撰提供了重要支持；上海文化出版社的领导和编辑为本书的编辑出版付出了辛勤劳动。在此一并表示衷心感谢。

全国人大常委会副委员长陈竺院士、上海交通大学党委姜斯宪书记、张杰校长在百忙之中为本书作序，对当年参加唐山地震医疗大救援的前辈们致以崇高敬意，也对当下青年医学生和医务工作者提出了殷切期望。

本书是在时间紧、任务重的条件下完成的，加上学识水平和掌握资料所限，肯定存在许多纰漏和错误，恳请各位领导、专家和读者多多包涵并不吝指正。

编 者

2016年6月

图书在版编目（CIP）数据

上海救援唐山大地震. 上海交通大学医学院卷 / 范先群，陈国强主编. -- 上海：上海文化出版社，2017.8
ISBN 978-7-5535-0599-2

Ⅰ. ①上… Ⅱ. ①范… ②陈… Ⅲ. ①大地震－地震灾害－史料－唐山市－1976②上海交通大学医学院－抗震－救灾－史料－1976 Ⅳ. ①P316.222.3

中国版本图书馆CIP数据核字(2016)第165708号

发 行 人 冯 杰
出 版 人 姜逸青
责任编辑 罗 英 王文娟
装帧设计 董春洁

书　　名 上海救援唐山大地震 · 上海交通大学医学院卷
主　　编 范先群 陈国强
出　　版 上海世纪出版集团 上海文化出版社
地　　址 上海市绍兴路7号 200020
发　　行 上海文艺出版社发行中心发行
上海市绍兴路50号 200020 www.ewen.co
印　　刷 上海昌鑫龙印务有限公司
开　　本 787x1092 1/16
印　　张 27.25 彩 插：4
印　　次 2017年12月第一版 2017年12月第一次印刷
国际书号 ISBN 978-7-5535-0599-2/K.100
定　　价 68.00元
告 读 者 如发现本书有质量问题请与印刷厂质量科联系 T：021-62038726